软件体系结构

（第4版）

覃征 李旭 王卫红 编著

清华大学出版社
北京

内容简介

随着软件工程的不断发展,软件体系结构逐渐成长起来,目前已独立于软件工程研究之外成为计算机科学的一个重要的独立学科分支,是软件系统开发的重要组成部分,是当今业界和学术界的热点研究领域。软件体系结构的目标是为软件开发者提供统一的、精确的、高度抽象的和易于分析的系统信息,从而使软件系统能以最快速度低成本、高质量地构建。本书详细介绍和分析了软件体系结构的理论基础、研究内容、当前的发展状况和实践应用等。通过本书,读者可以了解软件体系结构的研究背景、基本概念、描述方法、设计风格、评估方法、开发工具和柔性软件体系结构等知识。本书采用最近几年的案例、数据、图示以及其他相关材料以反映软件体系结构的最新发展。

本书可以作为计算机、软件工程以及相关专业的研究生和本科生学习软件体系结构的教材和参考书,对从事软件体系结构研究和软件开发的科研人员也有一定的理论参考价值和实用价值。

图书在版编目(CIP)数据

软件体系结构/覃征,李旭,王卫红编著. —4 版. —北京:清华大学出版社,2018(2020.8重印)
ISBN 978-7-302-51144-1

Ⅰ. ①软… Ⅱ. ①覃… ②李… ③王… Ⅲ. ①软件—系统结构 Ⅳ. ①TP311.5

中国版本图书馆 CIP 数据核字(2018)第 201469 号

责任编辑:张 民 战晓雷
封面设计:杨玉兰
责任校对:时翠兰
责任印制:丛怀宇

出版发行:清华大学出版社
  网   址:http://www.tup.com.cn,http://www.wqbook.com
  地   址:北京清华大学学研大厦 A 座 邮 编:100084
  社 总 机:010-62770175 邮 购:010-62786544
  投稿与读者服务:010-62776969,c-service@tup.tsinghua.edu.cn
  质 量 反 馈:010-62772015,zhiliang@tup.tsinghua.edu.cn
  课 件 下 载:http://www.tup.com.cn,010-83470236
印 装 者:三河市吉祥印务有限公司
经 销:全国新华书店
开 本:185mm×260mm 印 张:18.5 字 数:449 千字
版 次:2004 年 1 月第 1 版 2018 年 10 月第 4 版 印 次:2020 年 8 月第 4 次印刷
定 价:49.00 元

产品编号:079771-01

软件体系结构是计算机科学领域的重要研究分支之一，越来越多的研究人员关注如何快速、低成本地构建合理、可靠的软件系统，尤其是应用于大型、复杂场景的软件系统，如航空航天、国防等领域的智能化软件系统。而构建大型、复杂应用场景的智能化软件系统较之几十年前的软件开发过程要困难、复杂得多，特别是急剧增长的信息化、智能化社会需求以及大数据、云计算时代的来临，使得相关的软件系统的构建在迎来新的发展机遇的同时也面临着更为严峻的挑战。

在计算机软件设计的早期，软件工程师致力于如何操作计算机，并使其正常地工作，正确地解决问题。数据的组织和算法的实现是当时软件设计的核心过程。随着越来越多的底层工作，如内存管理、网络通信等被自动化或者至少可以用更小的代价来重用，程序员和设计人员通过使用高级编程语言和可以提高生产效率的开发工具，可以将更多的精力放在问题本身而不用再抱着机器代码手册埋头苦干，软件开发变得快捷、容易起来。后来，随着软件危机的出现，如何在最短的时间内低成本地构建高质量的软件系统便成为业界和学术界关注的新焦点。为了解决软件危机，两大主流思想应运而生，一个是形式化方法，另一个便是软件工程的思想。软件工程思想的引入曾经一度极大地缓解了软件危机。在软件工程学科中，软件体系结构是其重要内容之一。但随着当代软件规模、复杂度的增加，软件体系结构的重要性越来越高，其理论思想、方法、工具等有了较为巨大的发展，目前已经成为独立于软件工程之外的一个学科而受到广泛重视。例如，当来自军事、国防、企业等领域的需求问题越来越复杂、软件规模越来越大时，软件的结构也相应地变得越来越复杂，这就使得软件的质量控制也变得更为困难。软件总是有结构的，如何设计、描述、评价这些结构便成为软件开发过程中至关重要的问题，这也正是软件体系结构研究的核心内容。若将软件比作一座建筑，那么建造一个狗窝、一个简易平房以及一座摩天大厦的复杂度大相径庭，相应地，采用的建筑方法、结构、风格、设备等也迥然不同。较之狗窝、简易平房，摩天大厦结构更为复杂，若结构设计不合理，极端情况下可能会造成巨大的灾难性后果。同理，对于大型、复杂的软件系统而言，如果没有一个良好的体系结构，其可能造成的灾难性后果将会极为严重。因此，软件体系结构作为软件开发过程中的重要内容，越来越引起人们的重视，如今已成为一个独立发展的学科而备受关注。我们相信，软件体系结构是处理这些复杂软件系统构建问题的关键。

然而，许多人最近几年才了解软件体系结构这个概念。事实上，软件体系结构有着相当长的历史，早在 C 或 C++ 语言出现之前，一些计算机科学家就已经注意到软件体系结构的概念以及它对软件开发的影响。20 世纪 90 年代，软件体系结构作为一个新的学科开始蓬勃发展，许多以软件体系结构为主题的团体建立起来，相关的研讨会和学术会议也纷纷召开。同时，有关软件体系结构的文章、书籍和工具的数量激增。今天，软件领域中负责软件设计、分析并处理来自不同涉众的不同关注点和需求关系的职位——软件架构师，已经被普遍认为是软件开发团队的核心。 但是值得关注的是，大多数软件架构师并没有专门针对这个领域进行系统的学习、研究或者接受培训。 他们中有些人甚至认为软件体系结构与人工智能或者数据挖掘等领域不同，根本就不需要进行科学研究和学术探讨。 这种观点出现的原因是软件体系结构还没有可以被广泛接受的定义，也没有理论和实践方法的事实标准。 同时，软件体系结构的快速发展和分化也导致了其过多子领域和分支的出现，而这些分化出来的产物既不能很好地普及，相互之间也很难统一。 这些都成为学习和研究软件体系结构的困难。

本书在第3版的基础上，充分借鉴了作者在研究生课程教学实践过程中的大量经验、反馈意见及最新的研究成果等，做了进一步内容修订，更为系统地阐述了软件体系结构的一些经典理论和最新进展，并试图让读者领悟到软件体系结构的本质。

1. 目标

本书是软件体系结构领域的入门书籍，将对其基础理论、子领域、当前的研究动态和实践方法进行介绍。 通过本书的学习，读者可以了解软件体系结构的基本概念，例如软件体系结构的必要性，软件体系结构的形式化语言描述方法，软件体系结构风格在实践中的广泛应用和认同，软件体系结构在软件系统开发过程中的应用。 一些学习案例、数据、插图和其他材料都是最近几年才被发布的，这些材料有利于了解软件体系结构的最新进展。

2. 如何阅读本书

遵循深入浅出的原则，本书分为两大部分。
(1) 基础理论，包括第1～4章。
(2) 研究部分，包括第5～8章。
每章的简要介绍如下：

第1章：软件体系结构的起源和发展。 本章对软件体系结构进行基本介绍。 通过本章，读者可以了解到软件体系结构的必要性、发展历史和一般性定义。 希望本章的介绍可以使读者对软件体系结构的整体内容有大致的了解，对当前研究的热点和方向有清晰的认识。 本章是进一步了解后面各章内容的基础。 此外，一些软件体系结构的概念和应用随着当前研究的进展在不断发生变化，本章最后一节将给予说明。

第2章：软件体系结构风格和模式。 本章是全书的重点，对不同的软件体系结构风格进行了划分，在每一个具体的类别中都详细地进行了讲解和介绍。 为了使读者对各种风格有比较深入的理解，在介绍理论的基础上格外注重每种风格的案例剖析。 希望读者在阅读本章的过程中抓住每种风格的核心问题，把握各种模式的根本要素，把案例视为对理论的实践与提高。 在分门别类地介绍常见的风格和模式后，本章继续提供一些案例。 每个案例中集合了多种风格和模式。 在学术上，这些被称为异构风格构建。 事实上，实用的软件通常都要同时采用多种风格，不管这个软件多么简单。 本章的目的是将抽象的风格和模式与实际应用结合起来。

第3章：软件体系结构描述。 如何描述软件体系结构是软件体系结构领域的核心问题。 它是表述软件设计、在涉众间进行有效沟通以及根据需求进行软件行为校验的基础。 本章将重点放在软件体系结构基于数学的形式化描述上。 对于在实践中广泛使用的 UML，可以参考其他文献和学习资源。

第 4 章：软件体系结构级别的设计策略。 本章介绍基于形式化的体系结构设计。 不同于实践中常用的开发过程(如 RUP)中的设计，形式化的体系结构设计策略强调功能空间和结构空间之间的联系和演算关系(空间的概念是对现实过程的抽象)。 为了更好地理解本章的内容，需要读者有基本的集合论和自动机理论知识。

第 5 章：软件体系结构集成开发环境。 本章主要介绍一种软件体系结构的集成开发环境，其中详尽地阐述了该环境的使用原理、内部机制、使用过程中的注意事项以及它是如何辅助人们进行设计、开发、维护软件体系结构的。 为了方便阅读和使用，本章详细地介绍了软件的安装过程、使用规范以及使用的其他细节。 读者通过本章的学习，可以利用软件来辅助自己设计更为复杂、新颖的软件体系结构。

第 6 章：软件体系结构评估。 在软件体系结构的初步设计完成之后，任何涉众都有理由搞清楚这个设计是好是坏，是否能够为项目的成功开发奠定基础，是否能够满足预期的需求而不会由于设计缺陷而失败，这就是评估的任务。 本章介绍并比较目前被广泛使用的几种评估方法。 大部分评估方法缺乏形式化基础，更多地要依赖参与者的经验和能力。 因此，本章主要介绍实践中用到的评估方法和技术。

第 7 章：柔性软件体系结构。 柔性软件体系结构是当前的研究热点之一，与传统软件体系结构相比，柔性软件体系结构在动态的环境中有着极其重要的优势，这也是将这一内容独立成章的原因。 本章介绍什么是柔性软件体系结构，为什么使用柔性软件体系结构，如何使用柔性软件体系结构。 在介绍的过程中注重理论结合实际，用浅显的例子对复杂的理论进行说明和解释。

第 8 章：软件体系结构的前景。 本章着重介绍未来软件体系结构的发展及其对其他领域可能产生的影响。 希望本章的介绍能够使有志于研究软件体系结构的读者了解软件体系结构研究的方向和目标，了解目前这一领域中主流的研究热点和方向。

考虑到每章的相对独立性，读者可以选择感兴趣的几章来阅读。 此外，读者也可以通过参考文献获得关于一些问题的更详细、更深入的描述和解释。

3. 哪些人该阅读本书

软件设计和软件开发相关专业的研究生和本科生能够从本书中获得他们想要的知识。其他对软件体系结构感兴趣的人也可以将此书作为入门书籍。 有经验的软件设计从业人员和项目主管也可以阅读本书，因为软件体系结构是他们每天必须接触的工作内容。

本书假设读者具有下面的基本经验(但并不是每个章节都需要)：

(1) 使用 C++、Java 或 C# 编写程序。

(2) 软件设计(即使仅仅是简单的项目也可以)。

(3) 软件项目管理。

4. 致谢

非常感谢清华大学软件体系结构小组出色的工作，特别是李旭研究员、王卫红教授。

他们对本书的专注、协作精神和勤奋是本书撰写过程中的不竭动力。

最近几年，我一直在考虑软件体系结构中的一些问题，并希望能有一个机会把它们写出来。

在本书的编写过程中，作者得到了许多人的帮助和支持。感谢第3版编写组的陈旭博士、李志鹏博士、叶文文博士，以及课题组的王斌旭、徐涛、李经纬；感谢刑建宽博士、郑翔高级工程师、董金春教授/研究员在本书第2版撰写过程中的出色研究工作；同时也感谢在第1版和第2版撰写过程中做了大量工作的王娟高级工程师、曹辉博士。由于第3版的出版在社会上产生了广泛的影响，为本书的出版打下了扎实的基础，在此向以上人士深表感谢。

感谢清华大学出版社对本书出版的大力支持。

覃　征

2018 年 5 月

CONTENTS

目 录

第1章　软件体系结构的起源和发展

1.1　软件的产生与发展

从算盘到图灵机,再经历了电子管、晶体管、中小规模集成电路,直至如今的大规模和超大规模集成电路计算机设备这4个时代,计算机的硬件按照摩尔定律以令人惊奇的速度飞速发展着。而软件则是与硬件相对的概念,甚至有人将软件比作计算机的灵魂。

软件最初是具有特定领域知识的研究人员为完成计算任务而设计的专门在特定计算设备上运行的一系列数据处理任务,早期的软件更多由工作业务或科研计算的需求而产生,直到后来慢慢开始出现一些服务于人们日常生活的小型软件。21世纪以来,计算机软件逐渐渗透到各行各业,尤其是在个人计算机普及之后,更是给人们的生活方式带来了超乎想象的变化。人们可以通过软件进行购物,可以通过软件订餐。有各种即时通信软件让沟通交流变得简单高效,有各种游戏为人们增添了新的娱乐方式,有各种办公软件帮助人们完成业务工作,也有各种学习软件可以使学习者获取免费在线课程,作曲家有编曲软件进行创作,工程师有建模软件对工件或结构进行模型评估……应该说,软件如今已是在人类社会中不可或缺的一种重要工具。

软件可以被定义为一系列按照特定顺序组织的计算机数据和指令的集合。GB/T 11457—2006《信息技术　软件工程术语》中对它的定义是"与计算机系统操作有关的计算机程序、规则,以及可能有的文件、文档及数据"。软件是建立在计算机硬件资源上的所有数据与计算机指令的集合,在一些定义中还包括与软件配套的文档。简单来说,不应认为软件仅仅是计算机程序。第一个关于软件的理论要追溯到1935年图灵的论文 *On Computable Numbers,with an Application to the Entscheidungs problem*。但直到1946年,软件的主体才形成了现在人们所公认的形态——计算机中存储的程序。而软件的发展以程序语言的发展为突出表现。

程序语言实际上就是对现实问题的数学抽象描述工具。抽象是简化真实系统、活动或其他实体的过程。在这个过程中,与本质内容无关的琐碎细节被忽略。为了得到计算机构造问题的解决方案,人们对问题进行抽象并用编程语言实现。抽象得到的目标模型很大程度上影响了程序员对问题的理解。到目前为止,编程语言的发展一直是在提高它们的抽象级别,即从对计算机的底层操作逐步到解答问题本身。

20世纪50年代,程序存储式计算机开始流行,并深深地影响了当时程序员的工作方式。程序员使用可以直接在计算机上执行的机器指令和以字节、字或双字表示的数据来描述他们的处理逻辑。指令和数据在存储器中的布局要依靠手工来组织,也就是说,程序员必须精确地记住每一个常量和变量在存储器中的起始和终结的位置。当程序需要更新时,程序员要花大量时间来检查和改变数据和执行代码的每一个引用以保证程序的一致性,因为它们的位置发生了改变。

不久,一些人认识到这些底层工作能够自动完成并得到重用。结果,符号替换和子过程技术出现了。它们的伟大之处在于它们将程序员从琐碎但是又不得不做的工作中解放出来。然而,一些常用的模式,如分支条件控制结构、循环结构、数值运算表达式的求值仍然必须被实现为机器指令才能执行。这些工作极大地干扰了程序员的注意力,使他们不能专注于问题本身。于是,高级编程语言开始发展。在 20 世纪 60 年代中期,IBM 公司开发的 FORTRAN 语言由于其方便和高效的特点一举成为科学计算领域最重要的语言。

　　在 20 世纪 60 年代后期,Ole-Johan Dahl 和 Kristen Nygaard 发明了 Simula 语言。它是 ALGOL 的一个超集,体现在引入了面向对象的思想。FORTRAN 中的数据类型系统仅是简单地将 FORTRAN 中的类型和机器语言中的原始数据类型建立了映射关系。与此相反,面向对象思想则将数据类型看作现实问题中实体的抽象。尽管 FORTRAN 和 C 语言都有“结构”和“联合”这样的元素,但它们仅仅表示了一个类型中有哪些数据。和这些类型有关的操作与类型本身是分开的。而面向对象的规则,如封装、实现细节隐藏、访问权限控制和多态,完全没有被涉及。随着 C++ 这种面向对象语言的发展,程序开发世界被彻底改变了。

　　C++ 和其他同时代的面向对象语言最初的目标是将“类”作为基本的重用单元。然而,这些语言的设计和实现本身就注定了这个目标无法达成。一方面,类的元数据的缺失造成类不能像预期那样可以在不修改类外引用代码的前提下完成类内部实现的修改;另一方面,类和类实现之间的通信协议没有很好地分离,限制了其复用的能力。人们看到,大部分的 C++ 程序的复用都发生在源代码级别,而二进制级别的复用通常会造成更多麻烦。你能从文献(Joyner,1996)中获得这方面更详细的信息。当人们发现软件能够被若干独立的零件组装起来,并且这样做可以让大型系统的构建耗费的时间和成本大为降低时,他们开始明确这个观点:找到一种合适的复用单元并确立这种单元的使用原则是多么重要。文献(Ning,1996)给出了第一个完整的基于构件的软件开发模型。

　　构件通过增加软件组成构件块这样的概念来提升软件设计级别。这样做的好处是它能让设计人员在定义和遵守严格的通信协议的前提下,通过使用独立的构件来组装系统。面向对象是构件开发的良好基础,但并不是所有构件都必须用对象才能实现。在 20 世纪 90 年代中期,COM 和 COBRA 开始流行起来,因为它们扩展了 C++ 以及其他类似的语言,满足了构件模型的需求和原则。Java 和.NET 平台从一开始就支持构件级别的开发和部署。这是因为它们明确地使用了“接口”和“元数据”这样的语言元素。更重要的是,使用 UML 建立的设计模型可以被轻而易举地转换为这两种平台上的代码。UML 包含了来自无数设计人员、软件工程师、方法学专家和领域专家的概念、建议和经验,提供了一整套基本符号来让人们将注意力放到构件、构件之间关系和它们的约束等方面。换句话讲,UML 对软件的描述达到了目前软件抽象的顶峰。

1.2　软件危机的出现与软件工程的兴起

　　在 20 世纪 60 年代,随着硬件电子技术的发展,计算机的性能越来越强大,软件的应用领域越来越宽广,工程量也越来越庞大。但是由于软件开发并未成为一个系统的工程学分支,几乎没有人关注软件项目的管理工作。软件复杂度逐渐增高,可靠性问题逐渐凸显出来，软件维护变成了一件难以进行的操作，生产率急速降低。典型的软件危机事件就是 IBM 公司的 OS/360 项目，在操作系统软件开发的过程中，需求没有得到有效的约束与清晰的边界划分，缺乏正确的理论指导，软件的规模庞大臃肿，变得难以控制，复杂度极高，导致程序调试困难，软件维护难以进行。这一项目也催生了《人月神话》这一软件工程著作，其中说：缺乏良好管理的软件开发过程就如陷入一个焦油坑，而解决软件工程成本与质量的矛盾问题实际上也并不存在"银弹"。与 IBM OS/360 相似的爆发软件开发问题的项目还有很多，如美国银行信托软件系统开发案等。软件规模大小不一，业务应用服务于各行各业，全球性的普遍问题爆发，软件行业面临前所未有的困难与挑战。1968 年，北大西洋公约组织 (NATO)正式将这一时期的问题称为"软件危机"。

软件危机的爆发不仅严重影响了计算机行业的理论科研与工程实践的进展，而且影响了涉及计算机软件的各行各业的发展。也正是在这样的背景下，NATO 提出了软件工程的概念。

软件工程概念的提出标志着软件开发正式成为有工程学理论知识指导的工程项目。它涉及软件开发过程的控制，通过不断总结前人软件开发经验所形成的一套软件开发方法论，以及相应出现的专门用于软件开发工作或管理组织的工具，能够合理调控人力、时间、资金等软件开发成本，使得软件开发与维护更加顺利。

软件工程的关注点在不断变化，软件危机过后，人们开始关注如何组织代码和数据以增强程序可读性、可追踪性、可调试性和可维护性的问题。这次改变现在被称为"结构化"。非结构化的程序可以看作一条连续的指令序列集。在这个指令集中，可以通过跳转语句跳到任何位置。汇编语言是典型的用于编写非结构化程序的语言。然而，无限制地使用跳转指令会导致严重的后果。读者可以从文献 *Go To Statement Considered Harmful* (Dijkstra，1986a)中找到对 GOTO 指令的一段经典的批评。在编写结构化程序时，整个程序被拆分为若干子过程。它们的执行需要依靠调用才能进行。通过使用结构化的组织策略，软件设计人员开始采用自顶向下的设计理念，即先将大规模的软件拆解成若干小的模块，然后分别对这些小的模块进行详细的设计。这些子过程之间的关系仅仅是简单的调用，一个子过程调用一系列其他的子过程。这个关系不断递归，直到原子操作为止。最顶层的过程可以看作系统的一个组成部分。于是当时的设计通常使用控制流程图来描述任务是如何被一步一步执行的，这将指导程序在运行时的执行方式。

然而结构化并不是现实世界的良好映像，因此它也很容易带来一些问题和风险。设计人员依旧需要将问题模型转换到结构化模型，然后再将其拆分成模块。这个过程并不是那么自然。此外，代码重用也不能轻而易举地进行，原因是：如果想重用一个过程，那么与它相关的一系列数据结构也必须被引用，但是这些数据结构并不一定被实现在一个制品①当中。因此，以数据为中心的组织方式开始逐渐流行起来。在以数据为中心的组织方式中，数据实体的行为属于这个实体(而不是像结构化方式那样将二者分开)。越来越多的设计人员逐渐开始热衷于将包含相关操作的数据类型打包，并以此作为复用单元。面向对象明确了对这种组织方式的支持，并借助继承、多态的特性对其进一步扩展。从 20 世纪 80 年代中期开始，对问题中的实体及其关系的建模开始逐步转到新的设计方式上来。软件设计师可以

---

① 制品(artifact)是指代码实现或信息所在的实体，如一个可执行文件、一个库或者一个数据库表等。

直接用问题中的概念和词汇来思考他们的系统的结构。

然而不幸的是,面向对象不是万能药。举个例子,纯粹的面向对象不能很好地解决概念交叉的问题。例如在商业系统中,类 Customer 的实例和 Transaction 的实例的紧密耦合会导致对其中一方的修改迫使另一方也必须修改。再如使用 Log 类(日志)是典型的多个类跨越一个类的例子。这时,原本认为不会再出现的恼人的更新工作又回来了。最近,面向方面程序设计试图修正这个问题。在面向方面程序设计中,设计者将实体划分为两类:独立的(如 Customer)和交叉的(如 Transaction 或 Log)。通过明确地指出交叉点和交叉样式,面向方面的编译器可以自动帮助人们处理这些交叉的工作。面向方面是面向对象的有益补充,但仍然与其处于同一级别。

站在更高的级别上,面向对象本身并不能解决对象之间复杂的交互问题。不像多年前那样,现在的软件的复杂度急剧增加,主要是由于软件的执行方式已经从单独运行转变为协同工作。结果,交互和数据交换的方法和技术在目前得到了相当的关注。一些交互方式,如调用、点到点的信息传送、发布-订阅,被广泛地应用于各种已经实现了的通信协议中。从大多数的大规模系统可以看出,软件的行为可以被分为两类:一是计算行为,主要处理业务运算;二是体系结构行为,即系统的交互行为。不论是结构化还是面向对象都不能明确地将这二者分开。尽管面向对象给人们提供了良好的设计单元,但它却无法清晰地表现软件的运行时结构(例如,C++ 编写的程序在运行时的结构和 C 程序几乎一样;而 Java 和 .NET 平台也仅仅是在执行时存储元数据而已)。此外,面向对象中的"接口"相当原始。它只是规定了方法的签名,却忽略了大量其他和交互协议相关的内容,如对方法的性能要求或对内存占用的要求等。设计中的"接口"包含更广泛的含义,用以处理对服务的语义理解和操作等。无论如何,为了获得更加明晰的交互机制,人们不得不自己去构造它们。为此,人们需要某种东西来描述它。

在这个级别上的另一个关注点是如何评价系统结构对软件质量的影响。功能性来自那些实现了的计算性模块。而其他的质量,如可用性、易用性和可测试性,则和系统的运行时结构紧密相关。人们可以为关键数据做冗余备份来提高性能,也可以为计算性构件附上加密功能来提高安全性。简单来讲,功能性主要是由客户的需求确定的,而其他非功能质量则是软件在运行时如何组织的结果。更重要的是,如果能够获得一套在某个领域有相当优势的结构,人们如何记录、调整和重用它呢?这就是领域体系结构,它对任何软件厂商的生存都至关重要,因为它是应用软件生产线的基础。在生产线上,可以根据需求来对领域体系结构进行微调,并主要通过组装的方式来实现软件。这从根本上降低了软件上市需要的时间和成本。

当人们将关注点放在上文提到的那些方面时就会发现,找到一个设计、记录、评估和复用的基础是非常有必要的。人们相信软件体系结构可以满足这些需要。

软件开发范式自从 20 世纪 40 年代"软件"这个词刚刚出现时(也是最原始的程序存储型计算机诞生的时候)开始至今经历了多次的革命性变迁。每次开发方法、模式和工具的改变都是为了适应新的环境和新的需求。人们相信软件体系结构就是下一次革命。许多人已经开始顺应这个趋势;当然,也有很多人根本不理会软件体系结构,就像若干年前人们不愿改变他们的开发习惯,采用新的开发技术一样。历史总是有相似性的,从历史的角度,人们能够更清楚地看到软件体系结构如何逐渐成为当今软件工业的重要组成部分,以及为什么人们应该改变习惯去尝试它的原因。

随着编程语言的进化,软件开发的重点也一直在改变。众所周知,软件工业若想获得成功,具有竞争力的开发速度、产品质量和产品满足客户需求的程度是必须被保证的。因此,在软件开发过程中,主要的关注点被放到了如何发现和解决那些不利于上述因素的瓶颈上。当然,这要依靠一些工具和方法才能做到。

实际上软件危机的问题并未完全得到解决,软件工程只是提出了理论指导与方法论以缓解这一矛盾。不恰当的软件开发过程与管理仍然会使软件开发困难重重。因此软件工程这一学科也在不断发展与完善,还要克服更多困难,迎接在新时代新技术背景下出现的新的挑战。而与此同时,有理由相信软件体系结构将会再一次改变软件开发模式。但就像高级编程语言和 UML 的关系一样,软件体系结构不能完全取代现有的方法和工具,它只是一个有力的补充,帮助人们处理大型软件系统的快速开发和升级问题。

1.3　软件体系结构的诞生与发展

1.3.1　软件体系结构诞生的背景及意义

1. 诞生背景

软件体系结构的起源可以追溯到 20 世纪 60 年代后期。那时软件危机正在肆意横行。当时软件的成功对于整个系统的成功具有决定性作用,这是因为相对于硬件,软件设计师在选择和组织软件结构时有更自由的空间。但是软件开发过程与其他工业产品的生产(如汽车、机械等)有很大不同,即无法明确地区分软件开发的阶段。这就是说,不能用常规的经验来规划它。1968 年,NATO 软件工程大会在德国召开,会上确立了软件工程的科学地位,就是为了解决上面的问题。

随着软件工程学科的发展,人们逐渐意识到,越来越庞大的软件程序更加需要一个清晰的结构来支撑运行与指导维护,这就像建筑学里巨大的摩天楼也需要前期完善的楼体结构设计一样,只有恰当的楼体结构才能保证高楼不倒,也只有恰当的软件体系结构才能保证软件的鲁棒性。

与几十年前那种着重于机器指令或者倾心于数据结构和算法的集合的软件相比,现在的软件更加复杂,更加难以控制和维护。一般来讲,软件系统是通过构件装配而成的,不管这些构件是为了满足需求而开发的还是堆在复用库中的。在这种环境下,一个团队需要面对系统的不同侧面。他们有的要处理必须实现的功能模块,有的则要让不同构件正确通信,从而良好协作。同时,在这个过程中,一些质量因素也必须得到保证,目的是确保项目的最终成功。

简单地增加程序员的数量不一定能提高生产力,相反,却容易引起项目的失败(Brooks,1975)。软件开发不是简单地组装零件;相反,在这个过程的背后隐藏着相当复杂的关系,有些至今还没有被归纳出来。大多数人认为,"软件体系结构"这个概念在 20 世纪 90 年代开始有了较严格的定义。

首次提到软件开发中的"体系结构"这个概念的文字记录可以在 Edsger Dijkstra 的论文 *The Structure of the "THE" Multiprogramming System*(1968b)中找到。Parnas 在论

文 *On the Design and Development of Program Families*(1976)中提出的准则已经成为如今架构师和程序员的金科玉律。在 Bass 的 *Software Architecture in Practice*(2003)第 2 章末尾可以找到对 Parnas 的贡献更详细的介绍。

2. 软件体系结构诞生的意义及必要性

对于软件体系结构初学者,尤其是那些有过编程实践或学习过计算机科学相关数学课程的人都会感到困惑:软件体系结构在编程中真的那么有用吗? 这是缺乏相关项目经验和未曾感受过大型软件开发过程中的痛苦的典型表现。有经验的设计人员、项目管理人员和评估参与者在了解了软件体系结构是什么和它怎样进行描述之后就能明白它的重要意义。下面明确给出软件体系结构的主要功能。

1) 表述系统的初始概要信息,为系统在开发早期进行质量分析和评估提供帮助

软件体系结构反映了系统最初始的设计决策。这对系统的实现有着非常关键的作用,因为到了实现阶段就很难再做出修改。每一个主要需求,不论是显式的还是隐式的,都会在体系结构中有对应的方案。在软件体系结构中,系统构建单元及其行为和交互方法被清楚地描述出来。描述这些信息的目的是利用形式化校验或者由经验得出的一些规律来检测系统潜在的缺陷和问题,以及对预期的质量做出分析。同时,如果有多个候选的软件体系结构(这在大型系统的开发中很常见),就可以通过收集各种涉众的意见来挑选出最合适的软件体系结构,或者给出相应的修改意见。

这些校验、分析和评估之所以可行,是因为软件体系结构来自一组可以满足特定需要的经验性策略。例如,如果需要高安全性,就需要在通信和数据交换中加密,并且构件应当限制其访问接口;如果需要重用,就必须在各种软件元素中降低耦合;如果需要易修改性,就必须限制修改带来的影响范围。

2) 为系统实现提供约束条件

几十年前,程序员和设计师开始逐渐了解随意地编写代码所带来的灾难性后果。他们试图在满足系统目标的前提下能够确定哪些是不应该做的,哪些是应当被鼓励的。但是他们当时只能依靠经验来解决问题。

今天,经验依然非常有价值,但是考虑到现在软件开发团队中成员的数量就会发现,让每一个开发者都不做设计人员认为有害的事情是不现实的,特别是在那些设计人员没有描述得很详细的地方(设计人员经常会忽略一些他们认为理所应当的细节)。因此,约束条件对软件开发相当关键和必要。幸运的是,人们可以用软件体系结构来传达这部分信息,这主要体现在两个方面。

一方面,软件体系结构决定了分解结构、运行时结构和交互机制。其中部分信息可以用来实现某些非功能需求。在这种环境下,程序员仅仅在他们所负责的工作的“私有”部分拥有充分的自由,但这种自由也不是绝对的,他们不能随意添加一个觉得有趣的构件,也不能忽略他们不喜欢或者懒得做的接口。如果有人认为软件体系结构本身有问题,就要对软件体系结构进行重新评估,而不是靠程序员的小聪明。这通常不会发生,因为在软件体系结构建立之初,严格的审阅、讨论和评估已经进行了。

另一方面,软件体系结构可以包括明确的约束,例如对于多重性、内存使用情况或处理时间等的约束。值得注意的是,软件体系结构模式提供了可以添加各种各样约束的模板。

约束通常用属性或者注解(如果属性表示起来很麻烦的话)的方式来表达。任何实现必须遵守这些约束,从而确保系统的预期质量。当然,这么做的前提是约束是可行的。这种问题可以通过评估的方式来解决。

3) 支撑重用和软件生产线的实现

重用是工业生产的基础,也是世界变革的标志。制造业已经展现了非凡的生产效率,这得益于采用标准物理尺寸和电气接口的部件。基于生产标准,工人不需要从零做起,而是通过组装好的部件来进行生产。更重要的是,标准化带来了便利。试想一下,如果你使用的微型电子设备找不到标准尺寸的电池会怎样,如果你找不到第二块可以装在自己汽车上的轮胎又会怎样。

在软件工业中,人们像其他领域一样需要可重用的部件。然而,在使用构件之前,人们必须识别构件。体系结构有能力帮助人们识别出软件的哪些部分可以使用存在的构件,以及哪些部分可以做成可重用。可重用部分就可以实现为构件。例如,在商业信息系统中,将系统分为若干层是个好主意。分离后的永续化存储层可以快速在不同的数据库系统中切换,如 Oracle 10i、IBM DB2 或 MySQL。毕竟考虑到构件提供商提价或无缘无故停止技术支持等原因,将整个企业绑定在一个构件提供商上是很不明智的。

在更高级别上的重用是重用软件体系结构本身。如果你是公司的一名设计人员,专注于商业信息系统的开发,就会发现这和给其他公司、教育组织或者政府制作的信息系统非常类似。它们就好像是不变核心的种种变体,这就形成了类似的体系结构。人们称之为针对某一领域的参考软件体系结构。一旦拥有了参考软件体系结构,花在设计基础功能上的时间和成本都被节省下来,这样就可以提高竞争力。更重要的一点是,参考软件体系结构是从大量实际应用中抽象而来的,汇集了无数人的智慧,并且拥有良好的质量。有什么比用它来构建新系统更有保障呢? 答案很明显。

参考软件体系结构能够被实现为可调节的框架。事实上,许多这样的框架已经在 IT界得到应用了。以基于 Web 的商业信息系统为例,这个领域现今的框架有 EJB(Enterprise JavaBean)和微软的.NET 平台。对对象进行生命周期管理、网络连接、事务处理和其他对分布式系统非常关键的服务都已经以很灵活的方式实现了。用户仅仅通过配置以及编写业务代码就能获得一个完整的系统。

通过使用可重用的软件体系结构和可重用的构件,软件生产线的想法就变得可行了。软件生产线的主要思想就是组装软件。

如图 1-1 所示,在软件生产线中,一部分开发者实际上是装配者,负责搜索和调节需要的参考软件体系结构,同时根据体系结构将构件组装为最终系统。

4) 为涉众之间的交流奠定基础

不同涉众有不同的审视软件系统的视角,这是很明显的。无论他们扮演什么角色——管理者、程序员、维护者、顾客还是用户,他们都希望自己所关心的能在系统蓝图中反映出来。软件体系结构就是可以做到这一点的媒介,来自不同方面的声音都可以从中得到期望的反馈。

软件体系结构并不是描述需求的语言。想描述需求的人可以试试 Tom Gilb 的"计划语言"(planguage)(Gilb,2005)或者其他方法(如用例或场景)。然而,软件体系结构可以让你找到对于这些关注点的解决方案或者矛盾需求的折中方法。这是因为,不管是什么关注

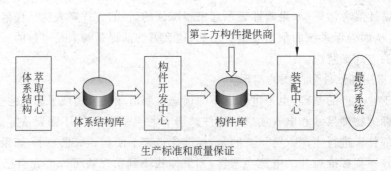

图 1-1　软件生产线

点,都会或多或少地受软件体系结构影响。这意味着软件体系结构是进行讨论、折中甚至争论的立足点。如果不存在软件体系结构,就几乎再没有其他机制能将涉众的意见反映到最终设计里。

更重要的是,一些软件体系结构描述允许用户采取推导的方式来证明他们的观点。例如,基于CSP(Communicating Sequence Process,通信顺序进程)的WRIGHT语言拥有侦测潜在死锁问题的能力,可以通过分析行为描述自动得到结果。基于此,你可以说服其他人,而不是仅凭经验或不那么可信的直觉来没完没了地争论。

5) 决定如何组织团队和分配任务

一般来讲,软件系统的结构可以成为如何组织开发团队的参考。基于这种方式,每个小组可以专注于他们自己的任务。分组决定了管理和工作的风格。一个小组成为进行调度、测试计划、交流和配置的单元。例如,基于安全考虑,团队领导可以为不同小组分配具有不同权限的CVS账户。每个小组必须首先完成本组负责工作的整合测试,然后才能进行整个系统规模的测试。软件体系结构定义了系统主要元素的交互接口,这也是不同小组应当实现和遵守的交互机制。

此外,分组也确立了团队成员的未来发展方向。在经历了若干项目之后,开发人员就可以逐渐将精力放在某个特定的方面上去,并进行比较深入的研究和积累。例如,有些开发人员由于对用户习惯比较理解,所以特别擅长开发图形用户界面;另一些开发人员可能对数据库的工作原理很熟悉,于是他们在配置数据库方面非常优秀。通过这种方式,开发人员都从仅对编程比较熟悉逐步发展到在各自领域独当一面,从而共同支持开发团队。

但是根据软件体系结构进行分组在体系结构有变化时会发生问题。任何微小的波动都会干扰开发者的注意力,伤害他们最初的热情。管理和工作规则可能会被扔掉,然后再重建,这也会浪费时间和成本。总之,如果不是万不得已,经过众人深思熟虑一致同意的软件体系结构最好不要改变。

1.3.2　软件体系结构概念的形成与发展

1. 软件体系结构概念的形成

在分析软件体系结构的定义之前,首先要了解其中的一些概念。这些概念处于较高的抽象级别,因此很容易令人有迷惑的感觉。其中最重要的一个概念是模型。在软件开发中,模型的意思是现实的,特别是要解决的现实问题的简化抽象。首先,模型是现实的简化。就是说,模型仅仅表述了现实机制或者行为的一部分。很明显,同时考虑一个系统的所有方面是不可能的,因为会有太多的信息交织在一起,造成理解的混乱。一个定义好的模型会突出那些重要的元素,而忽略那些和期望抽象级别关系不大的信息。其次,模型是一个封闭的抽象。这就是说,模型具有一定的独立性,并且应用与其他模型相比明显不同的词汇和约束关系。对此,一个不错的例子是汽车结构。对于汽车结构可以针对其动力系统、电气系统、外形等建立模型。模型能够成为一个项目的蓝本。工程师通过它可以更容易找到设计中的优点和缺点。人们之所以花那么大工夫讨论模型是因为,软件体系结构本质上就是一种模型。

建模可以分为非形式化、半形式化和完全形式化 3 种。当为一个软件系统建模时,你能够选择最合适的建模方式。形式化建模的目的是使基于数学理论的严格的演算和形式化校验成为可能,例如状态机提供了自动评价机制。然而,完全的形式化建模会引入大量的设计信息,有时甚至比最终实现还要多。因此,学院派的研究侧重于完全的形式化,而工业界的实践派则采用半形式化或非形式化的方式。一个经典的学院派的例子是文献(Garlan,1993),其中软件体系结构被定义成

$$SA = \{Components, Connectors, Constraints\}$$

软件体系结构仅仅关心系统中单元的交互关系。在上面的定义中,单元被定义为"构件"(Components),表示任何执行预定义的服务并和其他构件进行交互的单元;连接器(Connectors)定义了交互协议和策略;约束(Constraints)则定义了系统必须遵守的规范。在这个模型中,软件体系结构可以看作是由若干相关的、被约束的构件所组成的。构件不像面向对象中的类的概念那样提供设计阶段的基本构建单元,它反映的是系统运行时的状态。类似地,面向对象中的继承关系也不是连接器,连接器代表运行时的通信。当然构件和连接器也没必要非得用面向对象来实现。实际上,任何编程语言,包括汇编语言在内,都可以使用。这也就是说,构件和连接器与编程语言无关,它们是软件体系结构级别的概念。

然而,上面的定义足以描述系统的体系结构了么?仅仅通过构件和连接器以及它们的约束是否能够涵盖系统交互机制的所有信息呢?答案当然是否定的,因为上面的模型仅仅把注意力集中在系统运行时的结构上,却忽略了静态结构,但静态结构对开发系统同样重要。无论是运行时结构还是静态结构,都是为系统开发服务的,包括实现用户要求的功能属性以及非功能属性。体系结构信息必须涵盖这些内容,以便为设计者提供必要的信息,帮助他们在设计上做出决策。隶属于静态结构的信息包括面向对象中表示类之间相互关系的类图、数据库设计中的 ER 模型图等。除了运行时结构和静态结构可以包含的信息,还有一些信息是必要的,例如源代码的组织方式、可执行程序部署在物理主机上的方式等。所有这些信息在各种软件项目中都占有一席之地。考虑到它们的重要性,应当把这些内容也放入软件体系结构的范畴。

在文献(Bosch,2000)中,软件体系结构是这么定义的:软件系统的体系结构是系统的顶级分解,系统分解得到的产物是系统的主要构件。

在这个定义中,软件体系结构被认为是软件系统的分解。它和第一个定义大相径庭,仅仅考虑了静态结构。另外,在这个定义中"构件"也有不同的含义,它们可以被看作是"模块"的等价物,也就是基本的实现单位。图 1-2 和图 1-3 展示了二者角度的不同。

很明显,图 1-2 通过规定系统的通信方式表明系统的构件是如何协作并完成任务的,而

图 1-2 Word Counter 的构件-连接器体系结构模型

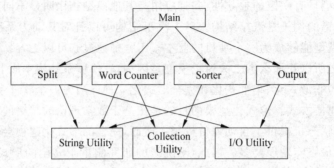

图 1-3 Word Counter 的分解体系结构模型

图 1-3 则通过将系统分解为相对独立的小模块来表明程序员可以如何分工合作完成这个系统。在后面可以看到,这些都是软件体系结构的视图,它们和其他视图一起被编档。

另外一个软件体系结构的定义来自文献(Gacek,1995):

SA＝{Components,Connections,Constraints,Stakeholder Needs,Rationale}

在这个定义中,功能属性和其他质量被考虑进来。在实际应用中,构件和连接器是综合诸多涉众需求做出的设计决策的结果。这里,涉众指任何关注软件系统,或针对系统有自己目标的人,包括项目主管、程序员、市场销售人员、客户、最终用户等。任何关于体系结构构建的决策都需要在大量的不同考虑中做出权衡。这些考虑有的完全矛盾,有的则相互关联。推理(Rationale)就是进行权衡的策略。这个定义反映了对运行时结构的来自实际的影响,也就是说,它尝试将学院派的研究应用到实际工程中。

当然,除了上面几个模型,还有多得数不清的软件体系结构模型。上面所述可以看作这些模型的典型代表,它们能帮助你理解这个领域。为了满足不同的考虑,处理不同环境下的不同问题,或者为了尝试新的办法,近年来很多体系结构模型被提出。但它们不应该成为学习软件体系结构的绊脚石。只要理解软件体系结构的本质动机——解决在系统高层交互上的麻烦,处理关于设计和实现上的决策,改善涉众之间的交流,以及增强体系结构的复用,就能够更好地理解这些模型。

2. 软件体系结构研究的发展

在 20 世纪 90 年代,软件体系结构的两个最主要的研究成果是如何在通用环境下和在某个特定环境中利用体系结构对软件系统建模。在通用环境下,主要的研究对象是软件体系结构风格和模式,它们主要用来指导满足某些一般性问题时的软件设计。在早期研究中,软件体系结构风格的研究占主导地位,其中包括风格的建模、描述、分类和重用等。对这些方面的研究加深了对软件设计的理解,并提高了软件开发过程的效率。有关风格和模式的主题将在第 2 章详细讨论。在特定环境中(如某一特定系统),主要的研究集中于特定环境的软件体系结构描述方法。在这个子领域中的主要研究对象就是软件体系结构描述语言

（ADL）。ADL 被用来对软件系统从不同方面表现出来的结构和组织方式进行形式化和编档，甚至是可视化。部分 ADL 提供了演算模型，用以帮助设计者辨识诸如死锁、一致性、兼容性等问题。有些 ADL 采用了进程代数，如通信顺序进程（CSP）和 π 演算，以对软件系统的行为和进化进行描述。WRIGHT、ACME、Darwin 和 C2 是典型的 ADL，并且成为成千上万 ADL 中的幸存者。有关 ADL 的更多话题将在第 3 章详细阐述。

　　1994—2000 年，这个领域的研究机构变得越来越成熟。随着软件体系结构的重要性逐渐彰显，相关的社团、研讨会和学术会议越来越多。1995 年，软件规约和设计国际研讨会确立了软件体系结构的地位。同年举办的第一届软件体系结构国际研讨会开辟了这个领域繁荣发展之路。之后，1998 年，首届 IEEE/IFIP 软件体系结构工作会议召开，持续至今。更重要的是，在 1995 年之后，越来越多的关于软件工程和设计的会议和研讨会都开设了软件体系结构的专题。在这个时期，来自业界和学术界的成果层出不穷，其中一些还引发了对软件开发过程和方法的革命，包括软件体系结构评估方法，如 SAAM（Kazman，1994），以及多视图描述，如 Rational 的 4+1 视图（Kruchten，1995）。

　　2000 年后，软件体系结构完成了其地位的转变，从设计阶段的辅助工具变成了整个开发过程的核心。产品线体系结构（Bosch，2000）已经成为所有软件企业生存的法宝。同时，关于软件体系结构的第一个标准 IEEE 1471—2000 发布了。这个标准综合了来自此领域研究和实践的广泛成果。在 2003 年，最初仅仅针对面向对象开发的 UML 有了第二个版本，增强了对一些软件体系结构术语的语义支持。随后基于 UML 2.0 的一系列自动化设计工具发布了，如 IBM Rational Software Architect。同时，开源的软件体系结构设计工具 ArchStudio 也引起了大众的注意。这个工具将在第 5 章介绍。

　　软件体系结构是软件工程中的一个正在蓬勃发展的领域，用以帮助人们解决上面提到的问题。有了它，设计人员或者项目管理者就能在一个比较高的层面上俯瞰软件的整体情况。同时，软件体系结构可以被复用，这样就能够减少开发成本并降低软件开发中的风险，例如在设计、建模、实现、测试、评估、维护、升级中的潜在问题。

　　然而，获取软件体系结构并不是一件容易的事。它并不是如同代码那样看得见摸得着的实体。将它呈现出来需要对系统全局信息的深入掌控以及优秀的技能和方法。来自不同组织和企业的人用不同的方法来处理这个问题，但是这些方法有一些共同的地方。对这些方法的总结和抽象成为现今软件体系结构研究的基础。

　　软件体系结构的繁荣不限于对它的研究和应用，还体现在人们对它的兴趣。SEI 系列丛书，包括《软件架构实践》（Bass，2003）、《软件架构编档》（Clements，2003a）和《软件架构评估》（Clements，2003b），受到了热情的追捧。在许多大学都开设了相关的课程和学习班。现在，相当多的人认为软件架构师是软件公司中最具吸引力的职业。

　　软件体系结构的进化史如图 1-4 所示。

　　但是，软件体系结构还有很长的路要走，因为更多的难题需要解答。例如，人们需要自动评估软件体系结构的策略来保证软件设计和实现之间的一致性。人们需要基于软件体系结构的测试方法来指导软件测试。是不是可能实现那种仅仅依靠装配就能生产软件的软件工厂？是否能将用户需求转换为设计的过程自动化？当探索这些领域时，人们实际上是在

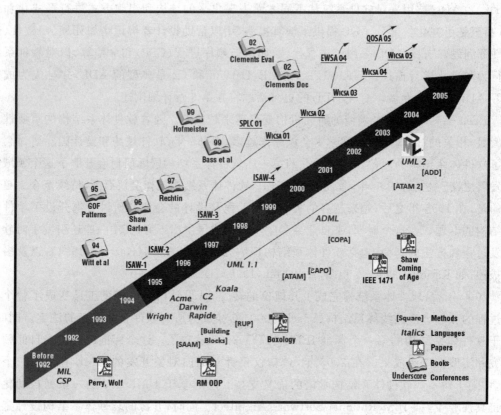

图 1-4　软件体系结构的进化史（Kruchten，2006）

尝试理解软件设计中人类的思考方式和软件的本质。这是相当困难的。

　　另外，软件本身也在发生变化，从专门为大型主机进行程序设计到为基于某个 PC 的特定操作系统编写程序，从独立软件到部署在网络中多个节点上的分布式软件，从固态僵化的软件到动态柔性的软件。30 年前，完成一个像编译器那样的项目是十分麻烦的，需要几十位顶级程序员工作多年。现在，任何人都能用 Lex 和 Yacc 这样的工具在数周之内完成一个编译器。然而，如今也有很多被认为相当复杂、难以开发的软件。那么这些软件在下一个十年会变成什么样子？随着软件的变化，软件体系结构也会随之进化发展下去。

1.4　软件体系结构在软件生命周期中的定位

　　如今，软件和几十年前的样子——数据结构和算法的结合体——不同。它拥有生命，从"人们应当开发它"这样的想法出现，到软件被遗弃为止，其中会经历需求获取、设计、实现、测试、维护和可能的进化。而软件进化则意味着以上过程的新一轮周期的开始。软件体系结构能够在这些过程中被使用。如果用得好，正面效果会很明显。与此相对，在应用中的反馈也会进一步改善人们在应用体系结构上的经验和对体系结构能力的理解。以软件体系结构为中心的软件生命周期如图 1-5 所示。

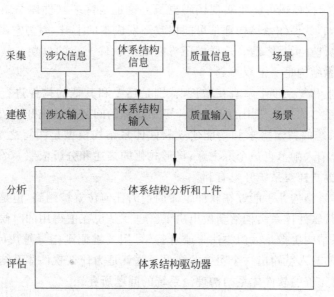

图 1-5　以软件体系结构为中心的软件生命周期①

在软件生命周期中对软件体系结构的使用称为软件体系结构活动。很多体系结构初学者和一些专家有这样的观点：软件体系结构活动应当成为软件体系结构定义的一部分。但是在本书中要区分这两个概念，因为人们坚持软件体系结构附属于软件系统本身。而如何使用它则取决于软件开发者对体系结构重要性的认识以及在应用中的技巧和创造性。以下是一些常见的软件体系结构活动：

- 创建合适的软件体系结构模型。
- 根据需求选择软件体系结构。
- 为软件体系结构编档。
- 基于软件体系结构文档进行讨论。
- 进行软件体系结构分析和评估。
- 进行系统实现并与软件体系结构保持一致。
- 在软件体系结构的引导下进行系统测试。
- 从遗留系统中重构软件体系结构。

本书并不打算详细讨论实践中的软件体系结构，因此就不给出上面这些活动的详细解释了。然而，这个列表传达出一个信息：创建出以软件体系结构为中心的开发过程是可行的。事实上，一些实验性质的开发过程已经存在，如 ABC（基于体系结构的构件组装，Architecture-Based Component composition）（Mei，2001）。也许你以前从未接触或者听说过软件体系结构，但实际上你可能正在不知不觉地使用一些与软件体系结构活动类似的方法，或者采用了一些框架，而这些框架的实现隐藏了参考软件体系结构或者类似的东西。

然而，有些时候，人们面对开发时要处理的情况，不得不忽略一些东西。关键是要比较软件体系结构活动带来的收益和成本。其中，收益包括商业收入和软件质量。例如，某些

---

① 图 1-5 并不是实际情况的精确表达。例如测试与实现可以同时进行。

ADL 生成的体系结构描述可能比实现代码更长。这也是许多软件体系结构悲观主义者极力抨击之处。又如,软件体系结构评估可能招致开发成本的上升,因为它需要把许多涉众召集到一起,他们也许在世界各地。这样做还可能耽误软件上市的日期。软件项目的管理者必须清楚软件体系结构是一把双刃剑。

软件在容量上和复杂度上一直在增长,特别是还要和其他的构件进行整合。这个趋势增加了将软件体系结构投入使用的必要性。更加实际的问题是系统开发依赖它的程度。例如,根据要开发系统的特定需求和功能建立软件体系结构模型是明智之举;限制精化的级别,从而避免过分陷入细节也是个好主意;将形式化的描述和分析依照 80/20 原则局限于若干核心构件和配置同样对系统开发有利。

总之,软件体系结构几乎能够在软件生命周期的任何位置被用到,但是你必须对何时何处以何种方式进行软件体系结构活动做出决策。也就是说在值得用的时候再用。从这个角度来讲,软件体系结构更像是一门方法学或者哲学,用关键原则指导解决问题;而不像公式那样给一个明确的输入就输出一个明确的结果。这就是为什么软件体系结构这么难懂的原因,也是难以建立完善的软件体系结构理论系统的问题所在。

1.5　软件体系结构的研究内容、原理及标准

本节详细讨论软件体系结构的研究内容都有哪些,介绍一些基本原理。然而,令人头疼的是不同的专家倾向于从他们自己的角度和范畴出发,尽管软件体系结构所涉及的底层原理一致,他们仍然会给出不同模型的体系结构定义。这正是造成软件体系结构基本理论混乱不堪的原因。为此,一个统一的标准 IEEE 1471—2000 视图被提出以涵盖这些理论,让大多数的定义和模型可以共存。人们不想再为软件体系结构下一个全新的定义。相反,人们期望通过澄清那些理论让读者更好地理解软件体系结构的含义和价值。本节对此会详细地解释,从而避免可能的误解。总之,人们相信对软件体系结构的适当思考远比文献中的那些定义重要得多。

1.5.1　软件体系结构的研究内容

软件体系结构研究主要涉及软件体系结构的设计模式、结构风格,软件体系结构的形式化或非形式化描述方法,在不同级别上的设计策略,软件体系结构的集成开发环境,软件体系结构的评估方法和最新的软件体系结构研究前沿,包括柔性软件体系结构和云体系结构等,以及软件体系结构的最新应用。

传统的软件的体系结构风格主要包括 7 种,它们是管道-过滤器风格、面向对象风格、事件驱动风格、分层风格、数据共享风格、解释器风格和反馈控制环风格。实际上,软件体系结构的模式与风格并不完全等同,模式是组织的内在形式,而风格则是体现出的外在表象。但是通常在应用体系结构相关原理时,对两者在运用上并不加以特别区分。除此之外,还有柔性软件体系结构和云体系结构等新产生的软件体系结构风格等。

软件体系结构的描述方式有非形式化方式、半形式化方式及形式化方式,目前的发展仍不成熟。非形式化的体系结构描述方式包括自然语言形成的开发文档、项目文档等,它们是最基础的一般形式,但由于缺少严谨的术语支持与规则关系,容易在开发团队中产生歧义;

半形式化的描述方式以 UML 为代表,是当前广泛应用的描述语言。它以图形描述为主要表达方式,对图形形状符号及其含义进行了特别规定,因此能够保证描述的唯一性与传递的信息在理解上的一致性;完全形式化的描述语言包括 ADL 及其各种变体。形式化描述也是软件体系结构研究者在不断追求的,因为只有形式化的数学表达才能够将这个领域变成可推理的严谨学科,为软件体系结构的进一步研究提供完善的基础描述工具。

软件体系结构级别的设计策略则更多的是在一个更高的层次探讨体系结构设计的问题,它关注结构设计的重用,关注设计空间与规则,在不同的案例中能看到使用它们的意义。

同样,软件体系结构也需要一个集成开发环境作为工具。目前最主流的是 ArchStudio 软件,它能够为软件架构师提供可视化体系结构建模界面,帮助完善产品设计阶段的组织架构。当然除此之外还有其他一些软件可供选择。

一个软件体系结构的优劣也需要有明确的评估标准。目前有 QAW、SAAM、ATAM、ARID 这 4 种方法,分别在软件设计的不同阶段对体系结构进行评估。而评估方法本身也在不断发展,出现了 ALPSM 和基于度量的评估方法等。每种评估方法都有自身的侧重点。

柔性软件体系结构和云体系结构是近年来产生的新的软件体系结构。柔性软件体系结构有时也称为动态软件体系结构,它是指软件的体系结构并非一成不变,而是在运行中随着需求可以不断发生变化。云体系结构则是在当前云计算时代背景下产生的大量基于云服务的应用所具有的包含了很多相同特征的体系结构。这两种体系结构中还有很多值得探索的地方。

软件体系结构不应止步于科研理论,更应加以应用与实践。因此软件体系结构的应用是重要的研究内容。当今软件体系结构依然存在不足,但是相信随着其发展,应用场景会不断扩展与优化,为业务执行带来越来越多的收益。

1.5.2　软件体系结构的设计原理

软件体系结构的设计原理有很多,包括封装和抽象、模块化和注意点分离、低耦合与高内聚、接口和实现的分离、分而治之、层次化等。

抽象与封装对于熟悉面向对象编程的人来说并不陌生。抽象用来解决复杂问题,通过将现实世界中的实体提取主要特征进行简化,再通过封装将属性和行为结合在一起,形成一个对应于现实实体,具有明确边界的对象。这与人们的认知方式是一致的。

模块化是软件体系结构最重要的原理之一。不同功能的实现交由一个模块来完成,而每个模块都是不可再分的元功能实现。这样的模块实现方式能够给软件的体系结构带来重用、易于维护、易于扩展等多方面的优势。这与注意点分离原理是一致的,即不同和无关的责任在软件中分离到不同的模块中去,这样就避免了暴露过多应用设计的负担和混乱,保证了数据安全与可靠。

模块之间还需要具备"低耦合、高内聚"的关系。所谓低耦合是指模块之间逻辑的相互独立性。多个模块通过信息交互共同完成一个业务逻辑,但是每个模块必须能够独立执行自己的逻辑功能而不需其他模块的帮助或不受其他模块的影响。这样的低耦合能够使得在一个模块出现问题时易于缩小检查范围并进行相应更改或替换模块,而不至于发生"牵一发而动全身"的情况。而高内聚则是指一个模块功能的相对集中与唯一。如果一个模块能够同时实现两个不相关的功能,则这个模块划分是不恰当的,因为它并不是一个元功能模块,还可以再分。

接口与实现的分离也是一个良好的软件体系结构设计方式。接口给出了功能使用的方法,用户不需要知道它怎样实现,只要能够通过调用接口达到目的就可以满足需求,这是一种很好的信息隐藏技术。将这种原理运用在软件体系结构中能够使边界更加清晰。

分而治之是一种算法思路,在软件体系结构的设计中也是一种很重要的思想指导。面对复杂问题,它将其整体划分为许多相似但是复杂度更低的小问题,并采用相似的解法逐个攻破,最后汇总为一个整体的解决方案。它通过自上而下的分析将软件的问题域拆分,再自下而上地实现各个功能模块,通过体系结构上的组合最终满足软件需求。

层次化则是将软件体系结构按照分层组织,每一层有自己独特的任务,使用下一层的资源,并为上一层提供服务。除了底层与顶层,每一层都只与其相邻的上下两层进行交互。分层结构能够使复杂系统的条理更加清晰,无论是开发还是维护都能够给团队带来很好的效益。

软件体系结构的这些设计原理从经验中来,并且也会在不断的积累总结中完善扩充。

1.5.3 软件体系结构标准

虽然各种软件体系结构设计原理总结的主体思想基本一致,但却没有一个明确的梳理归纳,软件体系结构的定义和相关概念也是说法不一。这是研究者们从不同的角度出发,定义的关注点不同所导致的。因而软件体系结构需要一个统一的标准规范来帮助架构师与研究人员进行设计、科研与沟通。

软件体系结构的第一个标准 ANSI/IEEE 1471—2000 *Recommended Practice for Architecture Description of Software-Intensive Systems* 发布于 2000 年 9 月。作为推荐实践标准,它的目标是解决以下问题:当前没有一个对软件体系结构究竟是什么的普遍的、稳定的共识,包括软件体系结构各种元素和连接关系、组织原则以及何时何处软件体系结构能够被应用。这个问题发生在软件体系结构和软件体系结构级别的活动普遍被接受,并且被学术界和工业界普遍认可的情况下。人们使用的"软件体系结构"更多地出于自身的习惯和经验,而不是统一的标准和坚实的基础,这造成了应用中的风险。也许总结存在的理论并把它们整合起来貌似很简单,然而困难的地方是如何清楚地表述以下观点:软件体系结构包含了软件系统中的种种特征,并可以统一各种各样的理论和实践经验。一个类似的例子是经过几千年的努力,土木工程中的体系结构概念仍然无法得到精确的和统一的定义。

在 IEEE 1471 标准中,有 4 个核心的原则被体现出来,总结如下:

(1) 每个系统都有自己的体系结构,每个都和其他的不同。

正如一块石头有自己的重量(石头的固有属性)一样,软件体系结构可以被抽象地看作整个系统的一个包含关键信息的方面。涉众能够从软件体系结构中获得和自己关心的问题相关的信息。但是,不要指望从软件体系结构中获得任何东西,特别是那些粒度较小的、特别的细节信息。例如那些编程语言的指令。系统能够被设计、生成和运行,这说明系统是一个具体的产品,但体系结构不是。它是依附于系统存在的高层抽象。

(2) 软件体系结构和软件体系结构描述不同。

正如上面所述,软件体系结构的存在仅仅决定于系统的存在。但是软件体系结构的描述却是在软件开发过程中的某个阶段被制作出来的制品,为的是对系统组成元素及其交互方法进行表述。你也许会问,当一个系统还处于设计阶段(就是说它还不存在),它的体系结构在哪里? 人们认为,设计中的体系结构实际上是系统在实现时要遵守的期望。

在此标准中,软件体系结构被定义为"一个系统的基础组织,体现在系统的构件①,构件之间的关系,构件与环境的关系以及指导系统设计和演化的准则"。而软件体系结构描述则被定义为"一组对体系结构进行编档的产品"。

从这些定义中你能发现软件体系结构实际上是不可见的。但是正是这不可见的东西可以帮助你,只要它被显式地表达出来,或者说被编档。你能够使用任何编档技术,包括结合若干 UML 图、一段 ADL 代码或者最简单的框线图,只要其中的符号和文法被每一个需要查看它的人接受就可以。

然而,软件体系结构描述不是必需的。例如,遗留系统很可能在软件体系结构被广泛接受和研究之前就被构建出来。关于这个方面的一个子研究领域叫作软件体系结构重构,目标是从那些没有进行完善的体系结构编档的系统中抽取其体系结构信息,以便对这些系统进行维护和升级。此外,如果一个系统非常小,或者就是为了进行算法实验的原型系统,体系结构编档可以被简化或者干脆省略。然而,在这些情况下,软件体系结构依然存在,虽然它们可能很差劲,并且容易崩溃。

(3) 无论是在研究中还是在实际应用中,软件体系结构、软件体系结构描述和开发过程都是分离的。

概括地讲,软件体系结构是指系统的整体结构;软件体系结构描述是指系统的整体结构如何利用符号、格式和组织方式展现出来;开发过程则是一系列开发活动,在这些活动中软件体系结构描述可能被用到。它们之间没有严格的限制,就是说可以选择任何编档技术来表达不可见的软件体系结构,并且在这些软件体系结构文档之上可以选择任何合适的开发过程模型。IEEE 1471 定义了软件生命周期的概念,并没有假设或规定具体的生命周期模型。同时它定义了视图和视点的概念,但是并未规定在体系结构描述中需要用哪些视图和视点。

然而,值得注意的是,针对某个特别的开发过程模型,一些描述方法会更加合适。例如,UML 比较适合在 Rational 统一过程(RUP)中运用。RUP 中要求有 4+1 视图,刚好能让UML 中的多种图发挥实力。对于模型驱动式开发(MDD),就必须使用高度形式化的体系结构模型,因为这对代码-设计互相同步非常必要。在领域软件开发中,体系结构编档过程可能要包括将领域概念和关注点编档的过程。因此,体系结构、体系结构描述和开发过程之间的松散关系澄清了该如何处理体系结构,但是人们应当根据开发目标环境来选择合适的方案。

(4) 在建立体系结构模型时应留下一定的自由空间,以便允许对具体的体系结构进行定制。

IEEE 1471 定义了多个应用软件体系结构的原则,包括一些基本概念和相关活动的应用范围。但它并没有僵硬地规定一切。于是,组织或者个人就有机会根据自己的应用环境对它们进行组合,从而得到自己的体系结构模型。IEEE 1471 中的大多数概念都是形如"他们至少应该包含什么"而不是"它究竟是什么"。例如,对涉众的定义如下。

---

① 这里的"构件"和 1.3.2 节提到的构件有所不同,它可以被认为是广义上的软件的一个部分。

最低限度下,被看作是涉众的人员应当包括以下几种:

- 系统用户。
- 系统获得者。
- 系统开发人员。
- 系统维护人员。

同时,涉众的关注点被定义为:

最低限度下,被看作是涉众关注点的应该包括以下几种:

- 系统的目标或任务。
- 系统完成它指定任务的能力。
- 构建系统的可行性。
- 系统开发的风险和面向用户、系统获得者、开发者的操作。
- 系统的可维护性、可部署性和可进化性。

通过这样的方式,在特殊情况下,或为了解决不同的问题,就可以对软件体系结构的相关概念进行扩展。这样,误用也被最大限度地避免了。

此外,概念"视图"和"视点"也被涉及,用以解决如何从多个角度来表达软件体系结构的问题。视图的目标是使得对系统某个特定方面的理解更加容易。视点则是定义在一个视图上的可以用的词汇。在有些文献中出现的"分解体系结构"或"构件-连接器体系结构"实际上等价于"分解视点"和"构件-连接器视点"。每一个体系结构描述中应当包含一个或多个体系结构视图。

然而,这个国际标准的出现不能消除软件开发中的大多数问题,因为它没有涉及体系结构级别的详细开发步骤和活动。它仅仅可以被认为是一个元参考模型,指导人们找到合适的模型、准则和约束。基于它们就可以建立人们自己的开发方法。IEEE 的软件体系结构标准也将在未来继续发展完善。

1.6　软件体系结构的 3 个层次级别

在人们看来,软件体系结构的风格应用其实也是可以依照不同层次进行划分的,它们可以是算法级、系统级或平台级的。

软件体系结构风格应用的**算法级**也可以被称为程序级。显而易见,这是在最细小、最微观的角度进行的体系结构应用。软件体系结构风格更多地可以被泛化抽象成一种思想,而不仅仅是模块构件之间的摆放位置关系与通信协议。这就像贪心算法或动态规划,它们实际上并不是某个具体的算法,如快速排序、冒泡排序、KMP、Dijkstra 最短路径算法、Prim 算法这样有具体代码的代码段。算法级的体系结构可以被视为算法逻辑的等价名词,抽象出来的软件体系结构思想被应用于一个方法、一个函数之内。而通常一个代码段根据其功能需求,选择最合适的体系结构即逻辑结构之后,除了满足原本的功能需求外,也会在非功能需求上取得良好的效果,比如获得规定的空间复杂度或者降低时间复杂度等等。时间复杂度与空间复杂度当然就是描述算法的两个主要指标,并且两者通常不能兼得,这样就需要程序员根据算法所依赖的资源以及外部要求进行分析,做出适当取舍,是牺牲空间换取时间,还是舍弃运行效率而节约有限的空间资源,依此决定选取最合适的算法级的软件体系结构予以运用,最后获取正确输出,实现功能,满足需求。

多个程序或模块组合在一起便形成了一个系统,由此也就产生了**系统级**的软件体系结构风格应用。应该说最狭义的软件体系结构就是指这一级别的软件体系结构风格应用。通常人们提到软件体系结构,无论是架构师、程序员、产品经理还是客户、用户等其他项目干系人,可能最先浮现在脑海里的都是产品设计阶段的一个个框架图与产品分层结构。但其实这些只是软件体系结构广义上的一部分,且不说上文已经提到的算法级的软件体系结构风格运用,下文还将在系统级的层次上再度抽象上升。所以,这里提到的系统级的软件体系结构风格运用也就是人们最熟知的部分。

系统级的软件体系结构更加关注函数之间的参数传递或者模块之间的通信方式,再放大说就是子系统之间的通信协议。系统级的软件体系结构需要考虑不同子构件之间的合作关系,前驱构件的输出如何作为后继构件的输入,数据结构是否匹配,传输信道是否满足性能需求,等等。函数间的参数传递要关注接口的调用,涉及操作系统编程时也需要了解操作系统用户态与内核态两个状态之间的转变、系统调用的基本机制等;模块、构件之间则更加注重先后顺序与层级顺序。由于各个子模块的功能实现都被隐藏,很好地封装于一个“黑盒”之中,因此子模块之间的数据流就成为更加重要的关注点;由子系统构成的集成系统则是一个更大的工程项目,每个子系统都可以独立运行并完成一个甚至多个用例需求。子系统间的协同工作是软件体系结构的重要关注点。系统间通信可以通过通信协议完成。在通信协议中解决以下问题:如何制定合理的协议,使一条消息中的有效信息率最大化,以尽可能少的元数据传递达到最大效率;如何增强协议的可靠性;是否在协议中加入校准机制以进行容错处理。除此之外,子系统的工作流也存在先后顺序或优先级关系,采用典型的分层结构还是采用并行的并联结构,都将根据需求与功能进行选择。而且不同体系结构都将有特有的问题出现,例如并联的子系统布局方式,这将对子系统工作的工作协同有较高要求,有些实时系统需要保证计算的同时输出,而不能出现由于某一子系统延时而使其他子系统作业等待的情况,可以采用时钟的方式去处理,等等。系统级的软件体系结构设计虽然集中体现在软件设计阶段,表现为软件概要设计与软件详细设计等,但事实上是贯穿软件工程开发周期始终的。系统级的软件体系结构的构件可以是算法、程序段、模块甚至是一个已经完善的子系统,这些部分对应的整体也就是一个完整的集成系统。要使集成系统正确运行并保证子构件发挥功能以及满足性能需求,需要良好的系统级软件体系结构设计。

最高层次的软件体系结构就是**平台级**的软件体系结构。平台级软件体系结构即是对于系统的综合。多个系统之间的组合与互动会产生大量的通信与联系以协同工作,使整个综合体平稳运行,犹如一个一个庞大的生态体系。一个优秀的软件架构师应该具有这样的视野与能力。支持软件体系结构研究的软件生态系统快速进化,且状态良好;开源平台成为规范,大量框架并存,能满足从探索全新想法到将其部署实现的全部需求;并且在激烈竞争中不同巨头支持不同的软件堆栈。当平台级软件体系结构发展到一定的高度,在某一领域、学科或者工业界形成垄断性概念,具有层次高、规模大、覆盖范围广、应用场景全面的特征的时候,甚至可以称之为是生态级的。

很多时候算法级的体系结构应用体现得更具体,尤其是在编程过程中,可能会包括以下方面:一个函数内部的逻辑如何执行,面向对象的过程中两个对象的信息如何交互,如何最大限度地结合最佳的数据结构,尽可能优化时间复杂度或者空间复杂度(尽管两者不可能同时实现优化)。例如,在关于树的遍历中,能看到前序遍历、中序遍历与后序遍历不同的遍历迭代顺序;在图的深度优先搜索与广度优先搜索中,能看到两者对于每一个逻辑分支分别采取了不同的策略,最后导致图搜索的逻辑差异;在最短路径算法中,能看到 Dijkstra 算法与 Floyd 算法从不同的思考角度出发可以划分成不同的逻辑部分,整体按顺序结构递进,又可以将其中的迭代展开,直到描述到元问题及其解。优秀的算法通常都有着严谨的体系结构。

系统级的应用则是软件体系结构体现得最淋漓尽致的层次。例如在多个应用市场上架并取得过很高下载量的 GTD 安卓应用"萝卜记事"(RoboNote),这是一个 NLP 日程应用,可以智能分析用户的自然语言输入并进行闹钟、地图、导航线路、联系人等的智能识别与自动设定。由于是基于 Java 反射机制所构造的插件框架,这使得软件本身具有良好的扩展性。当用户需要闹钟功能而不需要地图功能时,可以直接将地图模块卸载,而这一动作完全不影响闹钟、联系人等其他模块的运作。不同的功能模块之间实现了良好的低耦合高内聚原则,使得这一软件实现了用户定制化,而不是一个功能庞大而臃肿的软件应用。

很多架构师或者团队的软件架构技术负责人通常都很容易接触到平台级的系统架构任务,这通常也是因为产品往往以系统为整体,而一个平台级的项目通常需要开发人员身处一个有时间累积与技术经验累积,甚至有商业或工业背景的大型项目当中。除此之外还需要项目架构师本人有足够的项目经理与技术能力,在足够高的位置上才能够有机会接触到平台级的软件体系结构设计环节。一个当前很典型的平台级软件体系结构案例就是 F-35 战斗机的开发进程。F-35 是高度软件化的战斗机,只需要软件升级就可以进行机动性能突破与机载武器的更新。然而这一第五代战斗机却由于软件系统平台的问题严重滞后于开发进度。原计划于 2012 年交付的 Block 3F 版本,现今已推迟到 2018 年,并且这是保守估计,外界广泛猜测至少要延后到 2019 年。F-35 将设计、生产、测试、修改堆积到一起,并行推进,这使得问题愈加严重。尤其是在测试中发现问题后,修改的结果牵一发而动全身,这正是软件体系结构不足导致的典型问题。平台系统间的耦合度太高,一个子系统的修改不得不牵扯到其他的功能模块,尤其对于 F-35 这类军工项目来说,耗费的成本是巨大的。F-35 联合项目办公室(JPO)主任海军中将温特披露,为了将现有的 F-35 升级到 3F,需要改动的部分至少 150~160 处。然而这一观点受到了外界的普遍质疑,因为修改至少涉及数据处理器,这样改动的总数不可能只有 160 处。F-35 的美国空军战斗机平台开发过程的案例暴露出的是软件体系结构的典型问题,庞大的系统平台如果得不到良好的组织,在初期没有进行合理的优化设计,使其边界明晰,原则规范,后期的成本将是巨大的。然而对于 F-35 这样背景的项目来讲,美国丧失在空军领域世界顶级装备的地位才是最大的代价与担心,而金钱与人力成本或许是 JPO 最不在意的成本。

本节重点提出了软件体系结构风格应用的级别层次划分,分别给出算法级、系统级与平台级的软件体系结构思想,并分别通过简单的案例描述给出更加具体生动的介绍。本节内容在于帮助架构师与工程师从不同视角切入,去思考与把握,在不同层级上选择最适合的软件体系结构风格并进行改进融合,设计出最符合产品需求的产品体系结构,以满足需求与效率的要求。

1.7　小　　结

经历过软件危机,逐渐形成了软件工程这一学科,并且随着软件在工商业的巨大生产力推动作用,以及各种办公软件或手机应用在人们生活中扮演越来越不可或缺的角色,软件逐渐成为各行各业都不容忽视的要素。而对软件质量有巨大影响的软件体系结构现今也得到了极大的关注。

正如前文所说,只要有软件就离不开软件体系结构的运用。依托于体系结构的软件已经对人们生活的衣食住行产生了深刻的影响,渗透进国民经济的方方面面。在工业生产中,越来越多的行业离不开体系结构良好的大型软件,无论是机动车或船舶制造等机械制造业,还是海上采油船舶等大型设备的控制系统,工业软件已经成为行业工作的必需品。没有软件就没有办法控制巨大的生产工具,无法对生产资源进行加工。而在农业,脱离了原始农耕方式的现代农业已经投入了更多的机械化生产,而只要有机械参与生产,就会有控制软件在其中发挥作用。在建筑业,建筑工程师除了传统的设计图纸,也越来越多地将设计图电子化。这样带来的好处不仅是修改与交流的便利,更能够通过计算机软件进行结构力学模拟,对模型强度与结构稳定性进行计算与预测,避免动工后出现问题。良好功能的发挥取决于恰当的软件体系结构运用。同样在交通领域使用的软件上,体系结构得到了重用,智慧城市、智慧交通是现今很热门的研究课题,通过基于大数据的数据挖掘工作,可以对城市进行合理布局,制定高效的交通规划方案,能够基于大型数据中心进行分析,这些都得益于软件的发展。在商业软件中,软件体系结构可以说起到了更大的作用,中国的电子商务发展已经超越美国跃居全球第一,淘宝、天猫、京东等移动在线购物平台已经深入民众的购物生活中,软件在这一领域的影响甚至带动了新文化的产生,“双 11”已成为属于中国人自己的购物节。推荐系统作为机器学习领域的一大重要应用,也成为互联网公司不可或缺的核心技术,无论是电商网站还是电影电视、音乐、饮食,向用户进行高效的个性化推荐,增加用户消费的可能性,无疑也能给公司本身带来更多的收益。在服务业,很多餐馆不再使用纸质菜单,而是通过电子菜单甚至直接通过桌角的二维码在线点菜,服务员的工作仅限于上菜而已。除此之外,在邮电业、对外贸易、城市公用事业等方方面面。各个软件的应用领域不同,需要满足的需求不同,因此适合采用不同的软件体系结构。例如,工业的大型复杂软件系统就需要借助分层结构对整体系统进行划分,以清晰服务结构;而在 Android 手机上的 APP 等生活服务类软件则很多是基于 Java 开发的,需要使用面向对象的体系结构风格。可以说,需要用到软件的地方就离不开软件体系结构的应用,软件体系结构在软件的开发与运维中起到不可忽视的作用。

正确的理解可以帮助扫清进一步学习的障碍。但是对于软件体系结构的初学者来说,在学习初期碰到麻烦是不可避免的。在本章中,介绍了软件体系结构的动机和发展历史,试图澄清体系结构为何出现以及它是如何被使用的。

不同的专家会给软件体系结构下不同的定义。它毕竟是用来在不同领域和环境中解决实际问题的工具。因此,大量不同的软件体系结构模型和定义出现了。人们能从中找到一些共同点,并总结出一些识别软件体系结构的原则。对软件体系结构的精确定义也许是重要的,但在人们看来,这并不是那么必要。这就像缺少“人”的精确定义也丝毫不会影响人们识别什么样的生物是人一样。关键在于要掌握表面现象——如体系结构模型、体系结构描述语言以及体系结构活动等——背后的本质原则和动机。

本章给出了作者对软件体系结构的理解,在此基础之上,现有的理论和模型看上去比较和谐一致。总结如下,但是也鼓励任何能够加深对软件体系结构理解的创新思想。这也是软件体系结构保持发展至今的动力所在。

- 软件体系结构是软件系统的本质属性,不管是做什么的软件都是如此。
- 软件体系结构是对软件系统的抽象,关注一组软件元素的相关结构、它们之间的交互机制以及它们与外部环境的交互机制。

软件体系结构对软件的开发过程、产品实现与质量保证都有着重要意义。在软件生命周期中主要集中于项目初期的架构设计阶段,但它却在整个生命周期中发挥着作用。虽然软件体系结构从不同角度所作的定义存在差异,研究内容也较为广泛,模式风格不一,但总结出的为数不多的几个基本原理是一致的。同时一个统一的软件体系结构标准也更适合全球相关人员的交流与相关研究的发展。

本章最后还重点提出了软件体系结构分别在算法级、系统级和平台级上的风格应用级别层次划分,这一思想的提出尤为重要,希望引起读者重视。

本书更加侧重于软件体系结构的基础理论以及这些理论如何被应用到实际项目中。在第2章,注意力将转到体系结构风格和模式上。

第2章 软件体系结构风格和模式

2.1 软件体系结构风格和模式基础

软件体系结构的特点之一就是抽象出很多常见的系统构建模式,这些模式是系统设计人员多年工作经验的总结。他们在长期开发某类软件的过程中摸索到一些规律性的内容,并从中提炼总结,去粗存精,得到了具有一定普遍性的构建模式。本章将提出并概要分析一些目前应用比较广泛的模式,希望能够为读者实际的系统分析、设计工作提供丰富的参考资料。

使用基于模式或者设计风格的开发方式,在许多工程领域中非常普遍,一个设计良好的通用设计模式往往是这个工程领域技术成熟的标志。设计过程中通用的专业术语与规则通常已经编入了工程技术手册和专业课程教材。

目前人们对软件体系结构的理解没有定论。在软件体系结构发展的早期,Dwayne E. Perry 和 Alexander L. Wolf 将软件体系结构定义如下:软件系统家族由软件系统结构组织所定义。软件体系结构风格表示一组构件和应用于构件关系上的约束和设计准则。在当今,人们对于软件体系结构风格的观念是:它是由成功的软件系统组织结构抽象出来的,并且用于不同的软件发展领域中的某一模式或者一类模式。

在本章之初,最好先区分两个重要的概念:软件体系结构风格和软件体系结构模式。许多研究者认为这两个概念指的是同一件事,而其他人认为它们是不同的,这种争论一直持续至今。在对风格和模式定义之前,最好应该先考虑人们如何描述系统。正如许多书中所述,这两者被认为是不同抽象层上的事。在 Christopher Alexander 的书《建筑的永恒之道》(*The Timeless Way of Building*)中,定义了模式语言的概念。软件体系结构的概念借鉴于建筑领域,所以可以这样定义:一个模式就是某一相关问题的设计结论(Albin,2003)。一个问题不能单独被解决,它们必须在充满冲突和障碍的环境中被解决。因此,一个模式是针对某个特定问题的解决方案。通过模式可以对解决手段的优缺点加以平衡,从而达到最优的结果。总的来说,模式不仅存在于真实世界的实体,它还告诉人们什么时候并且如何去创造这种特定的实体;模式不仅是一个过程,而且还是实体;它不仅是真实存在的实体的一种描述,而且它还是构建这些实体过程的一种描述。

但是人们认为体系结构风格是解决某一类问题的一种方案。没有一种体系结构风格能够对所有的系统都适用,因为每一个系统都有不同的质量属性要求。一些系统对于安全属性有严格的要求,而另一些系统对实时性有很高的要求。体系结构风格在丢失一些其他属性作为代价的同时总是对于某些属性有帮助。后面将介绍每一个体系结构的缺点和优势。事实上,这种缺点和优势不仅仅是利益和损失质量属性。在某种程度上,人们还将风格看作解决方案的架构。与具体问题的模式相比,具体的模式并不是一种架构。风格的选择限制了解决方案的空间规模,这使得发现合适模式过程的复杂度被降低。

正如前面所述,模式是一种具体的解决方案。但在不同的抽象层中,他们又有不同的含义。例如,在体系结构层中,对于管道-过滤器风格,他们有许多形式:如果过滤器被严格限制为仅有一个输入和输出,系统就被称为管线,由现行的过滤器和过滤器之间的管道所组成。如果在每一个管道上都限制最大的数据量,系统就被称为有界管线。整个系统就是管道和过滤器风格中的一个类型;如果管道中的输入数据类型被定义,人们就认为管道是强类型的,它形成了另一种管道和过滤器风格的类型;如果数据流不是增量的,人们就将系统看作是批处理的。如果可以的话,人们将以上的每种类型的管道-过滤器风格类型均为一种管道-过滤器模式。读者不必考虑规定不同模式的一些标准的尺度。事实上,这些模式是从不同的方面抽象出来的。例如,如果一个系统构建在管线模式上,这个系统就被认为仅有一个输入和输出。如果最大的数据量是固定的,人们就认为这个系统不仅是管线,而且是一个有界管线。总之,不同的模式在这里被组合起来。

在体系结构风格和模式定义之后,人们认为有两个概念与体系结构有着相似的关系。

第一个概念是控制原则(Control Principle)。它描述了如何激发每一个构件来处理信息,以及如何在构件间传输数据。例如,在数据流系统中,构件从输入端口读数据,而且将它发送给输出端口,控制被封装在底层的传输机制中。在调用和返回系统中,应用结构控制是明确的:存在一个主实例或主线程,它负责调用所有其他构件。在独立构件中的内部的控制与数据流系统相似;面向对象中的构件和对象之间通过消息进行交流,达到控制的目的;虚拟机控制和其他风格的控制机制也不相同。因此在这种情况下,人们认为控制机制是每一个风格中的主要特征。换句话说,人们能够说控制机制是区分软件体系结构风格的标准。

控制原则描述了如何激发或激活一个构件的功能,或者描述了如何对运行逻辑进行处理。在 *The Art of Software Architecture：Design Methods and Techniques*(Albin,2003)一书中,作者认为控制理论能够被分为两种层次:技术层次和设计层次。在技术层次中,方法调用和方法执行匹配关系在运行时层被描述。这个技术也能够描述中间件如何通过远端的方法和消息序列激发远端的实体。读者需要知道,在 C 语言中,方法调用和方法执行被绑在一起;但是在 Smalltalk 语言中,方法调用和方法执行并不是紧紧连在一起的。Smalltalk 中的客户端对象能够发送信息给另一个对象,于是对应的方法在另一个控制线程中执行了。这就是说,客户端的方法调用可能不会导致同一个线程的方法执行。在设计层次中,在运行时的控制原则能够被模拟。在当今,面向对象程序设计语言都有这些特性,例如 C♯ 和 Java。例如事件和消息的概念经常出现在面向对象分析、面向对象设计甚至面向对象系统的实现中。在这个层面上,通信模式能够被分成同步、异步和授权 3 种。同步通信意味着客户构件激发了一个服务器构件,然后等待回应。总体来说,当一个操作被调用时,调用者总是一直等待,直到返回值到来。不同构件间的异步通信意味着当客户端构件调用一个服务器端构件时,它不需要等待回应,而是可以在操作执行过程中做其他的事情。最后,客户端会收到结果。如果结果还没有准备好,客户端既可以继续等待结果,也可以在检查结果的间隔中做其他的事情。异步通信模式是构建高效率分布式系统的强有力模式,但是其代价就是用起来更加复杂,同时也更容易出错。在授权模式中,客户端构件调用服务器构件并且传递了一个地址,服务端的执行结果会被送往这个地址。授权模式与异步通信相似,唯一的区别就是被调用构件不需要等待响应。换句话说,执行结果能够发送给其他客户端构件,或者能够在另一个线程中被处理。

总之,控制原则(又称为激发模型)能够用来比较不同体系结构风格的差异。对子系统激发模型的确切比较有助于更好地选择和描述合适的体系结构风格,以及更好地设计体系结构复合风格。正如本章后面所述的一样,在大部分应用系统中,多种体系结构风格复合起来达成某种质量属性,这就是异构体系结构风格的整合概念。

第二个概念就是质量属性。总的来说,每一个体系结构风格都有它们的历史和某种使用环境。这就意味着每一个体系结构风格都在某一特定的领域中适用,而且能够解决特定的关键问题或者满足特定的需求,即满足了一部分质量属性。但风格同时也降低了另一部分质量属性。例如,管道-过滤器风格有很好的重用性,但是却存在着数据结构修改不易和系统维护困难的问题。面向对象系统对于数据表示和系统维护有很好的效果,因为它们将数据内部描述细节进行了封装。但是由于设计者的主观倾向,他们可能依据自己的喜好来设计类。这个基于系统的类库对于系统的可用性和性能来说都是很好的,但是算法和数据表示上的复用和维护则稍显麻烦。

软件设计者是聪明的,他们构建的系统试图在众多质量属性中取得平衡。这些系统在不同的领域中将风格融合起来。例如,它们可能复合地应用了类库方法和面向对象方法。

使用体系结构风格有很大的好处。首先,人们能够促进设计的重用性。当解决新的设计问题时,开发人员通过重新使用这种合适的风格能够提高开发效率。其次,有关风格的使用带来了设计者的交流形式。关于设计元素的词汇促进了设计者的理解和交流。例如,如果人们使用客户端/服务器端词汇,在系统设计中采用管道-过滤器风格并使用相关术语,设计和开发人员就能够很容易地指导应用范围和设计标准。最后,使用风格能够使代码的重用性得到提高。当用于不同的系统中,基本的架构代码风格不需要修改。

在软件体系结构中,对软件体系结构风格持续的总结和抽象对于研究风格分类有重要作用。例如,Mary Shaw 和 Garlan 从两个方面对软件体系结构进行了分类:数据和控制。然后他们又将风格划分为数据流系统(Dataflow System)、调用返回系统(Call-Return System)、独立构件(Independent Component)、虚拟机(Virtual Machine)、中央存储库(Central Repository)。在这些风格中,数据流系统包括线性批处理和管道-过滤器风格,调用返回系统包括面向对象系统和层次系统,独立构件包括通信过程和事件驱动系统,虚拟机包括翻译和基于系统的规则,中央存储库包括数据库、超文本和黑板等。但是这些分类并没有包括全部风格。新的风格将随着软件技术的发展不断出现。例如,正在兴起的面向Agent 研究以及随着云计算而迅速发展的云体系结构就没有被包含在内。在一些领域中,如网络、Web 服务、点对点等,必须研究专门的软件体系结构。

在本章中将列出主要的软件风格。对于每种风格,首先描述其基本特点,并给出说明性的实例来讲解这种风格的应用,然后对每种风格做出总结,最后描述一个同时应用多种风格的虚拟系统,以此来介绍异构风格的整合。

2.2　管道-过滤器风格

2.2.1　概述

在管道-过滤器风格中,每个功能模块都有一组输入和输出。功能模块从输入集合读入数据流,并在输出集合产生输出数据流。这就是说,系统中的构件计算了一个数据集来产生另一个数据集。在管道-过滤器风格中,功能模块称作过滤器(filter);功能模块间的连接器可以看作输入、输出数据流之间的通路,所以称作管道(pipe)。

管道-过滤器风格的特征之一在于过滤器的相对独立性,即过滤器独立完成自身功能,相互之间无须进行状态交互。此外,各过滤器无须知道它的输入管道和输出管道所连接的过滤器的存在,它仅仅需要对输入管道的输入数据流进行限制,并保证输出管道的输出数据流有合适的内容,但并不知道连接在其输入、输出管道上的其他过滤器的实现细节。同时,整个管道-过滤器风格系统的最终输出格式和系统中各过滤器执行操作的顺序无关。一个管道-过滤器风格的示意图如图 2-1 所示。

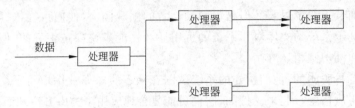

图 2-1　管道-过滤器风格示例

如果给管道-过滤器风格作一些特别的约束,就能够得到许多管道-过滤器子风格。例如,如果定义一个线性序列中的管道-过滤器的拓扑结构,则称之为管线(pipeline);如果限定存储在过滤器中的数据容量,则称之为有界管道(bounded pipe);如果每一个过滤器将所有的输入数据作为单个实体来处理,这个软件体系结构就是批处理系统(sequence batch process system)。这些也在 2.1 节中介绍过。

2.2.2　优缺点

采用管道-过滤器风格建立的系统主要有以下几个优点:

(1) 管道-过滤器风格将整个系统分解为由管道连接的一组过滤器。独立的过滤器减少了构件之间的耦合关系。因此,它支持功能模块级别的重用。已存在的过滤器可以方便地应用于正在设计的新系统中。

(2) 由管道和过滤器构成的系统能够很容易地维护和扩展。维护的主要过程是系统升级。过滤器只需要考虑构件的输入、输出和内部实现,而不必考虑系统的维护和修改。如果人们想要替换某一种过滤器,只需要设计一个有相同输入、输出的过滤器。扩展主要体现在系统功能上。例如,如果人们想要给原有系统添加一个新功能,添加新的数据输出,可以通过给原有过滤器添加新的输出端口来完成。

(3) 在管道-过滤器风格中,过滤器构件的独立性提供了系统运行分析的便捷性,例如数据吞吐量、死锁分析和计算准确性等。

(4) 支持并发计算。基于管道-过滤器风格的系统可能会有许多并行过滤器,这些过滤器能够并发的运行,这样使得系统的运行性能得到提升。

然而管道-过滤器风格也存在一些缺点:过滤器对于输入和输出数据存在一些限制,这样这种风格就不适合交互式系统。事实上,当管道-过滤器风格被引入时,应用程序还没有很多的交互式需求。在计算机设计的早期,这种风格满足了处理多计算任务的需求。而需要共享数据的应用程序设计就不适合采用这种风格。在过滤器之间进行的数据交换需要大量的数据处理空间,数据的执行将占用许多系统运行时间。

2.2.3 案例

管道-过滤器风格在软件系统中处处可见,其中最典型的管道过滤器系统就是编译器了,编译器的简易模型如图 2-2 所示。

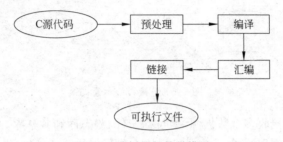

图 2-2　编译器的简易模型

图 2-2 中有 4 个过滤器和相互之间联系所需要的管道。这 4 个过滤器的具体功能如下:

- 预处理:负责宏展开和去掉注释等工作。
- 编译:进行词法分析、语法分析、语义分析、代码优化和代码产生。
- 汇编:负责把汇编代码转换成机器指令,生成目标文件。
- 链接:负责把多个目标文件、静态库和共享库链接成可执行文件/共享库。

过滤器还可以由多个其他过滤器组合而成,例如上面的模型中的"编译"过程可以认为是一个复合过滤器,如图 2-3 所示。

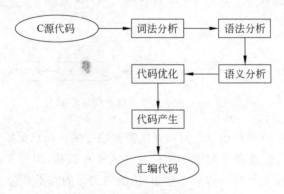

图 2-3　编译器的详细模型

图 2-3 中又包含了 5 个过滤器和相互之间联系所需要的管道。这 5 个过滤器的具体功能如下:

- 词法分析:负责将源程序分解成一个一个的 token,这些 token 是组成源程序的基本单元。
- 语法分析:把词法分析得到的 token 解析成语法树。
- 语义分析:对语法树进行类型检查等语义分析。

- 代码优化：对语法树进行重组和修改，以优化代码的速度和大小。
- 代码产生：根据语法树产生汇编代码。

管道-过滤器模式还可以演绎出其他的类型，例如上面的模型中的"链接"可以接收多个输入，如图 2-4 所示。

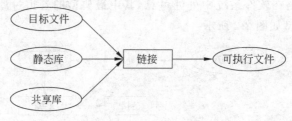

图 2-4　链接过程示意图

"链接"过滤器能接收多个数据源，如目标文件、静态库和共享库。

上面给出了一个应用管道-过滤器风格的十分简单的例子，接下来将引导读者跳出自己所熟悉的计算机领域，走入另一个和计算机技术息息相关的领域——数字通信领域。以一个典型的数字通信系统为例，详细地介绍如何用管道-过滤器风格组织系统中的各个构件。由此也不难看出，软件体系结构是系统分析、创建和管理技术发展到一定程度的产物，是多学科共同努力的结果，并不局限于计算机软件或其他某个具体的领域，具有很强的普遍实用性。

通信的目的是传递消息。消息具有不同的形式，例如符号、文字、语音、音乐、数据、图形、图像等。所以，根据传递消息的不同，目前通信业务可以分为电报、电话、传真、数据传输及可视电话等。事实上，基本的点对点通信均是把发送端的消息传递到接收端，所以这种通信系统可由图 2-5 加以概括。

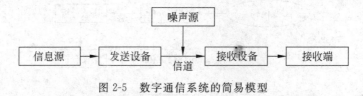

图 2-5　数字通信系统的简易模型

图 2-5 中有 4 个过滤器和相互之间联系所需要的管道。信息源的作用是把各种可能信息转换成原始电信号；发送设备对原始电信号完成某种转换，以便于原始信号在信道中传输，然后再送入信道；信道不仅可以看作管道（因为它的目的并不是为了实现某种功能，而只是为了信号的传输），也可以从某种意义上看作过滤器（因为信号经过信道后会产生一些变化）。在接收端，接收设备的功能与发送设备相反，能够从接收信号中恢复出相应的原始信号。

按照信道中的信号类型，可以将通信系统分成两类：模拟通信系统和数字通信系统，本书仅以数字通信系统为例详细说明。在数字通信中存在以下几个突出的问题：

（1）在数字信号传输过程中，由信道噪声产生的误差可以通过控制编码等手段来控制。为此，在发送端需要增加一个编码器，而在接收端相应地需要一个解码器。

（2）当需要保密时，可以有效地对基带信号进行加密，防止信息被窃取或通信被破坏。

此时,在接收端就需要进行解密。

（3）由于数字通信传输的是一个接一个的数字信号单元,即码元,因而,接收端必须与发送端按相同的方式进行接收,否则会因接收节拍不一致而造成混乱,使接收到的数据全部无效。另外,为了表述消息内容,基带信号都是按消息内容进行编组的,因此,收、发双方的编组规律必须一致,否则即使接收到正确的消息也无法还原。可见,在数字通信系统中必须有同步控制构件。

综合以上几点,点对点的数字通信系统的管道-过滤器模型如图 2-6 所示。

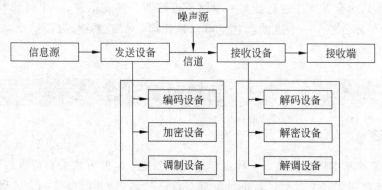

图 2-6　数字通信系统的详细模型

在图 2-6 中并没有明确地表示出同步控制构件,主要原因在于该构件的位置往往不是固定的,非常灵活,需要具体问题具体分析。当然,实际上的数字通信系统并非一定要包括图 2-6 中所示的所有过滤器;同理,也并非不能包括图 2-6 中没有的过滤器。例如,调制与解调、加密与解密、编码与解码等功能构件究竟采用与否,必须取决于具体设计方法及要求,这正体现了管道-过滤器模式的强大之处。例如,在一个数字基带传输系统中就不包括调制器与解调器;此外,如果给信息源添加一个模/数解释器（ADC）,给接收端添加一个数/模解释器（DAC）,则该数字通信系统就可以处理模拟信号,也称为模拟信号的数字处理系统。

在管道-过滤器风格的体系结构的系统中,过滤器不必是原子的,一个过滤器可以分成许多子过滤器,这些子过滤器可以用连接器相互连接起来。下面介绍一个简单的例子。在这个例子中,一个字符串可以简单地分成一组单词,这些单词可以按照某种规则组成一个新的字符串,最后将这个新的字符串按字母排序并输出。这个模型如图 2-7 所示。

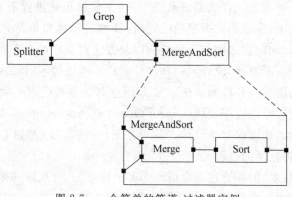

图 2-7　一个简单的管道-过滤器实例

大致上说,整个系统可以分为两个过滤器:分割过滤器和合并排序过滤器。如果输入一个字符串到这个过滤器中,它会将这个字符串分割为一组单词,然后输出;合并排序过滤器可以从分割过滤器中接收这些输出的数据,再产生出新的字符串。从设计人员和分析人员的角度出发,他们都没有考虑合并排序过滤器是如何工作的,而仅关心过滤器的接口,他们将过滤器看作一个子过滤器。但是事实上,负责这个合并排序过滤器实现的开发人员就可能将它分为两个子过滤器:合并子过滤器和排序子过滤器。合并子过滤器可以按照某种规则合并字符串,产生出新的字符串,而且排序子过滤器可以对新产生的字符串按字母排序。那么就不认为合并排序过滤器是一个原子过滤器。换句话说,一个过滤器既可以是原子的,也可以是复合的。一个过滤器甚至可以是任何类型的系统,只要这个系统符合管道-过滤器的要求即可。

2.3　面向对象风格

2.3.1　概述

面向对象的基本思想就是以一种更接近人类一般思维的方式去看待世界,把世界上的任何一个个体都看成一个对象。每个对象都有自己的特点,并以自己的方式做事。不同对象之间存在着通信和交互,以此构成世界的运转。对象的特点就是它们的属性,而能做的事就是它们的方法。在面向对象编程中,程序被看作是相互协作的对象集合,每个对象都是某个类的实例,所有的类构成一个通过继承关系相联系的层次结构。

一组具有相同属性和操作的对象可构成类,用于描述对象操作的程序称为方法,对象之间通过消息传递发生联系,它是实现对象之间相互联系和作用的唯一手段。类的继承性使得子类可以继承其父类的特征和能力,这种类的层次关系易于描述现实世界中的应用问题,符合软件功能可重用性目标,从而成为面向对象系统的主要特征之一。基于面向对象模式构建系统,首先要确定求解问题中有哪些实体,构造适当的类以反映各种不同的实体,通过实体间传递消息和类的继承机制,协同完成对问题的求解。

面向对象系统不仅封装信息和分离系统修改,还包括方法。因为用户可以根据自己的意愿设计类和包,所以根据这种思想,人们可以把现实世界的概念看作对象,直接对其进行模拟,这和数据库系统中的实体关系模型是相似的。事实上,实体关系模型是计算机领域中模拟人类思想的另一种实例。在数据流系统中,其主要视角是进程而不是数据。在面向对象或者数据抽象系统中,在强调数据视角的同时,详细过程视角也是允许的,特定数据操作形式代表了这种视角,同时类之间的分级结构以及方法重载也是允许的。

随着软件工程的不断发展,设计风格和设计模式不断地增多,新的体系结构允许人们使用用户定义的实体构造各种各样的系统。像 Java 这样的编程语言是面向对象的,用这种语言编程就被称为面向对象的程序设计(Object Oriented Programming,OOP),它允许设计者作为一个工作系统来实现面向对象设计。另一方面,一些语言(例如 C)是过程程序设计语言,用这种语言编程将是面向过程的。

确实,利用对象技术,能够通过组合被称为类的标准的、可互换的部分来建造许多软件。随着面向对象技术的快速发展,许多相关技术相继出现并迅速发展,例如面向对象分析和设计(Object Oriented Analysis and Design,OOAD)。面向对象分析和设计是一种思想,是一类方法的通称,这种思想是在人们分析问题和产生解决方法的过程之后总结而成的。

伪码能够解决一些小的问题。但是如果问题和解决问题的队伍规模增大的话,OOAD的思想就会被更多地使用。理论上,一个工作组商定一个解决问题的严格定义的过程以及一种在过程与过程之间通信结果的统一方式。虽然存在许多不同的 OOAD 过程,但只有一种用来在任何 OOAD 过程结果之间进行交流的图形语言被广泛使用。这种语言就是统一建模语言(UML)。UML 是 20 世纪 90 年代中期在 3 位软件方法学家 Grady Booch、James Rumbaugh 和 Ivar Jachbson 的指引下发展起来的。后面会对 UML 进行详细介绍。

2.3.2　优缺点

面向对象风格有以下几个主要的特点:

(1) 抽象。就是把事物的共同点抽取出来,以统一的方式进行概要描述的一种过程。面向对象的软件系统是由对象组成的,软件中的任何元素都是对象,复杂的软件对象由比较简单的对象组合而成。再把所有对象都划分成各种对象类,每个对象类都定义了一组数据和一组方法。数据用于表示对象的静态属性,是对象的状态信息。因此每当建立该对象类的一个新实例时,就按照类中对数据的定义为这个新对象生成一组专用的数据,以便描述该对象独特的属性值。类中定义的方法是允许施加于该类对象上的操作,是该类的所有对象共享的,并不需要为每个对象都复制操作的代码。

(2) 继承。按照子类与父类的关系,把众多的对象类进一步组织成一个层次系统,这样处于下一层的对象可以自动继承位于上一层的对象的属性和方法。继承提供了一种明确表述共性的方法,使得程序员对共同的属性以及方法只需说明一次,并且在具体的情况下可以扩展、细化这些属性及方法。

(3) 封装。把数据和实现操作的代码集中起来放在对象内部。一个对象好像是一个不透明的黑盒子,表示对象状态的数据(对象的属性)和实现各个操作的代码(对象的方法)都被封装在黑盒子里面,从外面是看不见的。它与外界的联系是通过方法来实现的,方法就是对象的对外接口。同时,外面的对象也不需要关心这个对象的方法都进行了哪些处理,只要知道调用方法需要什么参数以及方法能够返回什么样的结果就可以了,具体操作和处理细节只有对象自己知道。

(4) 多态。意思是有许多形态。在面向对象方法中,在一棵继承树中的类中可以有多个同名但不同方法体以及不同形参的方法,即一个对外接口有多个内在实现形式。

基于以上特点,面向对象程序设计方法具有以下主要优点:①面向对象方法与人类习惯的思维方法比较一致;②面向对象方法的继承性保证了软件的重用;③稳定,易于修改、扩充和维护。

但是面向对象风格也存在一些缺陷:①面向对象程序设计方法所涉及的基本概念都很抽象,而且对概念的描述也不够成熟,许多基本概念还没有统一、权威的标准定义,可供用户使用的类也是种类繁多、结构复杂,而代码编程部分又需要许多传统程序设计的思想,对初学者来说,直接学习面向对象程序设计有一定的困难;②面向对象程序设计方法开发出来的程序往往存在于不连续的程序段中(例如一个方法可能有一段程序,而一个对象中可能有多个各自独立的方法),这就大大增加了理解应用程序的难度;③面向对象的程序采用的继承、多态等技术,一方面给分析程序的依赖性增加了难度,另一方面在运行时需要系统提供较宽松的运行环境。

2.3.3 案例

本节介绍一个基于面向对象风格的系统实例,该模型以目前软件体系结构研究中的热点问题——构件思想为核心,从构件的角度来理解开放分布式系统,对其建立模型并加以分析。

随着计算机软硬件技术的飞速发展,计算机的应用和普及工作已经卓有成效,而Internet的引入更为计算机系统应用注入了新的活力。目前,一个标准的计算机应用系统由3部分组成:计算机操作系统(包括各种应用软件系统)、数据库管理系统和网络环境(包括网络硬件设备和各种协议栈、网络服务等)。这样一个具有分布式特性和开放性的系统称为开放分布式系统(Open Distributed System,ODS)。开放分布式系统是当前乃至今后计算机应用系统的基本形式,是数字化、信息化、网络化浪潮的必然产物。

在下面的段落中,将介绍基于构件的分析(Component-Based Analysis,CBA)思想,它是基于分析的构件的简称。一个构件是一个功能单元,它用来封装其设计和执行,它为外部类提供接口,多构件接口通信能够形成一个综合系统。构件的优点是:人们能够提供标准技术服务框架,实现语言和构件的位置透明性和基于属性和事件的可重用性。下面以CBA思想为例介绍构件在建模过程中的优点。

CBA思想有3个基本模型概念:协作、类型化和精化。在这个基础上,人们能够从简单的构件模型中产生各种各样的设计和风格,以设计模式和结构描述来解决最终系统可靠性问题。

(1)协作。根据构件的不同角色,协作在构件之间定义了一组操作。它们能够抽象出多构件通信的细节以及构件之间的会话模式。

(2)类型化。定义和描述构件外部活动所起到的作用。类型并不是相应构件的实现,而仅仅是任何正确实现所必须体现的外部特征。

(3)求精。求精体现了对同一事物两种不同描述的关系。抽象描述是基础,现实描述是抽象描述的具体形式。这两种描述主要对应不同的系统细节程度。

在这3个概念的基础上,人们能够使用构件思想统一整个系统,定义构件、构件间的关系以及对抽象描述进行精化。基于系统的CBA和设计模式中的复合模式是相似的。它有迭代的特征,能够满足增量开发的需求。它还拥有良好的质量属性,如可维护性和可扩展性。

接下来介绍ODS系统中的构件、连接器和配置的模型。显然,仅有体系结构是不足以解决实际问题的,人们必须有更具体的方法来精化框架,以体现建模的三大理念。为了达到这个目标,引入了构件、连接器和配置,如图2-8所示。下面对它们做详细介绍。

1)构件

构件是描述开放分布式系统的基本要素。可以从以下6个方面描述一个构件。

(1)接口。它是构件和外部环境的交互点,界定一个构件提供的服务(如信息、操作和属性)。

(2)类型。它是可重用的功能模块,在体系结构中可以任意次实例化。

（3）语义。它是构件活动高级模型，利用该模型，可以做系统的分析，确定约束条件，并确保从一个抽象描述转换到另一个抽象描述时体系结构的一致性。

（4）约束。约束条件是系统属性或系统的一部分，违反了约束条件，可能导致系统崩溃。约束约定约束条件、边界以及构件之间的依赖关系。

（5）演化。在运算系统运行时，构件将不断演化。演化可以简单地定义为改变构件的属性，例如接口、活动和实现。可以利用构件类的形状或特征求精体现运算系统的动态风格。

（6）非功能属性。它主要负责安全、隐私保护、高性能和机动性。

开放分布式系统框架如图 2-8 所示。

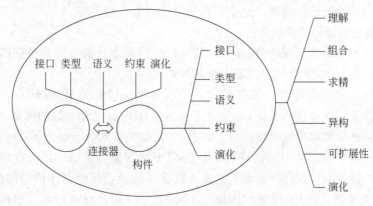

图 2-8　开放分布式系统框架

2）连接器

连接器用来分析构件之间的交互模型以及定义互动规则。连接在运算系统中不必是一个可编辑单元，它可作为共享变量、表入口的指针、缓冲区、动态数据结构等。可以从以下 5 个方面形容连接器。

（1）接口。这些接口位于连接器和构件之间。连接器不参加网络计算，其接口向外部环境提供了构件服务。连接器提供了构件和互动之间的连接，可以给软件体系结构的设置提供必要的信息。

（2）类型。连接器的类型由构件通信的封装，协调和调解决定。开放分布式系统的内在相互作用需要复杂协议的支持，类型只提供这些协议的说明。

（3）语义。语义定义通信协议的规则，它可以用来分析构件之间的相互作用，保持不同抽象层次之间的一致性，确保构件之间的约束条件得到满足。

（4）约束条件。约束条件是用来确认连接器的通信协议是正确的，它也可以建立构件间的依赖关系，并确保边界被使用。

（5）演化。类似构件的演化，连接器的演化也定义为修饰属性，如接口、语义及约束条件。构件通过复杂的、可扩展的动态协议互相沟通，单一构件和体系结构配置不断演变。为了适应演化这一特点，可以修改或完善连接器。

3）配置

配置也称为拓扑，它是由构件和连接器组成的体系结构。配置可以用来判断 4 个问题：构件是否适合？连接器是否匹配？连接器通信是否正常？构件连接定义是否满足设计要求？在构件和连接器的基础上，配置可以用来描述系统的并发、分布、安全以及开放分布式系统的实现可靠性。

那么,如何描述构件呢?利用 UML 与 ADL,可以在开放分布式系统中描述构件及其相互关系,使用 GUI 体系结构自动生成工具可以实现这些功能:①生成构件模型;②建造连接,包括协议、属性及实现;③体系结构的抽象和封装;④类型和类型检查;⑤主动提供设计建议;⑥以多种观察方式给不同的用户以不同的意见;⑦代执行,包括如何使用面向对象技术映射构件给类;⑧反映系统动态实现的修改。基于构件的建模提供了坚实基础,用于分析开放分布式系统,各种应用领域可轻易在此基础上建立系统。

为了保证高效率和可靠的构件间的通信,提供实时、同步和并发沟通能力,必须设计一些有自适应稳态特性的连接模型。这主要包括以下两个方面:

(1) 连接器中的通信协议栈。

通信协议栈由一套有不同的功能的通信协议组成,每个协议负责构件间的通信的一部分工作。在这个系统中,主要采用以下 4 个基本协议。

一是构件命名和定位协议。ODS 的体系结构模型是以构件为基础的,由构件复合形成。构件是其基本元素和通信主体,必须建立一个对 ODS 命名和处理的机制。二是构件通信传输协议。一旦命名和定位机制建立,构件间的通信关系就会产生。在这一刻,主要的问题是数据类型的定义和通信内容的路由。这类似于在网络层 TCP/IP 协议中的 IP 协议。三是构件通信传输控制协议。该协议的结构为构件间的通信提供基本的功能保障,但是只有简单的数据包传输,这对于构件间通信是不够的;必须有高级通信协议以控制传递数据包,提供重传机制、数据流控制机制和构件/连接器管理机制。这类似于 TCP/IP 协议中的传输层。四是构件通信管理协议。基于前 3 个协议,在通信中加入容错技术是可行的,但系统管理员可能希望系统有更多的控制功能,如判断构件表达能力、数据流控制的源头抑制、重定向及回应等,为提供这些额外的控制能力,引入了构件通信管理协议。该协议和构件通信传输控制协议在同一层次,可以为构件通信传输控制协议提供服务。它类似于网络层 TCP/IP 协议中的 ICMP 协议。

连接器模型中的通信协议栈如图 2-9 所示。

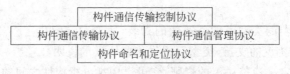

图 2-9　连接器模型中的通信协议栈

(2) 连接器适应性稳定算法。

为改善通信协议栈构件通信过程的稳定性,有必要设计一些稳定自适应算法,以修复构件通信时出现的错误。可以用形式化方法(如容错神经网络和遗传算法)设计算法,实现稳定的通信协议栈。可以给通信管理构件或连接模式的通信协议设计自适应算法,以建立自适应稳定连接模式。

上面只介绍了面向对象系统的基本原理,包括构件、连接器和配置,以及它们之间的通信协议。事实上,面向对象的体系结构风格有一定的激发模型,它与事件驱动体系结构的激发模型类似或相同。有些读者可能会问,既然这两种体系结构风格有相同的激活模型,而且激发模型是分类体系结构风格的主要标准,为什么不把这两种风格合二为一呢?最主要的原因是人们认为这两种风格并不从同一观点说明一个问题。面向对象的风格主要是描述系统的静态模型，并强调数据封装和抽象，这对系统的模块化和可扩展性是有很大帮助的。而事件驱动风格主要描述系统的动态活动，并主要强调事件发生器和事件处理器的关系。事实上，大多数的面向对象系统具有事件驱动风格。接下来给出一个面向对象的体系结构风格的典型应用。在这个例子中，读者也会发现一些事件驱动风格的典型特征。读者可能不知道事件驱动的体系结构风格的定义和描述，这不要紧，在 2.4 节中会找到答案，然后可以回来再看这个例子。

一家公司打算建造一个两层的建筑并安装一部电梯。公司要制定一个面向对象软件模拟器应用模拟电梯的运作，以确定它是否能符合公司的需要。该公司希望得到对电梯系统的模拟。该应用由 3 部分构成。首先是模拟器，它也是系统中最重要的部分，用来模拟运作的电梯系统。其次是图形用户界面模型或屏幕上的模型，使用户可以以图形化的形式观察它。最后是图形用户界面，它可以允许用户控制仿真过程。

一个系统是一套构件，它们通过交互来解决问题。在这个例子中，电梯模拟器应用代表系统。这个系统含有子系统，即系统内的一个系统。子系统通过管理子系统的责任简化设计流程。系统设计者可分配子系统中的系统责任，接着设计子系统，然后再以整体系统整合子系统。从问题的描述中可以看到，整个系统包括 3 个主要部分：一是仿真模型（代表电梯系统的运作），二是在屏幕上展示这一模型（因此，用户可以直观地看到它），三是图形用户界面（即允许用户控制仿真）。这是一个简单的 MVC 实例，MVC 在软件体系结构设计中是一种流行模式（这里不把 MVC 作为一种设计模式，而是一种更高层次的模式）。MVC 仅仅是事件驱动体系结构风格的一个实例，后面将会详细描述它。

这个例子的主要目的是使读者了解面向对象的体系结构风格的原则，所以只描述第一部分——仿真模型的分析和设计。在这个子系统中，可以抽取出许多实体，确定彼此之间的关系。

人们常常在模型中将履行重要职责的实体的名称提取出来。为此，需要省去几个不重要的名词。举例来说，不需要将模型"公司"作为一个类，因为该公司不属于模拟的一部分，本应用只模拟电梯，不模拟建筑，因为建筑不影响电梯操作。将其余名词分组，并确定几种类。暂时忽略"电梯系统"——仅把注意力集中在设计的系统上，而忽视这一系统和其他系统的关系。可以找出一批如下的名词：模型、电梯井、电梯、人、楼（一楼、二楼）、电梯门、楼层门、电梯按钮、楼层按钮、钟、灯。这些类可能是需要在系统中实现的类。注意，需要为门按钮创建一个类，为电梯按钮创建一个类，电梯的这两种按钮用于控制电梯运作。

现在可以在系统中基于上面的名词分类建立类模型。UML 让人们可以通过类图、电梯系统中的类以及其相互关系建模。图 2-10 显示了电梯模拟系统完整的类图。这样就创建了所有类以及类之间的联系。

类图通过提供系统的类（也就是系统的构建单元）模拟体系结构。在一个类图中，每个类表示为一个矩形。一个连接类的实线代表一个关联。关联是类之间的关系，实线旁的数字表示多重性，说明可以有多少个类实体参加该关联。从图中可以看到，因为两个楼层按钮设于电梯井，两个对象类"楼层按钮"和"电梯井"建立了关联。因此，FloorButton 类与 ElevatorShaft 类有一个 2∶1 的关联。也可以看到 ElevatorShaft 类与 Elevator 类有一个 1∶2 的关联。通过使用 UML，可以为多重性建模。不熟悉 UML 的读者可参阅一些专业书籍。

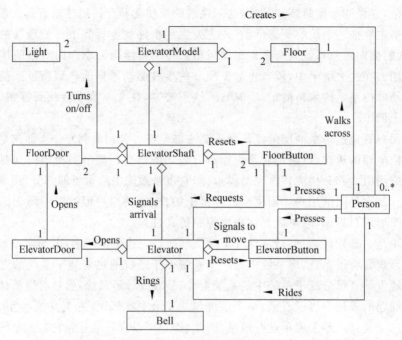

图 2-10　电梯模拟系统的类图

关联是可以有名称的。例如,位于 FloorButton 类和 Elevator 类之间的关联上的请求
(request)表示这个关联的名字,箭头代表关联的方向。附着于 ElevatorShaft 类的关联线一
端的菱形聚合符号表明 ElevatorShaft 类与 FloorButton 类以及 Elevator 类有聚合关系。
聚合意味着整体/部分关系。在关联线有聚合符号的一端的类是整体,另一端的类是部分
(在这种情况下是 FloorButton 类和 Elevator 类)。在这个例子中,电梯井有一个电梯和两
个楼层按钮。这个"有"的关系定义了聚合。

ElevatorModel 类位于图的顶部,它与一个 ElevatorShaft 类实体和两个 Floor 类实体
存在聚合关系。ElevatorShaft 又和 Elevator 类、Light 类、FloorDoor 类、FloorButton 类存
在聚合关系。Elevator 类是 ElevatorDoor 类和 ElevatorButton 类的聚合类。命名为
Presses 的关联,其箭头指向表明 Person 类的对象的按钮。Person 类的对象也"Rides"(乘
坐)电梯和"Walks across"(走过)一个楼层。FloorButton 和 Elevator 之间的 Requests 表示一
个 FloorButton 对象的出现需要 Elevator 对象的存在。关联 Signals arrive 表明 ElevatorButton
对象对 Elevator 对象发出信号,从而使电梯移动到其他楼层。此外,图中还描述了许多其
他关联。

在这一部分只创建类图。读者应该记住的最重要的原则是:面向对象风格始终把系统
看作是一组对象和对象之间的关系。基于以上分析,引入关联和聚合,它们都是对象之间的
关系。当系统运行时,对象通过发送和接收信息互相沟通。如今有很多程序是面向对象的;
这就是面向对象技术的发展如此迅速的原因。对系统设计师来说,要做的最重要的事情是
用 OOAD 思想来设计系统,使设计的系统更易于理解和评价。面向对象作为一种体系结构
风格,与事件驱动风格有着许多联系。在 2.4 节的案例中会继续介绍这个例子。

2.4　事件驱动风格

2.4.1　概述

许多书中把事件驱动风格称为预定发布风格(Publishing-Subscription Style)。其基本观点是：对外部环境的系统行为可以实现为对事件的处理方法。如果想了解这个系统，很简单，只要输入一个事件，然后观察其输出即可。图 2-11 是事件驱动系统的概念模型。

图 2-11　事件驱动系统的概念模型

事件驱动系统有如下特征：

(1) 其系统由很多子系统组成。注意，事件驱动体系结构风格的子系统和面向对象风格的子系统是不同的。它们从不同的角度对系统进行划分。例如，事件驱动风格的子系统可分为操作系统和管理系统，而在面向对象系统里却一般不会这么划分。

(2) 系统有特定的目的。在某些信息机制的控制下，子系统需要相互协作来实现系统最终目的。

(3) 在某些信息机制的控制下，系统作为单独的对象适应环境并与之协作。

(4) 在这些子系统中，其中的一个作为主子系统，而其他的则作为从子系统。

(5) 任何系统或系统中的组成部分都有事件收集和处理机制，并通过此机制与外界通信。

基于上述特征，可以得出如下结论：

(1) 任何系统的子系统都肯定是相互依赖的，并通过消息机制实现与其他子系统通信。

(2) 从事件驱动的角度来看，结构化、模块化的部分并不能称为子系统。

(3) 面向对象的事件驱动系统的设计方法将软件系统作为一个单独的对象，并把它们划分为子系统来实现。

图 2-12 展示了一个事件驱动系统的示例。

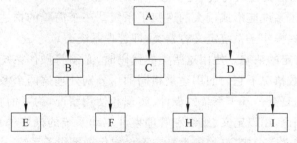

图 2-12　事件驱动软件系统示例

图 2-12 所示的事件驱动系统由 A、B、C、D、E、F、H、I 这些元素组成。不要将 A 作为子模块或子程序，也不要将 B 和 C 看作 A 的子模块或子程序。在事件驱动系统中，仅仅将(B，

E,F),(D,H,I),A,C作为系统的子系统。而 A 处于主导位置,与其他的元素进行协作。A通过给 B、C、D 发送信息,并分别接收 B、C、D 和其子系统(B,E,F)和(B,E,F)的消息来保证系统正确地运行。

在设计事件驱动系统时,必须考虑到每个系统的独立性和集成性。不能专门依靠某个特定的子系统,因为系统间的管理和协作是通过发送和接收信息来实现的。这个机制很像社会,每个人都可以看成子系统,独立存在,但是人通过信息传输,在生活和工作中相互协作,组建家庭和社会,形成新的系统。就像人有身体,事件驱动系统必须将每个子系统的特点和特性纳入"身体"中,不仅要考虑每个子系统的"社会"特性,而且也要考虑其"个体"特性。

基于系统的事件驱动设计遵循以下原理:

(1) 要从系统的角度来描述对象,因此必须适当地将系统分块,以保证每个子系统的独立性和社会性。

(2) 无论系统多么复杂,子系统差异有多大,任何子系统都可分为管理系统和操作系统。操作系统无子系统,而管理系统有子系统,其子系统既可以是管理系统,也可以是操作系统。

(3) 为了从整体上达到系统的目的,每个子系统要依靠信息的相互通信来进行协作。一般来说,同层级的子系统虽然不直接通信,但是可通过上级系统实现通信。

(4) 作为子系统,无论是操作系统还管理系统都要有处理器,以处理上级系统所给的事件。对管理系统而言,必须还要有事件分配和事件收集机制来辨识上级系统所给的事件,将其交给其下级来操作,同时收集下级上传的事件。

(5) 在一个集成系统里,必须有这样的系统:它没有上级,并接收外部事件和子系统事件。

(6) 一般来说,管理子系统并不做具体的操作,其主要功能是引导其下级来完成工作。而功能性的操作一般由操作子系统来完成。换言之,管理子系统主要是观念上的操作,而不是具体的操作。

(7) 一般条件下,除了高层的管理子系统外,子系统只在某些需求下才对事件进行响应。

根据上述描述,读者可以发现,事件驱动系统在某些意义上具有递归特性,并形成了"部分-整体"的层次,可以由属性结构代表。用户可以撰写许多简单的子系统组成一个较大的子系统;这些较大的子系统能形成较大的递归子系统。一个简单的描述方法是定义一个运行系统的类,并为这些操作子系统定义容器类,即管理系统类。

但这种方法有一定的缺陷。使用这些类的代码时,必须将操作系统和管理系统分别对待;但实际上在大多数情况下它们的用途是相同的。分别处理这两个系统将使得整个系统在使用和实现上更加复杂。基于系统的设计、实现和使用情况,为了简化事件驱动,可以得出复合型设计模式理论,用以定义、组织和管理事件驱动系统的操作子系统和管理子系统。简化的关键点在于定义一个接口(抽象类),它不仅能代表操作子系统,也能代表操作的容器(即管理子系统)。图 2-13 给出了事件驱动系统的基本结构。

从图 2-13 中可以发现,在事件驱动系统里,客户与事件系统通信。事件系统可分为两种类型:执行系统(也可称为操作系统的上层)和管理系统,每个系统都有自己的事件处理方法。

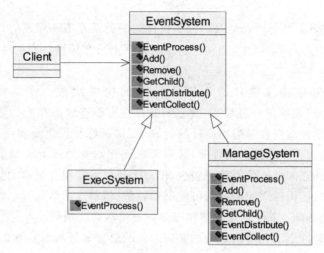

图 2-13　事件驱动系统的基本结构

2.4.2　优缺点

事件驱动风格具有以下优点：

（1）事件驱动方式适合描述系统家族，同一家族的任何系统对系统的高级管理子系统的描述完全类似，所以可以重复使用。

（2）由于高级管理子系统具有控制权力，且位于同一层级的子系统并不直接相互通信，故能方便地执行并发进程和多任务的操作。

（3）事件驱动系统具有良好的可扩展性。设计者只需要给一个对象注册一个事件接口并使这个对象纳入系统即可，因为这并不影响其他系统的对象。

（4）事件驱动风格定义了类层次结构。这个结构包括操作子系统和管理子系统。这些子系统经组合后形成一个比较复杂的管理子系统，这些子系统也可以由别的系统组成，这就是递归。在客户代码里，任何操作子系统的调用都可由一个管理子系统取代。这种对用户的透明处理是不可见的。

（5）事件驱动风格能简化用户的代码。用户可采用相同的方式命名操作子系统和管理子系统。在大多数情况下，用户并不知道也不关心他们是否有操作子系统或管理子系统。

（6）这种方式可以使系统设计更通用。使用者可以很容易地添加新的子系统。但有些时候这种方式可能会产生一些问题：在管理子系统中这种特性很难对操作子系统进行约束。有时，系统设计者希望一个管理子系统只能有一些特殊的子系统，但在递归结构中不能保证这一点，在运行时必须检测它。

事件驱动系统存在以下不足：

（1）事件驱动系统的致命缺陷在于其组成弱化了计算机系统对其的控制能力。当一个系统发出一个事件时，它不能保证系统的其他对象一定可以响应，即使能保证响应，也不能保证能连续地响应。

（2）其另一问题即是数据共享。在很多情况下，系统设计者必须定义一些公共的缓存空间,以使得系统的构件能交换数据。而这种情况下,怎么保证共享的数据能适当地访问成为关键的问题。

(3) 系统的逻辑关系会更加复杂。因为构件间的关系并不是固定的,不同的情况下,同一构件激活后会产生不同的结果,即构件的结果依赖上下文环境。当构件被激活时,当时的情况将影响结果的产生。

事件驱动体系结构风格往往需要由独立的构件组成。独立构件(independent component)是分布式系统的一种形式,故它们的存在可能造成潜在的性能滑坡。在设计结构水平上,其性能属性体现在对边界构件的处理上(这正好与优化的实现相反)。该通信模式可降低性能;所以,当设计独立构件时,必须考虑交互本身的成本。如果使用授权通信或异步通信,虽然构件之间的通信可能会较少,但每个通信可能包含更多的数据。对用户指令驱动交互式系统来说,构件之间的通信可能会很频繁,但每次通信包含的数据量很小。

有些读者可能会问:事件驱动风格和面向对象风格的区别何在?它们一样吗?从面向对象的观点来看,事件驱动和面向对象在面向对象的语言里是基本的概念。正如上文所述,面向对象的系统由许多封装的对象构成,对象间通过信息传递互相通信,而事件驱动也是一个消息传递机制。因此,事件驱动系统一般都是面向对象的,但系统里的对象并不只包括成员变量和成员方法,还包括一系列的事件,即对象的事件接口。

事件接口定义事件的一些对象必须经过处理。当这些事件发生后,对此对象的事件的处理程序将启动,形成事件驱动机制。显然,对象不只是被动地接收和处理事件,它们可能会产生另外一些事件。此时,可以将这一机制与图2-14联系起来。事件的生成过程和触发过程周而复始地发生,整个系统都在这样的方式下运行,这就是事件驱动系统的基本特征。

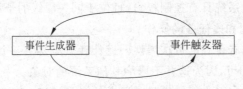

图 2-14 事件生成器和事件触发器

2.4.3 案例

事件驱动是 JavaBean 体系结构的核心所在。本节以事件驱动在 JavaBean 中的使用为例,给读者提供真实的参考。

JavaBean 系统在事件驱动机制里会把一些构件作为事件源,这些构件可以产生由描述环境和其他构件接收的事件。因此,不同构件可以在容器里组合起来,通过事件来传递信息,这样应用系统就被构造出来了。在概念上,事件是一个传输机制,在源对象和监听对象间存在。事件有许多不同的用法。在 Windows 应用程序中,必须处理鼠标事件、窗口边界事件和键盘事件。在 Java 和 JavaBean 中都定义了通用和可扩展的事件机制,这种机制能够实现以下基本功能:

(1) 为事件形式和传输模式的定义和延展提供一个共同的框架,适合广泛应用。

(2) 与 Java 语言及其环境的高集成度。

(3) 描述环境可以捕获或触发事件。

（4）通过一些技术可让其他结构工具控制事件、事件源和事件监听器之间的关系。

（5）事件机制本身不依赖于复杂的开发工具。

除了实现上述基本功能外，JavaBean 中的事件驱动机制能实现以下特殊功能：

（1）能找到特殊对象类产生的事件。

（2）能找到特殊对象类监听的事件。

（3）能提供一种注册机制，允许在事件源和事件监听者之间进行动态操作。

（4）能在无其他虚拟机和语言的情况下实现。

（5）事件源与事件监听器间的信息传输非常高效。

（6）能实现从 JavaBean 事件模型到其他相关构件结构的事件模型的映射。

接下来简要地描述 JavaBean 的机制。事件源到事件监听器的事件传送是通过对监听对象的 Java 方法的请求来完成的。对每个已产生的事件而言，会相应地定义明确的 Java 方法，这些方法在事件监听器里集成。此接口必须继承在抽象类 java. util. EventListener 中。

在事件接口中，某些方法或全部方法的类就是事件监听器。伴随着事件的产生，相应的状态会封装在事件状态对象里，这个对象必须从 java. util. EventObject 继承。事件状态对象将被作为参量传送到事件监听器里。某些事件的事件源的标记方法是：在符合设计模式的规则下，为事件监听器定义记录方法，同时接受事件监听器接口实例的引用。有些时候，事件监听器不会直接实现事件监听接口或者有其他额外的行为。人们必须在事件源和事件监听器间嵌入一个事件适配器类来建立两者间的关系。

伴随事件产生而产生的状态信息与事件一般封装在一个事件状态对象里。这个对象是 java. util. EventObject 的子类。按照惯例，这一事件状态对象类的名字的末尾是 Event，如 MouseMovedExampleEvent。

因为 Java 的模型是基于方法调用的，必须定义和构造事件操作方法的模型。在 JavaBean 中，事件操作方法是在事件监听器接口里定义的，这个接口从 java. util. EventListener 类继承而来。根据规则，事件监听器类的名字必须以 Listener 结尾。任何想要实现事件监听器接口里定义的方法的类都必须实现这个接口。这种类统称为事件监听器。

为了使可能的事件监听器自身记录成为适当的事件源，建立事件源和事件监听器之间的事件流，事件源必须为事件监听器提供注册和注销的方法。在现实情况下，事件监听器使用标准设计模式实现其注册和注销。

适配类是 JavaBean 事件模型中一个非常重要的组成部分。在某些应用中，从事件源到监听器的事件传输必须经过适配类再转发。例如，当事件源发出一个事件后，有很多事件监听器可以接收这个事件，但只有指定的特殊监听器才会回应。必须在事件源和事件监听器间插入一个适配类，用于指定这些特殊的监听器。事实上，适配类本身即是事件监听器。事件源在监听器的序列里记录适配类的行为，而实际上的事件响应则不在序列中。事件监听器必须完成的行为需要通过适配类来解决。

接下来继续介绍电梯的例子。面向对象语言里，事件是对已经发生的对象行为所记录的信息。例如，这部分修改了前面的动作模拟。因此当电梯到达地面时发送 elevatorArrived 事件给电梯门。当电梯到达时电梯门就会确定其行动，例如将 Door 类对象打开的状态通知给 Person 对象。这加强了面向对象设计封装的原则，同时更准确地模拟了现实世界。在现实生活中，是电梯门而不是电梯通知人门开了。

在模拟中,创建了一个超类 ElevatorModelEvent 来描述模型中的事件。ElevatorModelEvent 类中包含一个 Location 对象的引用来代表事件产生的位置,以及一个 Object 引用来表示事件源本身。在仿真中,对象使用 ElevatorModelEvent 实例发送事件给其他对象。当一个对象接收一个事件时,那个对象可以使用 getLocation 和 getSource 方法来确定事件的地点和事件源。

例如,当 Door 打开或者关闭时可能会给 Person 发送一个 ElevatorModelEvent 事件。而 Elevator 可能会发出一个 ElevatorModelEvent 事件来报告 Person 的进入和离开。不同的对象发送相同的事件类型来描述行为时就会造成混乱。为了清除这种歧义,创建了不同的 ElevatorModelEvent 子类,如图 2-15 所示。这样人们就会与每个发送者建立容易理解的联系。BellEvent、PersonMoveEvent、LightEvent、ButtonEvent、ElevatorMoveEvent 和 DoorEvent 这些类都是 ElevatorModelEvent 的子类。通过运用这些事件子类,Door 发送的事件 DoorEvent 就会和按钮发送的事件(ButtonEvent)不同。

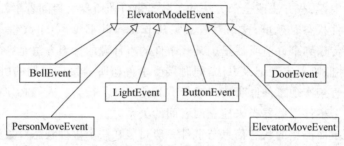

图 2-15　电梯模型事件及其子类的组织结构图

事件驱动在软件体系结构里的概念和 Java 语言对事件处理的概念相近。在 Java 语言中,对事件的处理包括某个类的对象发送一个特殊的消息(即 Java 中的事件)给其他监听这个消息的某个类的对象。其区别在于接收信息的对象必须记录接收的信息。因此,事件处理描述了对象怎样发送事件给其他对象并监听对应类型的事件,这些对象就叫事件监听器。为了发送一个事件,发送对象调用接收对象的一个特殊方法,同时还将事件对象作为参数传递给它。在模拟中,事件对象均是 ElevatorModelEvent 的子类。乘客在第一层电梯进出的协作图如图 2-16 所示。从图中可看出 Person 类的两个对象 waitingPassenger 和 ridingPassenger 在进出电梯时的交互。

由消息 1、2、3、4 可知,Elevator 只会完成一种动作:它给那些有意接收此类事件的对象发送电梯到达事件。具体来说,Elevator 对象将 ElevatorMove 事件发送给接收的对象的 elevatorArrived 方法。在图 2-16 中,电梯从发送 elevatorArrived 事件给 ElevatorButton 开始,然后 ElevatorButton 对自身进行重置(消息 1.1),然后 Elevator 发送 elevatorArrived 事件给 Bell 对象(即消息 2),Bell 就相应地启动其 ringBell 方法(例如,Bell 对象在消息 2.1 中给自己发送 ringBell 消息)。Elevator 向 ElevatorDoor 发出了一个 elevatorArrived 信号(消息 3)。之后,ElevatorDoor 对象通过调用 openDoor 方法(消息 3.1)将门打开。此时,电梯虽然打开,但并未告知 ridingPassenger 门开了。在通知 ridingPassenger 前,elevatorDoor 向 firstFloorDoor(消息 3.2)发送消息,打开 firstFloorDoor,这就保证了 firstFloorDoor 开门前 ridingPassenger 不会离开电梯。然后,该 firstFloorDoor 通知 waitingPassenger 门已

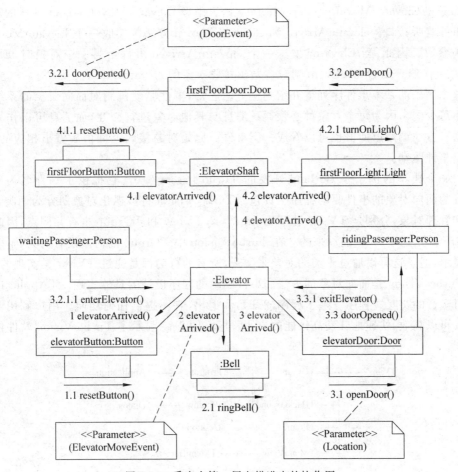

图 2-16　乘客在第一层电梯进出的协作图

打开(消息 3.2.1),告知 waitingPassenger 进入电梯(消息 3.2.1.1)。当消息 3.2 的所有子消息完成后,ElevatorDoor 会调用 ridingPassenger(消息 3.3)的 doorOpened 方法,然后 ElevatorFloor 通知 ridingPassenger 门已经打开。则 ridingPassenger 会走出电梯(消息 3.3.1)。

最后,Elevator 通知 ElevatorShaft(消息 4)它的到来。然后 ElevatorShaft 通知 firstFloorButton 电梯到来的消息(消息 4.1),使 firstFloorButton 重置(消息 4.1.1)。然后 ElevatorShaft 通知 firstFloorLight(消息 4.2)电梯到来的消息,并使 firstFloorLight 灯亮(消息 4.2.1)。

利用这个协作图显示了 Elevator 和 ElevatorDoor 对象之间的事件处理——电梯向 ElevatorDoor(消息 3)发送一个 elevatorArrived 事件。首先,必须确定电梯传递给 ElevatorDoor 的事件对象。Elevator 调用 elevatorArrived 方法时传递一个 ElevatorMoveEvent 对象。图 2-16 粗略地显示了 ElevatorMoveEvent 是 ElevatorModelEvent 的一个子类,所以 ElevatorMoveEvent 继承了 ElevatorModelEvent 的 Object 和 Location 引用。

就事件驱动风格而言,事件处理是一个重要的部分。在这个例子里,ElevatorDoor 必须监听 ElevatorMoveEvent 的接口,这使得 ElevatorDoor 成为事件监听器。当 Elevator 到达或离开时,ElevatorMoveListener 接口必须提供 elevatorDeparted 和 elevatorArrived 方法使电梯通知 ElevatorMoveListener。在 Java 语言中像 ElevatorMoveListener 一样的部分被称为事件监听接口。elevatorArrived 和 elevatorDeparted 方法都接收一个 ElevatorMoveEvent 对象为参数。因此,当 Elevator 发送一个 elevatorArrived 事件给另一个对象时,Elevator 将传送一个 ElevatorMoveEvent 对象参数给接收对象的 elevatorArrived 方法。

这个例子的基本事件序列就介绍到这里。通常,事件驱动机制对面向对象的系统来说是必不可少的。因为每个对象都必须通过消息与其他对象进行交互,而消息可以作为事件来传送。方法调用返回值也可以看成一类事件。原始对象接收返回值后做出相应的反应,这就是事件驱动。

另一个典型的例子是 Borland 开发的 Turbo Pascal 6.0。它提供了一种名为 Turbo Vision 的面向对象的事件驱动程序工具包。Turbo Vision 将可视化对象划分为两类:操作对象和管理对象,分别是 TView 和 TGroup,但是 TView 和 TGroup 也有共同点,因此实现时 TGroup 是从 TView 继承来的。在 Turbo Vision 中 TGroup 的对象没有行为,不能在屏幕上显示,但是这可以通过子类的对象来实现,所有的行为都是通过 TView 类实现的。

Turbo Vision 是面向对象的方法和事件驱动的程序设计的具体实现。TApplication 是一个可运行的交互式程序。除了程序的开始和退出,它不提供任何功能。用户利用 Turbo Vision 可以高效、快速地开发高性能的应用程序。图 2-17 显示了 Turbo Vision 软件包的对象框架。

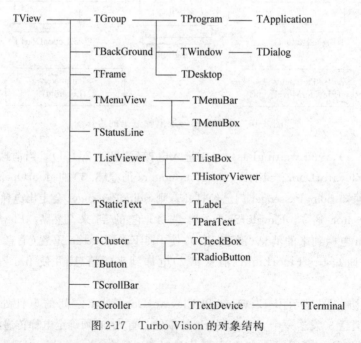

图 2-17　Turbo Vision 的对象结构

简单来说,TApplication 有 3 个子对象:TMenuBar、TDesktop 和 TStatusLine。TDesktop 有自己的子对象 TBackGround。应用程序运行时将创建 TWindow 和 TDialog 类并托管给 TDesktop。TDesktop 对象根据程序运行来创建,TWindow 和 TDialog 对象也会根据不同的应用时时修改。图 2-18 显示了 TWindow 和 TDialog 对象的创建结构。

Turbo Vision 将事件抽象为本地事件、聚合事件和广播事件。鼠标事件是典型的本地

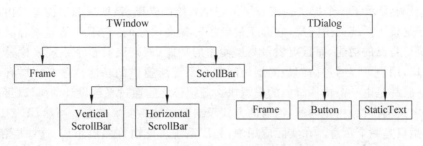

图 2-18 TWindow 和 TDialog 的对象结构

事件,TGroup 类视图将本地事件交给子视图管理。键盘事件和命令行事件属于聚合事件,TGroup 类视图将该类事件处理为低层次视图的聚合状态。当管理视图不知道将事件给谁时,就将其作为广播事件,TGroup 将把该类事件传送给所有的视图。

当 Turbo Vision 程序运行时,TApplication 对象将收集鼠标、键盘以及其他的事件,并将它们交给低层次的对象按照一定的规则进行处理。例如,如果鼠标单击了菜单栏,鼠标事件就交给菜单栏处理;如果触发了状态栏,就交给状态栏处理;如果在桌面发生,就交给桌面处理。总之,具体的处理交给底层的对象来完成。状态栏和菜单栏将各自的键盘事件和鼠标事件转化成命令行事件,再提交给 TApplication 处理。

2.5 分层风格

2.5.1 概述

一个分层系统采用多个层次组织。在这种类型的系统下,每一层必须起两个作用。首先,它必须为结构中的上一层提供服务。其次,它必须以用户的身份调用下层的功能。此外,整个系统中所有的层必须同时满足这两个要求。其中,最高一层已经没有更高的层,它不需要提供任何服务;最低一层没有下层,也就不会使用其他服务。在一些分层系统中,内层仅仅与相邻的外层进行交互,对其他层是透明的。在一些特殊的情况下,由于处理的需要,内层可能开放一些其他层所要求的服务。在这种情况下,不同的层系统形成不同功能级别的虚拟机,当系统设计好后,每一个虚拟机根据设计时的协议来相互通信;但对不相邻的层来说,它们之间的通信是被严格约束的。一个概念性的分层系统模型如图 2-19 所示。

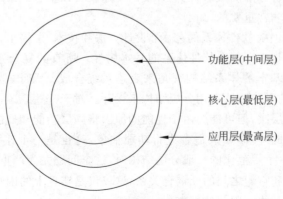

图 2-19 分层系统模型

图 2-19 中显示了 3 个层次。核心层是整个系统的基础,最低层的功能要求由核心层实现;功能层是整个系统的中间层,它介于最低层和最高层之间,它不仅访问核心层所提供的服务,以执行自己的功能,而且提供最高层使用的功能;最高层对整个系统来说是通向外部环境的接口,用户可以通过访问最高层访问整个系统所提供的功能。这 3 个层有很多功能构件,每一层都是由一个构件组成的虚拟机。虚拟机之间通过系统设计的协议(可能是标准协议或自定义的协议)相互沟通,沟通的方式根据程序的要求来确定。当然,图 2-19 所展示的分层模型只是一个示意。在实际应用中,分层系统可能由许多层组成,这些层相互合作,形成一个具有强大功能的综合系统。

2.5.2　优缺点

分层结构具有以下优点:

(1) 分层结构在系统设计过程中是被逐渐抽象出来的。当系统设计师设计系统时,它们可以分解复杂的功能,整个系统必须分成许多不同的层。就这些层而言,它们可以变得很简单,但它们的功能却在增加。也就是说,原来的问题被设计者利用分层模型所分解。从功能上将系统分解,并通过系统设计体现功能的转变,最后形成复杂的软件体系结构。

(2) 分层结构具有良好的可扩展性。如果一个系统具有良好的可扩展性,当它们的一部分功能或工具发生变化时,整个系统不会受到很大影响。结合分层结构的特点,可以将可扩展性描述为:如果某一层的系统功能或工具发生变化,这些变化只对相邻的层有影响。这就是说,在整个系统中最多有两个层受到影响。如果对这一层的修改只是对部分功能的具体技术补充,而面向外部环境的接口没有改变,那么对相邻的层几乎没有影响。因为每一层的具体工具对其他层都是透明的,而相邻的层只根据层与层之间的通信协议通过过程调用来互相沟通。对于调用层来说,这些服务细节是相对独立的。

(3) 分层结构支持软件复用。分层结构的这一特性类似面向对象的形式,即,如果接口都是一致的,在同一层使用不同的实现都可以使用。考虑到经验、技术、开发时间和经济利益等因素,系统在首次设计时,某些层的实现可能不理想。随着约束条件的改变,系统设计者可以更改这些层的原始设计,也可以改善原有层的实现。这时,这些层的设计的第二版、第三版等就出现了。如果能保证所有这些版本具有相同的接口,那么这些版本就可以无约束地互相取代,而取代过程不会影响系统的其他层,也不会影响到整个系统的功能。目前,许多标准化组织采用分层方式,以确定标准函数级接口,但并不约束实现的方法。所以,如果不同厂商的软件符合标准的接口,他们开发的产品就可以整合到最终系统中,这对计算机系统集成公司来说是非常重要的。

Stephen T. Albin 在《软件体系的艺术:设计方法和技术》中提出,分层不是真正的体系结构风格。他认为层是大型复杂软件体系的基本属性。所有的复杂系统都有不同的层次,这意味着存在着一个基本的体系结构视角来表达系统合成。因此,他没有单独描述分层。但我认为,并非所有的系统都适合用分层结构来设计。对于一些系统,虽然可以概念性地将系统的功能分为不同层次,但可能会由于性能的原因将高层功能和低层实现合并起来,这会加大不同层的耦合。此外,哪一级适合进行功能抽象,这也是一个让系统设计师头疼的问题,特别是在要建立一个规范化的一般分层结构时,这个问题尤为严重。分层结构的优势在于功能层的抽象作用和它们之间的低耦合关系,这仅仅是实现上的困难。因此,系统设计者必须寻找概念设计和具体实现间的平衡。

2.5.3　案例

计算机网络的设计使用分层结构的方式。数据传递与邮件的发送过程与之类似,也有很多步骤。每一步由一个或多个特殊层完成。所以,网络协议的设计者根据功能的不同将计算机网络的每一部分划为许多层。其中每一层都可以当作一个独立的黑盒子、一个封闭体系。用户只关心每一层的外部特性,只需要知道输入、输出和每一层的数据处理规定,他们还需要知道怎样处理数据以及什么数据适合传递到低层。网络中的每一层都以低层为基础,它只接收低层传来的数据,只负责为高层提供服务。

在网络应用设计中,客户只关心每一层的外特性,而不关心每一层的细节。这使得每一层都成为一个独立层。当一层的细节内容发生变化时,其他层的功能将不会受到影响。这种方法仅是在网络体系结构上的分层设计方法。它是描述网络结构最基本的方法,采用这种方法设计的体系结构总有分层的特性。

下面以 ISO/OSI 参考模型为例来展示分层结构的应用。ISO/OSI 互连采用 7 层结构,从最高一层到最低一层分别是应用层、表现层、会话层、传输层、网络层、数据链路层和物理层,如图 2-20 所示。最高层是应用层,它用来与应用服务进行数据交换;最低层是物理层,它用来连接物理传输介质,以实现真正的数据通信;层与层之间的联系是通过两层间的接口来执行的。高层通过接口向低层提出服务请求,低层通过接口为高层提供服务。当两台计算机通过网络进行交流时,通过传输介质,只有两个物理层可以实现实时数据通信,与其他层之间直接的沟通关系是不存在的。处于同一级的层只能通过各层间的协议实行虚拟通信。

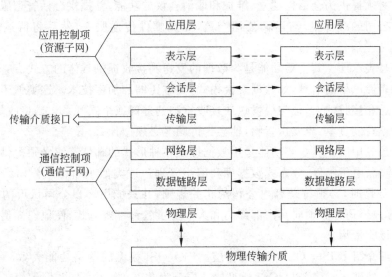

图 2-20　ISO/OSI 7 层结构

为理解每一层在 ISO/OSI 参考模型中的作用,下面以运输公司的货物运输作为类比。这个熟悉的例子有助于读者理解抽象的概念。在 ISO/OSI 参考模型中,第 1～3 层类似于运输细节,即运输公司在将货物转移过程中采用的具体操作方法;第 4 层类似于运输公司和顾客之间的界面;第 5～7 层类似于客户将货物交到运输公司的运输准备工作。

第1层是物理层。它负责通过物理渠道运输原始比特流。它应该为建立、维护和拆除物理链路提供机械、电气、功能和规则的要求。这类似于：运输车辆只需要提货，并将它们运送到目的地，这些车不需要知道货物的详情以及如何将这些产品封存。

第2层是数据链路层。其主要职能是纠错和数据流量控制，为那些有错的物理层提供正确的传输。它必须建立以物理层为基础的相邻节点间的数据联系，通过误差控制机制为数据帧提供正确的传输，并控制数据流的每一个环节。这类似于交通管理和质量监督部门，他们必须保证可能会出现问题的运输路线能正常工作。

第3层是网络层。其主要功能是路由控制、拥塞控制和数据包。它必须为高一层的数据传输提供建立、维护和取消网络连接的方法。它将来自高层的数据分成包，通过若干节点进行传输，并负责路由控制和拥塞控制。这类似于运输公司需要将物品分装成许多包裹，在当前交通网络的出发点和目的地之间找到一条路线。当找到正确的路线时，他们必须考虑通过这条路线能否到达，但不会关心这条路线是拥塞还是畅通，以及这条路线花费多少等因素。上述各层都属于运输公司在运输货物时必须负责的细节和具体操作。而第4层是类似于运输公司和客户之间的界面。

第4层是传输层。这是高层和低层之间的一个接口。它必须为高层提供点对点（终端用户为最终用户）、透明、可靠的数据传输服务。所谓透明传输是指高层可以把传输层作为一个黑箱系统，传输层为高层隐藏运输系统的细节。这一特征类似于运输公司往往在许多地方设置联络办公室，负责建设一座桥梁，负责顾客和公司间的货物的移交和接管，使客户不必关心运输公司如何将货物送到目的地，也就是说，联络办公室隐藏了货物运输细节。

第5层是会话层，其主要功能是负责数据发送和接收的交接工作。此外，它还组织和管理数据。它必须提供为会话层建立、维护和取消会议的功能，并提供会话管理服务。这类似于客户所在公司的邮件室，与运输公司交流，完成邮件传递服务，然后将待运输的货物准备好。

第6层是表示层。其主要功能是为数据的发送和接收提供具体的方式。它必须为应用层提供有代表性风格的信息，如数据交换模式，文本压缩和加密技术。这类似于在客户公司负责货物发送和接收的人，他与要发送或接收货物的部门或个人联系。当接收货物时，他告诉顾客如何填写发货单；当发送货物，他会告诉顾客必须做什么，等等。

第7层是应用层。其主要功能是用数据提供各种形式的邮件。它必须提供各种应用服务，如文件传输、电子邮件、分布式数据库和网络管理。这类似于当客户公司的内部部门和人员要邮寄货物时，必须符合客户公司的相关规则，并只能用客户公司认可的方式邮寄货物。另外，客户公司也必须向其内部部门和人员提供各种邮寄方式，使他们知道以何种方式可以发送或接收货物。

上面详细介绍了 ISO/OSI 模型的分层。ISO/OSI 模型的网络功能大致可分为两个方面。一是数据处理。它将 ISO/OSI 模型的 7 层分为 3 项：第 1、2 层共同解决了网络信道的问题；第 3、4 层解决传输服务问题；第 5～7 层处理与访问应用程序相关的事务。二是数据传输控制。它将 ISO/OSI 模型的 7 层划分为 3 项：最低 3 层（即第 1～3 层）可视为通信控制项，负责通信子网，并解决网络的通信问题；最高 3 层（第 5～7 层）是应用控制项，负责有关资源子网的过程，并解决应用层之间的信息转换的问题；中间层（第 4 层）是通信子网和资源子网间的接口，是连接通信控制和应用控制部分的桥梁。

　　将上面第二种分类方法与货物运输进行类比。通信控制项类似于运输公司在货物运输过程中的具体细节和操作方式;应用控制项类似客户公司为货物运输做的准备工作;中间层(第 4 层)类似于运输公司和客户间的联络办公室,一般来说,要求这个联络办公室设在运输公司最明显的地方。

　　在软件体系结构设计中,分层结构是最常见也是最重要的一种结构。现在应用最广泛的是微软公司提出的 3 层架构(3-tier architecture),通常意义上的 3 层架构就是将整个业务应用划分为表现层(presentation layer)、业务逻辑层(business logic layer)、数据访问层(data access layer),如图 2-21 所示。

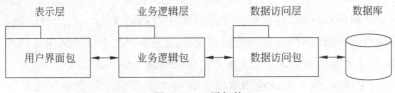

图 2-21　3 层架构

　　划分层次的目的是为了实现高内聚低耦合的思想。各层的调用关系如图 2-22 所示。

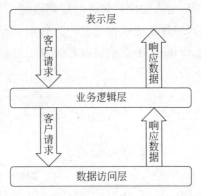

图 2-22　3 层架构间的调用关系

　　表示层位于最外层(最上层),最接近用户,用于显示数据和接收用户输入的数据,为用户提供一种交互式操作界面。

　　业务逻辑层是系统架构中体现核心功能的部分。它的关注点主要集中在业务规则的制定、业务流程的实现等与业务需求有关的系统设计上,也即是说它是与系统所应对的领域逻辑有关,很多时候也将业务逻辑层称为领域层。例如,Martin Fowler 在 *Patterns of Enterprise Application Architecture* 一书中将整个架构分为 3 个主要的层:表示层、领域层和数据源层。领域驱动设计的先驱 Eric Evans 对业务逻辑层作了更细致的划分,细分为应用层与领域层,通过分层进一步将领域逻辑与领域逻辑的解决方案分离。

　　业务逻辑层在体系结构中的位置很关键,它处于数据访问层与表示层中间,起到了数据交换中承上启下的作用。由于层是一种弱耦合结构,层与层之间的依赖是向下的,低层对于上层而言是"无知"的,改变上层的设计对于其调用的低层而言没有任何影响。如果在分层设计时,遵循了面向接口设计的思想,那么这种向下的依赖也应该是一种弱依赖关系。因而在不改变接口定义的前提下,理想的分层结构应该是一个支持可抽取、可替换的"抽屉"式结构。正因为如此,业务逻辑层的设计对于一个支持可扩展的结构尤为关键,因为它扮演了两个不同的角色。对于数据访问层而言,它是调用者;对于表示层而言,它却是被调用者。依赖与被依赖的关系都纠结在业务逻辑层上,如何实现依赖关系的解耦,则是除了实现业务逻辑之外留给设计师的任务。

　　数据访问层有时候也称为持久层,其功能主要是负责数据库的访问,可以访问数据库系统、二进制文件、文本文件或 XML 文件。

简单地说,数据访问就是实现对数据表的 Select、Insert、Update、Delete 的操作。如果要加入 ORM 的元素,那么就会包括对象和数据表之间的映射以及对象实体的持久化。

2.6 数据共享风格

2.6.1 概述

数据共享风格也称为库风格,大多数知识库或专家库都应用此风格。当用这种风格设计时,系统往往有两种截然不同的功能构件:一是中央数据单元,它代表了当前系统的每个状态;二是相互依赖的构件组,这些构件可以操作中央数据单元。在这种情况下,中央数据单元(也称为资源库)和外部构件之间的信息交换成为基于数据共享风格系统的首要关键问题。由于系统必须实现的功能不同,信息交流模式也就分成不同类型。

不同的信息交换,导致不同的控制策略。有两个主要的控制策略。正是由于控制策略的不同,基于库风格的系统可分为两种类型。一方面,如果一个系统是由输入数据流的信息服务驱动,即输入数据流的信息服务能够触发系统相应处理的运行,这个系统可以称为基于传统的数据库式风格的应用系统。另一方面,如果系统是由中央数据单元的当前状态驱动的,即该系统根据当前中央数据单元的不同状态运行不同的进程,以响应中央数据单元的状态变化,这个系统可以称为基于黑板式风格的应用系统。黑板式风格的系统结构如图 2-23所示。

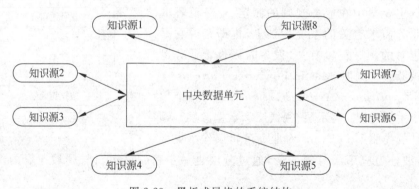

图 2-23 黑板式风格的系统结构

从图 2-23 可以清楚地发现,一个典型的黑板式风格系统由 3 部分组成:

(1) 知识源。系统是基于库风格的,完全依赖于库中状态的变化。在这种情况下,建立知识源成为系统设计中的第一要务。知识源是库中主要的信息来源。这些知识源在逻辑和物理上都是独立的,只与产生它们的应用相关。多种数据源通过中央数据单元的协调相互配合,这些对外部环境都是透明的。

(2) 中央数据单元。它是整个系统的核心组成部分,定义和分析系统必须首先解决的问题,总结系统运行时可能出现的状态,并且设计相应的程序来处理需要的状态。因此,中央数据单元中的数据不仅是单纯的数据,也有一些属于系统状态的状态数据。这些数据源所提供的数据按某些数据结构组织起来,可以通过数据源信息的变化被修改,因此可以实现系统的功能。

（3）控制单元。它的驱动完全是由库中状态的变化承担的。知识源不断往库中输入系统必须处理的信息，这便导致知识的状态信息修改。当状态信息修改时，根据一些预定义的控制策略，触发相应的控制操作，系统控制功能由此得以实现。图 2-23 中没有给出控制单元，因为控制单元不是一个独立单位。在基于风格库的系统中，它或出现在知识源中，或出现在风格库中，或作为一个独立构件独立存在。控制单元没有固定的样式，设计者必须根据具体情况设计它。

2.6.2　优缺点

黑板模型求解问题的特点是机遇性、渐增性。这主要是因为系统受控于最近发生了什么，而不是为了满足子目标的需要。黑板模型求解问题的机遇性、渐增性主要体现在以下 3 个方面。

（1）黑板元素的产生和解生成的过程中，一个黑板元素是在不确定的情况下，由知识源集中于估价最高的解释而产生的。独立产生的黑板元素之间的相互作用是偶然的、协作的。这里用"岛"来形象地说明。将黑板看成一片海，将产生黑板元素的一个区域看成一个岛。在问题求解过程中，位于不同黑板区域的新"岛"相继机遇性地产生，又机遇性地互相合并生长，逐步形成完整的解，而不是按固定模式，如自左至右来生成解。这种逐步开发"岛"的问题求解模式具有极大的灵活性。

（2）黑板模型的机遇性不仅表现在黑板元素的产生上，而且体现在知识源求解问题的方式上。每个知识源根据自身的作用决定它的求解方式是自底向上（低层综合出高层）、自顶向下（高层生成低层）。每个问题求解周期中，控制器选出一个知识源来执行，这一知识源求解问题的方式可能是上述的各种方法，所以也具有机遇性。

（3）控制策略的采用也可机遇性地随着问题求解具体情况的变化而变化，这可以通过显式地表示控制策略，关于控制动作进行推理，动态地采用、保留或摒弃控制策略来得到。

由上可以看出，黑板模型机遇性渐增型求解问题的方式使之特别适用于大型、复杂、动态、实时的问题求解情况。它灵活性强，智能程度高，在许多领域很符合人类求解问题的特点，所以黑板模型自产生以来被用于构造了许多专家系统和专家系统开发工具。近年来国际上对它的研究日益广泛和深入。

2.6.3　案例

本节以专家系统为例来说明数据共享风格的应用。一个典型的专家系统是一个很好的数据共享风格的应用。在当今世界上，人工智能是发展最快速的技术之一。而在人工智能的应用中，专家系统是最成熟的领域。它与模式识别、智能机器人共同构成人工智能技术的 3 个最活跃的领域。可以说，知识库就是专家系统的基础，而知识库是库风格的一个完美的实例。事实上，专家系统是一组程序。从功能角度可以把它定义为"在某个特定的领域具有专家解题能力的一个程序系统"。该系统能像这个领域的专家一样，用卓有成效的经验和专家知识，在较短的时间内，提供一个解决具体问题的高水平的方案。从结构角度可以把它定义为"一个用于解题的程序系统，由一个特定领域的知识库和一个可以获取和运用知识构件组成"。专家系统的研究目前有了新的课题，即知识工程，其主要研究方向是知识获取、知识表示和知识推理。

专家系统的工作流程如下：它获取人们长期总结的特定领域中的知识和经验,模仿人类专家的思维规律和思维过程模式,利用某些推理机制和控制策略,用计算机执行推理,使专家的经验成为共享资源,以解决专家缺乏的困难。专家系统的核心内容是知识库和推理机制,其主要成分包括知识库、推理机、数据库、人机接口、翻译结构和知识获取结构。专家系统的总体结构如图 2-24 所示。以下简要地介绍专家系统的主要构件。

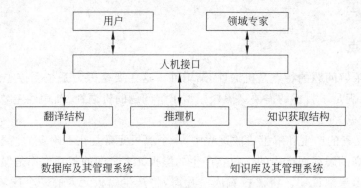

图 2-24 专家系统的总体结构

第一个构件是人机接口。它是专家系统和领域专家、知识工程师及一般用户的接口,由一套程序和相应的硬件组成,完成输入和输出工作。通过人机接口,领域专家或知识工程师可以输入、更新和完善知识库;普通用户可以输入要解决的问题或向专家系统提出问题,系统可以输出运行结果,回答问题或向用户请求进一步的事实。在输入与输出的过程中,人机接口必须改变信息的表示,从内部的形式变换成外部的形式。例如,当输入数据时,人机接口可能把领域专家、知识工程师或一般用户的输入变换成系统内部的表示,然后把它们交给不同的结构;当输出数据时,人机接口把内部的表示变换成外部的容易理解的表示,并且把它们展现给用户。

第二个构件是知识获取结构。专家系统中的知识获取结构由一组程序组成。知识获取结构的基本任务是把知识输入到知识库,并保证知识的一致性和完整性。在不同的系统中,系统采集的功能和其相应的实现方法不同。在有些系统中,知识工程师首先从专家手里获取知识,然后使用一些知识编辑软件把知识输入知识库。另外一些系统本身具有学习能力,能直接从领域专家那里获取知识或通过系统的操作实践总结新的知识。

第三个构件是知识库及其管理系统。知识库是知识的存储机构,它是用来存储领域的基本知识、专家的知识经验以及一些相关的事实等。知识库中的知识是从知识获取结构获得的,同时,知识获取结构也为推理机提供了所需的知识。知识库管理系统则负责组织、检索和维护知识库。在专家系统中,任何部门要和知识库通信,都必须请求该管理系统。这样,知识库管理系统可以统一管理和使用知识库。

第四个构件是推理机。它是专家系统的"思维"机构,是专家系统的核心部分。推理机的主要任务是模仿领域专家的思维过程,控制和操作预期问题的解决进程。根据已知的事实,运用知识库中的知识,它可以根据某种推理方法和控制策略得到问题的解决方案或证明某个假设的正确性。推理机的性能是和知识表示和组织方式有关的,但和知识的具体内容无关,这有利于保证推理机和知识库的独立性。也就是说,当知识库发生了变化时,不需要修改推理机。但必须面对的一个严峻问题是,如果推理机的搜索策略是和领域问题绝对没有关系的,系统性能将大大降低,尤其是当领域的问题规模非常大时,解决问题的过程有可能成为一场灾难。为了解决这个问题,专家系统一方面使用了一些启发知识,另一方面利用变换知识代表启发知识保证了推理机和知识库的独立性。

第五个构件是数据库及其管理系统。数据库也被称为"黑板"或"综合数据库",它用来存放初始事实和在推理过程中进行的每一步结果。根据数据库中的内容,推理机从知识库选择适当的知识,并对它们进行整理,然后将该执行结果输入数据库。从这个过程中可以发现数据库是推理机不能缺少的工作空间,因为它可以在推理过程中记录详细信息,这便为翻译结构回答用户的咨询提供了一个基础。数据库是由数据库管理系统管理的,这与一般的程序设计中的数据库管理没有本质区别,但必须保证数据的表示样式和知识的表示样式之间的一致性。

第六个构件是翻译结构。它也由一组程序组成,可以跟踪并记录推理过程,当用户要求解释时,它将按照问题的要求进行处理,最后通过人机接口用约定的方式向用户提供翻译答案。

当构建一个真正的专家系统时,不仅要考虑上述 6 个构件,而且还要根据领域问题的特色考虑其他附加构件。举例来说,当构建专家决策系统时,还必须加上决策模型库;当构建具有复杂计算工作的专家系统时,还必须加上算法库;等等。

最后描述专家系统的通信方法。由于知识库是专家系统的核心,在专家系统的通信中,其主要过程是由推理机控制对知识库进行操作。这个推理过程依靠知识,专家必须实时控制以修改和补充知识库。下面通过一个简单的实例来描述这个过程。主要工作流程见图 2-25。

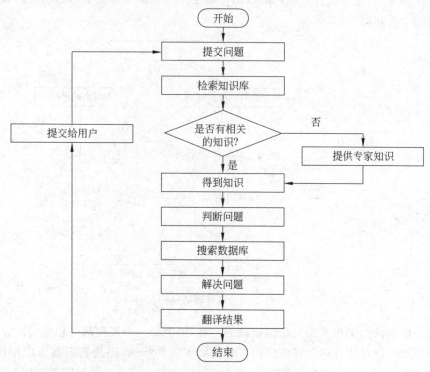

图 2-25　专家系统交互方法流程

首先,用户提交他要解决的问题,然后人机接口做预处理工作,使推理机能够了解到这一问题的描述。在推理机的控制下,专家系统开始搜寻知识库,请求需要的知识。如果没有可用的知识,专家提供的方案就会被中断;否则,推理机根据有关知识和推理规则判断问题,然后开始在数据库中搜寻资料。根据现有的知识和获得的数据,推理机解决问题,得到结果,接着由翻译结构进行翻译,最后把翻译结果通过人机接口提交给用户。在这个过程中,知识库的知识应用于各个阶段。例如问题的判断、解决和解释,推理机也是使用知识执行相应的操作。当控制知识库通信时,主要是通过推理机实现。与此同时,知识库可以动态调整推理机的内容和机制,以达到持续学习的目的。

2.7　解释器风格

2.7.1　概述

在一些书中,解释器也被叫作虚拟机。人们认为,因为 Java 是一种使用解释器来驱动程序的语言,有"一次编写,到处运行"的特点,并且解释器也被称作虚拟机,所以虚拟机就相当于解释器。

基于解释器的系统的精髓就是虚拟机。这种类型常包含待解释的源代码和解释器。源代码由必须被转换的资源编码和产生于解释器引擎的中间编码组成。解释器引擎包括语法解释器和解释器的当前状态。因此解释器由 4 部分组成:负责解释的解释引擎、包含源代码的数据存储空间、包含解释后代码的数据存储空间和记录解释引擎内部状态的数据结构,它们之间的关系如图 2-26 所示。

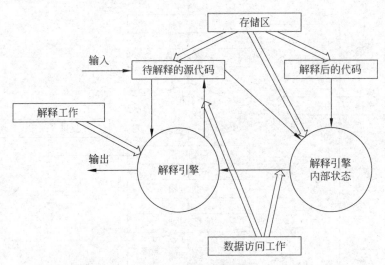

图 2-26　解释器的结构

还有一些人认为层次系统也是虚拟机的一种,因为每一个层次都为较低层次提供界面。这种基于系统的解释器程序和规则分担着有共同本质的特性,因为它们都为应用技术的顶端提供语义层次。解释器程序的激发模型是基于阅读和执行命令的解释器程序引擎的。就这种意义来说,解释器引擎可以激活任何命令的执行。

和其他的体系结构类型相似,解释器程序和规则引擎能够与其他体系结构风格结合起来。例如,当某些规则或者触发器被激活时,解释器就能被激活。一个解释器程序,例如流水线引擎,能够控制那些会促使规则被触发的系统状态。可以用解释器风格编写客户端和服务器端构件。

2.7.2 优缺点

虚拟机风格有许多现实的应用。一个软件开发企业常常提供一个基于虚拟机特性的应用平台,而非一种简单的应用。这种方法允许最大限度的弹性,因为系统被一些特定的程序语言或者用户自定义的操纵规则所定制,而并非通过静态参数访问。但这种弹性也带来了开发成本问题,同时解释器程序系统也难以设计和测试。可能被解释器执行的程序是无法完全生成的,所以不能在程序中全面地测试解释器。在一些解释器中,只有部分组成采用解释器风格来设计。例如,可以通过配置和定制工作流构件的方式来组装系统,这是虚拟机的一种类型。一般来说,流水线语言并不是一种通用语言,它在语法上有限制。但是最终用户能够自定义应用程序的处理规则以及对操作过程和规则建模。企业应用的开发者必须提供虚拟机作为整个软件体系结构的一部分。

2.7.3 案例

当今,解释器风格的应用在模式匹配和语言编辑方面非常成熟。人们认为在理论上描述解释器特性的系统是难以理解的,所以通过描述布尔运算表达式解释器来分析基于解释器的系统驱动程序。在科学运算领域中,布尔运算表达式计算是一个普遍问题。这种计算问题能通过多种途径解决。人们将语法搜索匹配作为布尔运算表达式估算的理论基础,以此来分析和解决源自语法匹配的运算表达式计算问题。

假如语法匹配问题的发生概率足够高的话,那么把每一种实例的语法表述为一种语言的句子是必要的。通过这种方法就能够构建出一种解释器。这种解释器能够通过转换这些句子来解决句法匹配问题。正则表达式对于描述字符串来说是一种标准语言,与为每一种模式构建一种特殊的算法相比,利用通用的搜索算法解释正则表达式更佳,这种正则表达式将字符串表达为待匹配字符串集。这种对正则表达式的操作结果就是布尔运算表达式的最终结果。

这个例子描述了形成系统基础的解释器如何为简单语言定义一种语法,即,如何在这种语言中描述一个布尔运算表达式,如何转换这种表达式,布尔运算如何被计算。如果用正则表达式来描述这种简单的布尔语言,那么这种理论的内容就能被概括为如何为布尔表达式的运算规则定义正则语法,如何描述一种特殊的布尔正则表达式,如何解释这种正则表达式以得到布尔运算式。

如果使用面向对象设计中的类去实现每一语法规则,那么规则符号右边是这些语法规则类的实例对象。这些语法规则由 6 个类实现:一个抽象类 BooleanExpression 和它的 5 个子类 AndExpression、OrExpression、NotExpression、VariableExpression 和 Constant。定义在子类中的变量表示子表达式。这种抽象类及其子类的 UML 类图如图 2-27 所示。

每一个利用这种语法定义的正则表达式都可以表示为一棵抽象的语法树。这棵树由一些类的对象组成。树中每个节点都是 5 个子类中某一个的实例。这些节点的组织形式类似

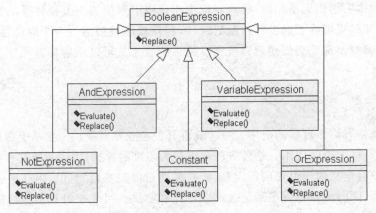

图 2-27 抽象类及其子类的 UML 类图

于二叉树的结构,它们构成解释器引擎。举例来说,如果遇见以下表达式:

$$(\text{TRUE And } x) \quad \text{Or} \quad (y \text{ And}(\text{Not } x))$$

就能依照上述的语法定义将其表示为一棵语法树,如图 2-28 所示。

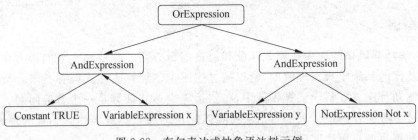

图 2-28 布尔表达式抽象语法树示例

如果为布尔表达式的每一个子类定义求值操作,将得到布尔正则表达式的解释器。解释器将表达式的上下文视为参数。上下文包括输入的布尔表达式和布尔表达式的匹配部分信息。这就是"解释器引擎的内部状态"。为了匹配布尔表达式并求出此表达式的值,布尔表达式的每一子类必须实现基于当前上下文的求值操作。这些子类彼此联系,建立图 2-28 中模型的解释器引擎。举例来说,AndExpression 将会解释并且处理 And 操作符,OrExpression 将会解释而且处理 Or 操作符,NotExpression 将会解释并处理 Not 操作符,VariableExpression 和 Constant 将对变量和布尔表达式的常数求值。

显然,基于解释器风格的系统有明显的特点:

(1)当语法规则相当简单的时候,解释器会很好地工作,但是当语法规则变得特别复杂的时候将会有反效果,语法的层次将变得大而难以管理,系统必须包括表示语法规则的许多类。在这种情况下,用类似于语法分析程序产生器那样的工具(如 Yacc)是更好的选择。语法分析程序产生器不要求构造抽象的语法树并完成表达的解释,因此在时间和空间上都有优势。最有效率的解释器不直接由语法分析树来实现,而是首先把语法分析树转变成另外的一种形式。举例来说,一般的表达通常要被转换成状态机。即使在这种情况下,解释器风格仍然有益。

(2)布尔表达式容易修正并且扩充语法。因为解释器体系使用类表示语法规则,使用者能使用继承修正或者扩充语法。已有的表达式可以通过增量的方式扩充,而且新表达能被定义为旧表达的变体。

（3）实现语法很容易。它类似于在抽象的语法树中定义每个节点的类,而且这些类容易直接书写。通常,它们能由编译器或语法分析器自动产生。

接下来描述布尔表达式系统的角色。一般来说,布尔表达式有 5 个角色。第一个角色是 BooleanExpression。这一角色定义一个抽象求值操作。这一接口被布尔表达式的抽象语法树的所有节点共享。第二个角色是 TerminalExpression（如 VariableExpression 和 Constant）,这个角色实现了对所有终端的求值操作。第三个角色是 NonterminalExpression（像 AndExpression、OrExpression 和 NotExpression）。布尔表达式语法的每条规则需要一个 NonterminalExpression 的实例。人们需要实现语法树中的每个非终端表达式的求值操作。在非终端求值操作中,必须调用语法中每个符号的求值。第四个角色是上下文（Context,即解释器引擎的内部状态）,它包括了全局数据。第五个角色是客户（Client）。客户将会在布尔表达式的定义中构造一棵特别的布尔表达式的抽象语法树,而且这一概括的语法树由 TerminalExpression 和 NonterminalExpression 的实例组成。客户也会调用它的求值操作。

这 5 个角色的相互关系可简单描述如下。客户构造布尔表达式,它是由 TerminalExpression 和 NonterminalExpression 实例组成的一棵抽象语法树。然后客户初始化上下文,并调用解释操作。然后 NonterminalExpression 定义相应表达式的求值操作。表达式的所有求值操作构成递归式求值的基础。最后,每个节点的求值操作均利用上下文来存储或访问解释器系统的状态。

以下介绍布尔表达式求值系统的实现方法。布尔表达式的实现中有许多细节要处理,而且处理这些细节的程序质量直接地影响整个系统的运行。这些细节问题主要体现在以下几个方面:

第一个问题是如何构造抽象的语法树。解释器风格不规定如何构造一棵抽象语法树。也就是说,解释器风格不包括语法分析。但是当人们正在构造一棵抽象的语法树时,需要使用表格驱动语法分析法来完成这一工作,也可以使用递归语法分析程序去构造抽象的语法树。

第二个问题是如何定义求值操作。事实上,求值操作不需要被定义或者在表达式类中实现。如果人们需要频繁地构造新的解释器,就可以使用访问者模式（Visitor 模式）,把求值操作放入独立的“访问者”对象中。这个方法可能比较好。例如,一种程序设计语言在抽象的语法树上进行许多操作,像类型检查、代码优化和代码生成。此时用访问者模式可以避免反复在每个类中定义这些操作。

第三个问题是共享终端（shared terminal）。在一些语法中,许多终端可能在相同的句子（如布尔表达式中的 true 和 false）中出现。在这种情况下,共享此符号更好。终端节点通常在语法树中不记录它们的位置。在求值过程中,它们需要的任何上下文数据将由它们的父节点传送过来。因此,在终端节点内部的状态和外部的状态是完全不同的,可以使用轻量级设计模式实现它们。

在布尔表达式系统的实现中,定义了布尔表达式的两种操作。第一种操作是求值,它计算上下文指定的布尔表达式的值,而且这种上下文必须为每个变量提供 true 和 false。第二种操作是替换,它用表达替换一个变量,以此产生新的布尔表达式。替换操作使系统不但能完成布尔表达式求值,而且能做布尔表达式的语法分析。

解释器风格有一个重要特色——能运用许多操作去解释相同的语句。在布尔表达式的两种操作中，求值操作是布尔表达式计算的基础操作。它解释布尔表达式并且返回一个简单的结果。但是在上述的系统中，不仅要进行求值操作，而且替换也能当作解释器，唯一的不同是对句子的解释。

2.8 反馈控制环风格

2.8.1 概述

对象控制就是使被控制对象的功能和属性达到理想的目标。在这里，目标意味着满足指定要求的属性或在一定约束下达到或接近最优值。为了成功地设计一个控制系统，人们必须知道这个控制对象的特性和属性。同时，人们必须知道这些特性和属性伴随着诸如环境等其他因素变化而发生变化的范围。在系统运行中，控制系统能通过测量这个控制对象的属性来识别或者控制被控对象，并根据当前它所掌握的控制对象属性制定控制策略。最终此系统能达到或接近最理想的状态。

控制工程学是非常强调方法学的一个专业领域，因此，控制工程方法相对于其他应用领域完全独立。虽然它们处理的问题在本质上是相似的，但其他领域的问题并不一定属于工程范畴，而也可能是非工程的动态系统问题，像生物学、经济学、社会学和信息学。反馈风格源自过程控制系统理论的核心思想。它把控制理论融入计算机软件体系结构之内，从过程控制的视角分析并解释了功能构件的交互，同时应用这种交互。为了概括控制领域的过程控制方法，下面介绍动态系统的概念。

动态系统是处理并传递信号（例如，信号可能是能源、材料、数据、基金或其他形式）的功能单元。刺激被当作系统的输入，响应立即被当作系统的输出。只有一个输入和一个输出的系统叫作单可变系统（如功率放大器等），有多个输入和多个输出的系统叫作多可变系统（例如分馏塔和鼓风炉），有许多层的系统叫作分层系统。动态系统同时适用于这3种系统。

2.8.2 优缺点

正如N. Wiener所说，这样定义的系统具有通用的属性，包括目标功能、信息程序、闭环控制过程、开环控制过程。而且上述概念全部能用"控制论"概念统一起来。控制论的目的是在自然、工程技术和社会学中认识控制程序的一般控制过程和信息处理过程，而且将这些分析结果应用到工程系统和自然系统的整合。当然，这也能在软件体系结构的工程中应用。

2.8.3 案例

反馈控制环风格能处理复杂的自适应问题，尤其广泛地用于产品线的自动机械控制软件领域中。生产管理系统（Manufacturing Execution System，MES）也在大量使用这种风格。本节介绍一个简单的例子描述它的基本属性。

机器学习在人工智能中是一个重要的探索领域，它关注允许计算机学习的算法和技术开发。一般来讲，有两种学习类型：归纳和推论。归纳的机器学习方法从巨大的数据集中抽取规则和模式，从而构造计算机程序。应该注意，虽然模式识别对于机器学习是很重要的,但若没有规则抽取,则模式识别应被归为数据挖掘领域。

图 2-29 展示了机器学习的基本模型。首先,训练样本被输入到学习内容中,这一部分包含基本的将被查询的基本数据。然后,真正的数据被输入并得到结果。在学习构件的分析和计算之后,学习结果被输出。但同时,学习构件将会检查结果的有效性,然后学习结果会反馈到学习构件当中。通过这一反馈,学习构件的学习能力得到提高,知识得到增长。

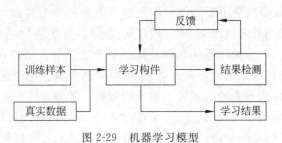

图 2-29　机器学习模型

2.9　云体系结构风格

2.9.1　概述

云体系结构风格也称为共享体系结构风格,是在当今云计算生态背景下发展出来的一种软件体系结构风格。所有采用云计算技术与应用云计算应用程序的软件均可以视为使用了云体系结构风格。

云体系结构并非是传统的七大软件体系结构之一,而是随着云计算生态环境的日趋成熟而逐渐凸显出来的一种体系结构风格,它是很多依托于云计算平台的软件所抽象出来的软件体系结构风格。由于云平台提供强大的计算能力与大数据处理能力,云体系结构也有望在将来逐渐成为一种成熟的软件体系结构风格。

利用非本地或远程服务器(集群)的分布式计算机为互联网用户提供服务(计算、存储、软硬件等服务)。这使得用户可以将资源切换到需要的应用上,根据需求访问计算机和存储系统。云计算可以把普通的服务器或者 PC 连接起来以获得超级计算机的计算和存储能力,但是成本更低。云计算真正实现了按需计算,从而有效地提高了对软硬件资源的利用效率。云计算的出现使高性能并行计算不再是科学家和专业人士的专利,普通用户也能通过云计算享受高性能并行计算所带来的便利,使人人都有机会使用并行机,从而大大提高了工作效率和计算资源的利用率。在云计算模式中,用户不需要了解服务器在哪里,不用关心内部如何运作,通过高速互联网就可以透明地使用各种资源。

云计算是全新的基于互联网的超级计算理念和模式,实现云计算需要多种技术相结合,并且需要用软件实现对硬件资源的虚拟化管理和调度,形成一个巨大的虚拟化资源池,把存储于个人计算机、移动设备和其他设备上的大量信息和处理器资源集中在一起协同工作。

按照大众化、通俗的理解,云计算就是把计算资源都放到互联网上,互联网即是云计算时代的云。计算资源则包括计算机硬件资源(如计算机设备、存储设备、服务器集群、硬件服务等)和软件资源(如应用软件、集成开发环境、软件服务)。摩尔定律与近年来处理器、存储器的相关研究(Hassan,2016)表明,硬件效能的飞速发展为云体系结构的形成提供了良好环境。

云计算平台是一个强大的云网络,连接了大量并发的网络计算和服务,可利用细腻化技术扩展每一个服务器的能力,将各自的资源通过云计算平台结合起来,提供超级计算和存储能力。

如图 2-30 所示,云用户端用于提供云用户请求服务的交互界面,也就是用户使用云的入口,云用户端可以让用户通过 Web 浏览器注册、登录及定制服务,配置和管理用户。在云用户端打开应用实例与本地操作系统桌面一样。服务目录是云用户在取得相应权限(付费或其他限制)后可以选择或定制的服务列表,也可以对已有服务进行退订的操作。在云用户端界面生成相应的图标或列表的形式展示相关的服务。管理系统和部署工具提供管理和服务,能管理云用户,能对用户授权、认证、登录进行管理,并可以管理可用计算资源和服务,接受用户发送的请求,并转发到相应的程序,调度资源智能地部署和应用,动态地部署、配置和回收资源。监控和计量云系统资源的使用情况,以便系统作出迅速反应,完成节点同步配置、负载均衡配置和资源监控,确保资源能顺利分配给合适的用户。服务器集群则是虚拟的或物理的服务器,由管理系统管理,负责高并发量的用户请求处理、大运算量计算处理、用户Web 应用服务,云数据存储时采用数据切割算法,采用并行方式上传和下载大容量数据。用户可通过操作云用户端从列表中选择所需服务,其请求通过管理系统调度相应的资源,并通过部署工具分发请求、配置 Web 应用。

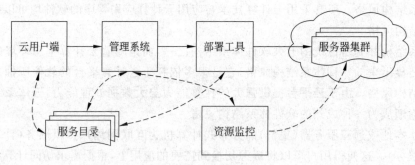

图 2-30　云计算平台

云体系结构以服务为核心,可以划分为 5 个层次：资源层、平台层、应用层、用户访问层和管理层,如图 2-31 所示。

资源层就是一个资源池,其中都是虚拟化了的物理资源,这些资源包括服务器、网络、存储设备等。服务器服务是指操作系统的环境,如 Linux 集群等;网络服务则指的是一定的网络事务处理能力,如防火墙、VLAN、网络负载等;而存储服务则提供大量的存储空间,底层物理存储介质与实现则被隐藏。所有这些物理资源都被虚拟化,并以服务作为接口提供给上层。

平台层则对上面提到的资源层的资源进行归纳整理,进行封装,使得用户在构建自己的应用程序时更加得心应手。平台层主要提供两种服务：一种是中间件服务,包括消息中间件或者事务处理中间件等;另一种是数据库服务,提供可扩展的数据库处理能力。

应用层作为最上层,直接面向用户。用户区分为企业用户与个人用户,其各自应用场景也有所不同。企业应用服务提供包括财务管理、客户关系管理、商业智能等服务,个人应用

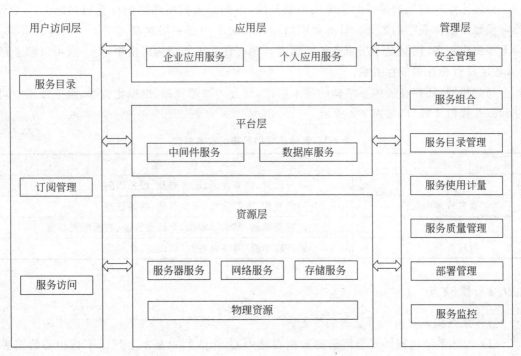

图 2-31　云体系结构的层次

服务则包括电子邮件、文本处理、个人信息存储等服务。

　　用户访问层是针对用户不同层次需求对每一层次提供的访问支撑服务接口。服务目录是系统提供的所有服务的清单,用户可以从中选择需要的服务;订阅管理是用户的服务管理功能,选择订阅或取消订阅哪些服务;服务访问针对每一层都提供接口,例如针对资源层可能是远程桌面或者 X Window,针对应用层可能就是 Web 服务。

　　管理层对整个云体系结构的运行进行监督管理,覆盖整个架构,贯穿始终。安全管理用于保护云体系结构服务与数据的安全性,包括用户认证、授权控制、审计、一致性检查等,防止数据的非法访问与服务的非法获取;服务组合可以对已有的服务进行组合,从而创建出新的更符合用户需求的新服务;服务目录管理对服务目录进行维护,管理员可以增加或删除目录中的服务,以确定是否将某服务提供给用户;服务使用计量主要用于对用户收费,用于计量用户的服务使用情况;服务质量管理对服务性能进行监督,以提供可靠、可拓展的良好的服务;部署管理在用户订阅服务后开始运行,生成新的服务实例对用户进行自动化部署与配置;服务监控对服务的健康状态进行记录。

　　云体系结构风格也是分层的,按照服务类型划分为应用层、平台层、基础设施层和虚拟化层,而每一层也都对应着一个子服务集合,如表 2-1 所示。

表 2-1　云体系结构风格的服务层次

层　　次	对应的子服务集合	层　　次	对应的子服务集合
应用层	软件即服务	基础设施层	基础设施即服务
平台层	平台即服务	虚拟化层	硬件即服务

云体系结构的层次是按照服务类型划分的,不同于人们所熟悉的计算机网络 ISO/OSI 参考模型 7 层体系结构划分。计算机网络结构层次中的每一层次都与其上下层存在关联,为上层提供服务,同时是下层服务的使用者。然而在云体系结构风格中,每一层可以独立存在,各层没有相互的依存关系。

与此相同,还存在云体系结构的技术层次,划分为物理资源、虚拟化资源、服务管理中间件和服务接口 4 部分,如表 2-2 所示。

表 2-2　云体系结构风格的技术层次

技术层次	内　　容
服务接口	服务接口、服务注册、服务查找、服务访问
服务管理中间件	用户管理、资源管理、安全管理、映像管理
虚拟化资源	计算资源池、网络资源池、存储资源池、数据库资源池
物理资源	服务器集群、网络设备、存储设备、数据库

2.9.2　优缺点

云体系结构风格有以下显著的优点。

(1) 云体系结构提供安全可靠的数据存储中心,个人用户基本上可以不再担心数据丢失、病毒感染等风险。

(2) 云体系结构对用户端设备性能要求低,使用方便。

(3) 云体系结构可以轻松实现设备间的数据与应用共享。

(4) 云体系结构为人们使用网络提供了无限可能。

其不足主要表现在数据安全与网络延迟两个方面。越强大的共享能力就意味着越严重的数据安全问题。因为云体系结构是高度共享的,计算能力与数据均存在于云中,因此如何保证数据不会丢失以及数据不会被非法获取与访问就是两个重要问题。

当今的共享体系结构都是高度依托于互联网的,因此对于网络通信质量的要求也比较高。虽然现在远程网络访问的速度已经越来越快,但和局域网相比依然还是存在延迟。一旦网络信道受到较强的干扰,则服务将出现不可靠甚至不可用的情况。

2.9.3　案例

MapReduce 是一个用来处理大数据集的编程模型,是云体系结构风格的良好实现。MapReduce 由 Map()方法和 Reduce()方法组成。前者对数据进行过滤与分类,并组成队列,后者对每个队列进行运算操作。MapReduce 系统可以协同组织分布式服务器,并行运行各种任务,管理系统不同部分间的通信与数据交互,并提供冗余与容错机制。

MapReduce 是一种计算模式,是通过拆解问题数据来进行分布式运算从而解决计算问题的模式。如图 2-32 所示,根据数据的局部性原理,一个问题的数据首先被划分为不同的数据块并输入到不同的运算处理系统内,这一拆解过程就称为 Map,即映射。每一个 Map 函数不断将<key,value>这一键值对映射成新的<key,value>键值对,也形成了一系列中间形式的键值对,然后将所得到的结果汇总整理,与具有相同中间形式的 key 相对的 value 被合并在一起,这一过程就是 Reduce,即归约,从而得到用户所需要的结果。

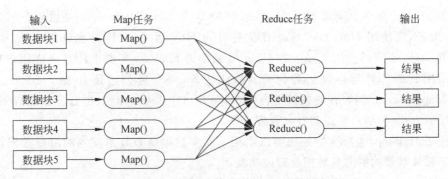

图 2-32　MapReduce 的处理流程

　　而实际上,Map 产生中间数据后并非直接将其写入磁盘,而是首先利用内存进行缓存,在内存中先进行预排序,优化整个进程。其后的 Reduce 过程则有 3 个步骤,分别是 copy、sort、reduce。数据复制完成后,先进行排序。由于是多个结果序列,因此很自然地想到了归并排序(merge sort)。

　　这个模型是受函数式编程中数据处理时频繁使用的 Map 与 Reduce 函数启发而产生的,对数据分析采用划分-应用-结合的思想。MapReduce 的计算机集群采用无共享式架构,计算单元就近读取数据集,因此避免了大量的数据传输,提高了效率;同时分布式系统的思想也使得即使一部分计算机宕机对其他运算单元或者说整个运算系统也不会造成影响。MapReduce 的优势只有在进行多线程执行的时候才能得以显现。MapReduce 的库有多种计算机语言版本,其中最流行的是谷歌的 Java 开源库 Apache Hadoop。

　　简单来说,Hadoop 是一个实现了 MapReduce 模型的开源的分布式并行编程框架,可用于处理大数据集,将单服务器服务升级为多服务器的并行系统。它由大量计算机集群组成,并且 Hadoop 中的每个模型都将硬件会经常失效而需要系统自动处理这一情况视为前提假设与普遍原则。

　　Hadoop 的核心包含两部分: Hadoop Distributed File System(HDFS),用于数据存储的系统;MapReduce 编程模型,用于数据处理。整个 Hadoop 架构还包含很多其他的部分,其结构如图 2-33 所示。Hadoop 运用数据局部性原理,将大的数据分块存储在集群中不同的节点上,每个节点运用自己的数据分别并行地进行运算,这样一来运算效率甚至超过传统的使用并行文件系统的超级计算机体系结构。

图 2-33　Hadoop 框架

许多 IT 企业都在云端架设了 Hadoop 服务器。Azure HDInsight 是微软公司部署的 Hadoop 服务,它使用 Hortonworks HDP 并且为 HDI 而开发,HDI 允许拓展至. NET 平台。HDInsight 也支持使用 Linux 的 Ubuntu 来创建 Hadoop 集群。HDI 允许用户只对自己真正使用到的计算与存储资源付费。除此之外,亚马逊公司还有 EC2/S3 服务以及 Elastic MapReduce。同时在谷歌云平台(Google Cloud Platform)上也有多种运行 Hadoop 生态系统的方式,包括自管理和谷歌管理。

依托于 Hadoop,大数据的处理得以实现。淘宝数据魔方技术架构的海量数据产品就是依托于云体系架构的海量数据处理成功案例。

如图 2-34 所示,淘宝海量数据技术架构整体可以划分为 5 层:数据源、计算层、存储层、查询层和产品层。

图 2-34　淘宝海量数据产品技术架构

数据源层保留了淘宝的原始交易数据,并通过 DataX 或 DbSync 或 TimeTunnel 等技术准实时地将数据送达下一层的云梯中。

计算层就是 Hadoop 集群,也称为云梯。该部分应用了 Hadoop 的核心 MapReduce 技术,随时不停地对数据源传来的数据进行计算。

存储层对计算层计算所得结果进行存储,这里采用了两种存储方式:MyFox 和 Prom。MyFox 是基于 MySQL 的分布式关系型数据库集群,而 Prom 则是一个用于存储非结构化数据的 NoSQL 存储集群。值得注意的是,后者就是不折不扣的基于 Hadoop Hbase 技术的数据存储系统,前面也提到这是 Hadoop 的核心组成部分之一。

查询层中使用了 glider。用户通过 MyFox 对所需数据进行查询,glider 以 HTTP 协议对外提供 restful 方式的接口,最终通过一个唯一的 URL 实现数据访问。

产品层基于底层的数据库以及查询层提供的数据获取服务实现各种各样的应用,例如数据魔方、淘宝指数、开放 API 等。

由于这一部分是云体系结构风格的应用案例,因此不再对 Hadoop 技术及其关键数据存储技术 Hbase 和 Prom 加以介绍。

下面再展示一个新的重要的云体系结构风格的应用。云体系结构商业应用最出色的代表之一就是阿里云。自 2009 年建立以来,阿里云服务了超过 200 个国家的大量客户。阿里云致力于以在线公共服务的方式提供安全、可靠的计算和数据处理能力。

阿里云具有极强大的产品体系,如图 2-35 所示。

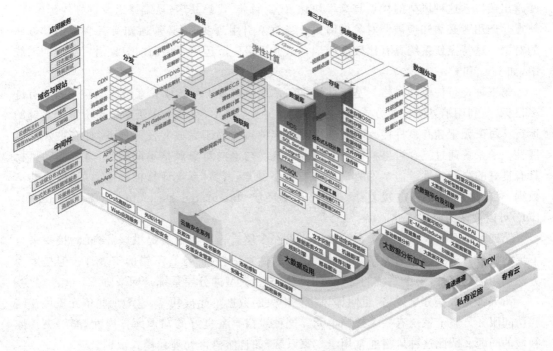

图 2-35 阿里云产品体系

阿里云超大规模的数据中心遍布全球,阿里云 CDN(内容分发网络)全称是 Alibaba Cloud Content Delivery Network,覆盖全球六大洲 30 多个国家,有超过 1000 个全球节点。CDN 建立并覆盖在承载网之上,由分布在不同区域的边缘节点服务器群组成分布式网络,替代传统以 Web 服务器为中心的数据传输模式。CDN 将源内容发布到边缘节点,配合精准的调度系统,将用户的请求分配至最适合的节点,使用户可以以最快的速度取得所需的内容,能够有效解决 Internet 网络拥塞状况,提高用户访问的响应速度。

阿里云帮助环信公司解决安全稳定的问题,帮助旷世公司解决弹性扩展问题,帮助点点客公司节约成本,帮助 VOS 公司实现快速运维,这些都是阿里云应用的成功案例,更是云体系结构应用的典型代表。

2.10 体系结构风格比较

不同的软件体系结构风格各有其特点、优劣和用途。本节从 4 个方面对 8 种体系结构风格进行分析比较。

第一种是管道-过滤器风格。每个功能性构件都有一组输入和输出。每个过滤器都是独立的,不需要与其他的过滤器建立联系。每个过滤器从它的输入接口读取数据,对这些数据进行处理,然后通过输出接口输出。这种体系结构风格支持重复使用,易于维护和评估,支持有针对性的分析和并发。但同时,这种结构必须在两个独立的过滤器间处理联系数据,缺乏交互性。这种结构常用于通信领域和编译器。

第二种是面向对象风格。在这种风格中,数据表示和相关操作被封装,类的对象负责它们的整合。这种方式可以被认为是连接器。对于某个对象来说,其他的对象是透明的,仅仅暴露出接口。这种风格的优点是高模块化、代码封装、代码共享,易维修以及良好的延展性。缺点是调用者必须知道被调对象的引用。当对象引用改变时,必须通知所有会调用其方法的对象。这特点使系统具有比较高的耦合。此风格广泛运用于用面向对象语言实现的系统中,如 Java 和 C#。

第三种是事件驱动风格。基于此风格的系统由许多子系统或元素组成。整个系统有许多目标,并利用消息协作的方式来工作。在这些子系统中,有一个主子系统负责整个系统的运行。每个元素拥有事件接收和处理机制。这种风格易于完成并发多任务,拥有良好的延展性。子系统通过复合可以构成更复杂的系统。与面向对象风格不同的是,事件驱动风格具有良好的交互特性。但事件驱动风格有如下缺点:它对系统计算控制能力弱,很难共享数据,对象之间的逻辑也较复杂。集成开发环境(Integrated Development Environment,IDE)可以被认为应用了此风格。

第四种是分层风格。整个系统被分解成许多层。每层为上层提供服务,同时接受来自下层的服务。这种类型的风格支持抽象化和软件重用性,而且有不错的扩展性。但是因为方法调用的间接性,整个系统的性能可能被影响。典型的分层系统是网络协议。

第五种是数据分享风格,也叫库风格。中央的数据单元被共享,它为一些单元提供存储和访问服务。整个系统有一个控制单元。这种风格具备良好的知识库扩展性,能解决具体领域的问题。因此这种风格通常用于专家系统,如自然语言处理和模式识别。

第六种是解释器风格。它具有固定的结构、伪代码和解释器引擎。解释器引擎包括它的定义和它的操作状态。以这种风格为基础的系统能处理具体领域的问题,典型的应用是解释性语言的解释器。

第七种是反馈控制环风格。它最典型的特性是,通过其学习构件和决策者构件的运用,能利用学习和信息更新增强自身的功能。它的典型应用是生产管理系统。

第八种是云体系结构风格。这种风格以资源共享思想为核心,不同于数据共享风格,计算能力在这里也被视为一种资源,并作为服务提供给外界。正如以基于 MapReduce 模型的 Hadoop 为代表,庞大的计算集群被视为一种分布式计算资源或服务,用以提供大规模海量数据的计算,使得企业拥有大数据处理能力。云体系结构依托于互联网的发展,成为一种新的软件体系结构风格,也将成为未来的发展趋势与研究热点。

从这 8 种结构风格的比较中,能发现它们的一个共同属性:良好的扩展性。实际上,基于软件工程学的原则,好的软件总是倾向于可变化、易扩展。扩展困难的软件当然不是好软件,因此一种不能支持系统扩展的体系结构风格将不具备可扩展性。每种风格只能在特定环境中使用。它们趋向于以牺牲其他质量属性为代价得到其中一个好的质量属性。举例来说,管道-过滤器风格的交互性不好,但事件驱动风格却对这种交互性有不错的支持。事件驱使风格很难共享数据,但数据共享风格最大的优势正是对数据共享的支持。

2.11 异构风格的集成

在对每一种体系结构风格进行详细描述之后,读者已经对软件体系结构风格有了直观上的和理论上的认识。但是所有知识都是独立介绍的。事实上,所有的体系结构不仅有很紧密的联系,而且在大多数情况下是一起使用的。对于一个实际的系统,甚至不能判断它是 A 风格、B 风格还是 C 风格,因为没有足够的理由把它归为任何一种独立的体系结构风格。这种系统类型可以称为复合系统,这种系统的构建模式被称为异构风格的集成。

图 2-36 展示了一个虚拟系统,它整合了许多体系结构风格。可以把整个系统当成一个分层系统。这样它可以分成两个层:第一层是原始数据生成层,第二层是解释层。在第一层,主要的组成部分是管道-过滤器子系统。第一个过滤器中的数据能够被送到第二过滤器中。当第二个过滤器接收到数据时,将会产生相应的信息,然后将这些信息传送到事件队列构件和服务提供对象构件中。当事件队列不为空时,它将会激发相应的对象来处理这个事件,并完成任务。这部分是一个典型的驱动事件体系结构风格的例子。

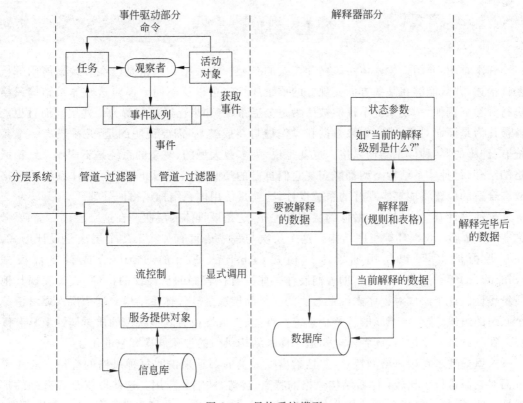

图 2-36 异构系统模型

当服务提供对象构件接收到由第二个过滤器传来的信息时,它将把这些信息记录在信息库里。这个信息库是这个系统中另一个重要的构件。它就像数据共享风格中的黑板。在这个信息库中,所有的信息、知识和规则被记录下来。当事件驱动部分要完成某些任务时,它可能需要从这个信息库里获取一些有用的信息,然后根据其中的规则采取正确的行动。这部分可以看成数据共享与反馈控制环风格的结合。因为所有的数据在构成的信息库里被共享,其他部分能够向信息库中存储数据以及从信息库中获取数据。用户可以通过向信息库中记录新的数据来更新它。这也具有反馈控制环风格的特点。

在第二个层中,来自第一个层中的数据被解释。当解释数据时,构件必须知道上下文、解释规则和解释器的状态。因此这部分具有状态构件、规则构件和数据构件。解释时产生的所有错误和程序缺陷被记录在数据库里。最后,解释完毕的数据被输出。

从这个例子中可以看出,一个完善的系统可能由各种各样的体系结构风格组成,这取决于系统中每个构件的需求和每种体系结构风格的优势。正如在本章前面讲的,体系结构风格只是被广泛用于软件工程领域的一些常用词汇集,它们能帮助开发人员更好地理解整个系统和品质特征。但是不能受限于某种体系结构风格的具体形式。最好的系统是能够恰当地运用体系结构风格的系统,并且被设计出来的系统要具有能满足需要的质量属性。

除此之外,还有基于硬件计算机体系结构的相关研究,也与软件体系结构密不可分。CHERI 就是一个在传统 RICS 指令集上进行良好拓展的体系结构(Watson,2015)。

2.12　小　　结

在本章中,介绍了软件体系风格和模式的基础。体系结构风格是已经被频繁使用的概要性描述,并且能够在某些方面实现好的质量属性。可以从不同方面对这些体系结构风格进行分类。例如,一个系统不仅能被认为是分层系统(如果已经被分解为一些层),而且也能够被认为是面向对象系统(如果数据和操作被封装成类)。需要说明的是,几乎没有一个系统有"纯粹的"某种体系结构风格。也就是说,大多数大型的、复杂的系统是不同体系结构风格的结合,每种体系结构类型都能实现它们自己的质量属型。因此把不同的体系结构风格放在合适的位置将能够实现好的系统设计,这就是使用体系结构风格的好处。

软件设计有 3 个层次。最低的层次是程序,这是最具体的层次。在这个层次,人们要考虑 while 循环、for 循环等程序结构。这个层次与程序语言有关。第二个层次是设计形式。在某些构件中,可以使用抽象工厂模式(Abstract Factory Pattern)或者单件模式(Singleton)等。这些模式将帮助人们制作一些具有比较好的扩展性的构件,或者实现其他质量属性。这个层次对程序来说是透明的。最高层次是软件体系结构。这个层次要考虑整个系统的组织,这个组织能够让整个系统在性能、扩展性或者其他特殊的质量属性上具有优势。在阅读过本章之后,读者已经知道了体系结构风格的抽象层次和它的用途。

这里描述了每种风格的特点,并且给出了大量的例子来说明每种风格的应用。从 4 个方面对它们进行了比较:体系结构风格的特点、优势、缺陷和应用。这些风格都具有好的扩展性。此外,每个风格会以牺牲其他质量属性为代价来实现它们自己的特殊的质量属性。利用软件体系结构优势的最好的方式是在系统设计时在最合适位置使用这些体系结构风格,这也正是异构风格集成的主题。这部分给出一个同时使用多种体系结构风格的虚拟系统的例子。

本章中没有列出所有的体系结构风格。事实上不可能把它们全部列出来,因为这些体系结构风格从不同的观点来描述系统并且具有特殊的品质特征,尤其是从某些特殊领域应用的观点来描述的。读者应该理解这些质量属性与体系结构风格之间的关系,应该领会从激发模型到结构体系风格的对应关系。对于每一个体系结构风格,设计思想是最重要的。只有当你知道怎么做才能实现需求,如高性能、好的数据共享、好的数据封装,并且知道怎么通过使用合适的体系结构风格来实现你的想法,本章的目的也就达到了。

附录 2A 案例一：SMCSP 项目

2A.1 项目背景

近年来,移动电子商务/电子政务有着巨大的市场前景。随着移动用户的不断增加,引发通过移动设备传输数据业务需求的成倍增加,用户对如何获得更直接、更方便的电子商务/电子政务服务与信息提出了更高的要求。此外,随着移动电子商务突飞猛进的发展,进一步引发了对移动协同商务(政务)的强烈需求,如何构建移动协同商务(政务)平台就成了一个非常具有挑战性的课题。

在过去的一段时间中,传统协同技术被引入移动计算领域,二者相融合形成了移动协同技术,该技术引起了各大学、科研机构以及如 Microsoft、Oracle、IBM、Nokia、Motorola 等公司的极大关注。移动协同(Mobile Cooperation/Collaboration)的概念起源于 1993 年 Xerox PARC 的 Mark Weiser 提出的在办公环境下利用可携带移动设备进行无线通信和交互的可能性。第一个应用于工业的 Mobile CSCW(Computing Support Collaboration Work)系统是 1995 英国的 Lancaster 大学的 MOST 多媒体协作系统。1998 年英国剑桥大学的两位学者 P. Luff 和 C. Heath 从 CSCW 系统研究者的角度提出了 CSCW 系统移动性支持的必要性。Microsoft、Oracle、IBM、Nokia、Motorola 等公司或其研究组织主要集中于将传统 CSCW 应用到移动计算环境中的企业级办公应用;CMU、Brunel、Cambridge 等研究机构主要集中于无线网络视频和音频的协作处理、协作数据传输等方面。国内清华大学、上海交通大学等在这一领域也都处于理论探讨和实验室研制阶段,但均未见实用系统。

这里所介绍的移动电子商务应用系统核心部分是移动协同服务支撑平台(Supporting Mobile Collaboration Services Platform,SMCSP),该平台是移动通信设备与 Internet 有机结合所形成的,可以同时方便移动设备服务开发商与移动设备用户的一种电子商务系统,移动通信设备与 SMCSP 以及 SMCSP 与移动服务开发商提供的服务 Agent 之间都通过 TCP/IP 协议进行通信。本系统要实现的就是移动设备用户向 SMCSP 注册后,可以通过网络定制自己需要的服务(已在 SMCSP 注册过的服务),系统除了完成这样一个商务活动外,还包括一些协同任务的处理,比如后面讲述的应用实例(协同警务)。

移动协同是指利用移动计算技术和传统协同技术使得一组成员为了共同的目标并以群组最高利益为驱动而在一起共同工作的行为。移动协同要考虑的主要问题包括支持移动协同性、可动态配置、服务无关性、支持多种网络协议、系统平台无关性以及可扩展性等。

采用多移动 Agent 架构是解决这些问题的有效途径之一。

移动 Agent 概念是 20 世纪 90 年代初由 General Magic 公司在推出商业系统时提出的,它是继 CORBA、EJB 后的新一代分布式处理的关键技术。

移动 Agent 是一个能在异构网络中自主地从一台主机迁移到另一台主机,并可与其他 Agent 或资源交互的程序。它实际上是 Agent 技术与分布式计算技术的"混血儿"。移动 Agent 技术将服务请求 Agent 动态地移到服务器端执行,使此 Agent 较少依赖网络传输这一中间环节,而直接面对要访问的服务器资源,从而避免了大量数据的网络传输,降低了系统对网络带宽的依赖;移动 Agent 不需要统一的调度,由用户创建的 Agent 可以异步地在不同节点上运行,待任务完成后再将结果传送给用户;为了完成某项任务,用户可以创建多个 Agent,同时在一个或若干个节点上运行,形成并行求解的能力。

多移动 Agent 系统(Multi-Mobile Agent System,MMAS)面临着许多问题,最为关键的一环就是系统中 Agent 之间的协同。多 Agent 协同是资源的有界性和时间等约束所需要的,它能使多个 Agent 协调一致地有效解决问题。Agent 之间的协同也是多 Agent 系统与其他相关研究领域(如分布式计算、面向对象技术、专家系统)区别开来的关键概念之一。以自主的智能 Agent 为中心,使多 Agent 的知识、愿望、意图、规划、行动相互协调以致达到协作,是多 Agent 系统的主要目标。

移动 Agent 技术与协同技术的结合是解决移动协同的有效方式,它结合了两者的优点,发挥了两者的长处。

移动协同服务支撑平台是指利用移动协同技术构建的支撑第三方服务的移动协同应用框架。SMCSP 需要解决以下问题:

- 移动协同用户(成员)、任务和动作的知识框架表示。
- 移动资源的发现机制。
- 计算资源的调度和计算迁移机制。
- 移动网络不稳定的处理机制(协作非正常中断的处理机制)。
- 移动状态下监控远程无线或有线系统协作用户状态。
- 多个组(用户)实时协作机制。
- 大流量下移动网络的拥塞与协议优化处理。
- 移动安全机制。
- 移动协同业务共性问题(如图形标绘感知)。
- 移动协同服务支撑平台的开放性、系统平台无关性和应用无关性。
- 移动协同服务支撑平台是动态可配置的。

2A.2 功能需求

2A.2.1 平台逻辑功能设计

平台在逻辑层面上的功能模块划分见图 2A-1。

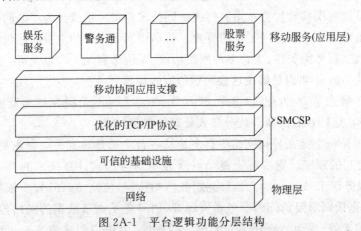

图 2A-1 平台逻辑功能分层结构

整个系统包含 3 个部分,核心部分是移动协同服务支撑平台。

移动协同服务支撑平台的主要组成部分如下:

- AMS(Agent 管理器):负责管理监控整个系统中所有 Agent 的运行状态,具体完成 Agent 运行态的注册、注销、监控、查询、运行状态转换(主要是 Agent 的时间、空间转换)。
- DF(目录服务器):负责管理整个系统中所有 Agent 的功能,具体完成 Agent 功能的注册、注销、查询以及和其他 Agent 系统进行通信。
- 知识管理 Agent:负责整个系统所涉及的源知识以及领域知识的管理和应用,具体完成知识维护、知识描述、知识转换、知识交换以及一定的知识更新,以支持系统的自适应组态功能。
- 平台监测 Agent:负责系统中所有 Agent 运行状态维护,用以支持系统的时空转换演算以及代码移动。
- 推理支持 Agent(Infer Agent):在协同工作小组工作过程中给予相应的规则推理支持,扩充推理规则。
- 图形信息管理 Agent(Graph Agent):负责相关服务所需图片信息的存取。
- 用户消息处理 Agent(User Message Agent):负责接收用户发来的服务请求信息并进行分析,然后调用系统功能 Agent 一起给予解决并返回服务结果。
- 用户信息管理 Agent(User Info Agent):处理移动设备终端用户的注册请求、认证请求,对用户的基本信息进行管理,并维护用户服务列表及在线用户列表。
- 服务消息处理 Agent(Service Message Agent):负责等待用户消息 Agent 和服务 Agent 发来的请求消息,然后调用服务 Agent 给予响应并返回服务结果。
- 服务信息管理 Agent(Service Info Agent):处理移动服务商注册及注销、修改服务信息等请求,对服务的基本信息进行管理,并维护平台注册服务列表及平台在线服务列表。

平台客户端主要组成部分如下:

- 平台客户端程序(User Agent):嵌入到移动节点上,完成显示和接收客户响应的功能。
- 与平台通信服务器:负责完成整个应用系统中各个 Agent 之间的通信工作和 AMS、DF 的功能。
- 个性化服务定制模块:具体负责维护平台客户的服务选择列表。
- 身份认证模块:完善应用系统的完整性,提供移动节点的身份认证功能。
- 加密模块:完善应用系统的完整性,提供移动节点和后台服务程序之间的保密信息传递。

2A.2.2　平台应用功能设计

平台的应用功能设计如图 2A-2 所示。

移动协同服务支撑平台在相关支撑库与子系统的支持下,主要有三大类应用功能。

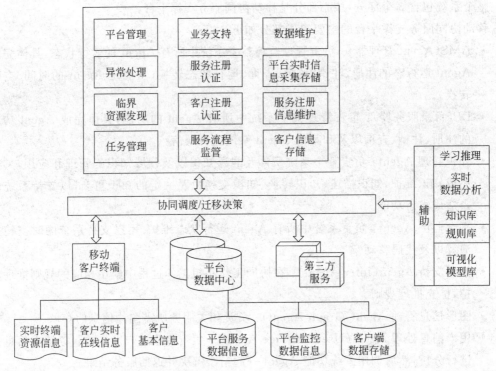

图 2A-2　平台应用层面的功能设计

1. 平台管理部分

平台处理部分包括以下功能：

(1) 异常处理。平台在运行过程中,异常事件和不可预知错误的发生会影响整个平台的功能。在平台出现异常错误或者局部功能瘫痪的情况下,异常处理 Agent 使整个系统能够继续为用户和服务商服务,能提供异常错误详细报告,在可能的情况下还可以恢复部分功能,保证系统的健壮性。

(2) 临界资源发现。为了很好地支撑各种移动服务,包括移动协同服务,平台需要很好地发现并支撑第三方服务。当移动用户共同关心一些服务并需要享用服务时,平台可以发现这些服务,优化服务质量与速度。

(3) 任务处理。负责平台复杂任务的分析与调度。在知识管理 Agent、推理支持 Agent 的支持下,在移动协同各种辅助支撑库(包括知识库、规则库、可视化模型库)的支持下,平台对复杂的协同任务等的处理变得比较合理,这离不开协同调度与迁移策略的支持。当然,在协同调度与迁移策略的支持下,各相关功能 Agent 在各司其职的同时能够很好地协作,达到信息共享与信息协作,很好地为用户和服务商服务。

2. 业务支持部分

业务支持部分包括以下功能：

(1) 服务注册认证。平台提供对服务的管理。服务商提供的服务只要满足平台的一些规范和接口标准,就能成为整个 Agent 系统的一部分。服务需要在平台注册后,才能加入整个 Agent 系统,在加入成功后,便可以为移动终端用户提供服务。在需要的情况下,如需要升级的情况下,平台也要处理服务 Agent 的注销请求及善后处理。由于系统的开放性,系统还能很好地支持服务 Agent 在出现异常并重新启动后的善后恢复处理。

(2) 客户注册认证。移动终端用户客户端在注册成功并且登录后,就可以享受在平台注册过的、平台支撑的、服务商开发的所有服务(用户有选择服务的权利)。移动终端用户客户端在需要的时候也可以提出注销申请,平台应给予处理。

(3) 服务流程监管。不同的服务商,其服务 Agent 的规模与其他特征差别较大。为了很好地支持所有服务商提供的服务,平台提供屏蔽服务 Agent 具体差异的功能,对服务流程进行监管,包括各种服务信息库、资源库的建立等。

3. 数据维护部分

数据维护部分包括以下功能:

(1) 平台实时信息采集存储。平台在运行过程中,平台运行监控信息流、各类协同任务调度与分析信息流、协同工作信息流、各类服务 Agent 服务信息流、各类移动终端设备用户请求信息流、各种服务 Agent 状态信息流、经验知识数据流、异常情况及处理信息流等主要信息流为平台的策略优化与管理提供必要参考,需要对其中的信息进行采集、加工处理、存储,生成平台运行日志文件。

(2) 服务注册信息维护。平台能够很好地支撑多样化的服务,服务商提供的服务各种各样,除了服务平台的一些规范和接口标准,还有一些特色服务。由于这些特色服务的存在,使得服务信息的维护更为繁杂。对于需要协同工作的服务 Agent 来说,要使服务质量得到充分保障,就必须解决复杂服务信息的维护问题。

(3) 客户信息存储。客户信息的来源主要有两个:①客户基本信息,包括客户卡号、账号、年龄等,还有服务选择列表;②客户实时信息,包括用户在线信息、客户网络连接状态、客户地理位置信息以及需要协同工作的小组用户协同信息等。

总之,平台是为移动设备服务开发商与移动设备用户服务的,它的功能设计就是围绕着它的服务对象来生成的。这些功能的良好执行离不开相关信息资源库及各类辅助支撑库的支持。

2A.3　系统设计

根据 SMCSP 的功能要求和移动 Agent 的技术特点,确立了 MMAS 分布式组织结构,如图 2A-3 所示。

系统中存在很多个中介服务机构,这些中介服务机构相互协作,成员 Agent 需要协同服务时,可以通过中介服务机构协调或者通过高层中介服务结构与其他中介服务机构进行协调处理,继而完成业务协同。

系统采用基于分层模式与知识库模式、面向对象模式相结合的多组态计算架构。对于不同的应用场合,采用不同的分层次序。每一层解决移动协同支撑平台中的特定问题,使问题局部化。同时利用分层式体系结构良好的复用性、可扩展性实现整个系统的集成。系统总体上分为 5 层,参见图 2A-1。

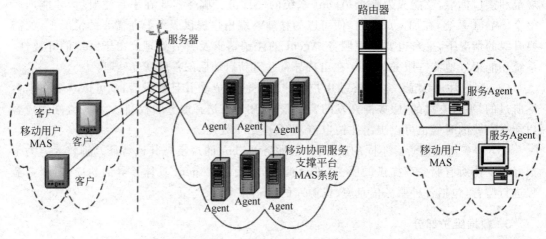

图 2A-3　MMAS 分布式组织结构

应用层在移动协同服务支撑平台的支撑下通过移动通信网络完成业务协同。移动协同应用支撑层是平台的核心,完成资源的发现、调度、协同和迁移工作;优化的 TCP/IP 协议为缓解大流量下的网络拥塞提供一种有效的改进机制;可信的基础设施为平台提供有效的安全支撑;系统应用层通过警务通、娱乐服务、股票服务等应用来体现移动协同服务支撑平台的功能和作用。

2A.4　系统实现

2A.4.1　模式选择

前面介绍了 SMCSP 的背景知识、不同角度的设计以及关键技术等。现在来关注具体的系统实现。SMCSP 作为一个服务平台,同时面向移动客户以及移动服务供应商。简单地说,移动服务供应商可以到平台注册他们的服务,然后移动客户可以使用平台查询和访问已注册的服务。事实上,这样的移动业务可以简单地实现,而省略中介平台。也就意味着移动服务供应商可以直接向移动客户提供服务,而移动客户可以直接访问移动服务供应商来获取需要的服务。使用客户/服务器模式已经足够实现该商务应用。那么为什么使用客户/平台/供应商模式来取代客户/服务器模式? 在以后的讨论中将说明相关原因。

1. 客户/服务器模式

客户/服务器(C/S)模式在信息产业中占据着重要的地位。网络计算已经从基于主机的计算模式发展到客户/服务器的计算模式。

在 20 世纪 80 年代之后,集中化结构逐渐被个人计算机的微型机网络所取代。个人计算机与工作站的使用改变了联合计算模型。正是基于此,分布式个人计算模型也浮出水面。一方面,由于大型机的固有缺陷,例如缺乏灵活性,使得它很难适应信息的飞速增长并且为企业提供完整的解决方案。另一方面,微处理器正快速发展,它强大的处理能力和相对低廉的价格都有效促进了网络的发展。用户可以根据自己的需要选择工作站、操作系统与应用程序。

客户/服务器软件结构的出现是为了实现不平等资源情形下的资源共享。C/S 结构定义了工作站与服务器之间的连接来实现数据与应用程序到多主机的分布。C/S 结构是软件体系结构中的经典模型,也是教学中的常见范例。从第 3 章也可以看到,C/S 模型是大多数体系结构描述语言用于阐述语法、语义的基础模型。图 2A-4 粗略地显示了 C/S 模型。其中的连接代表客户提交请求以及随后由服务器做出响应并且返回相应的结果。

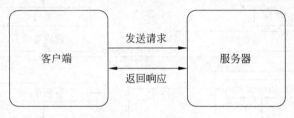

图 2A-4　C/S 模型

实际中的 C/S 结构是更为复杂的,如图 2A-5 所示。通常,C/S 结构的 3 个主要部分是数据库服务器、客户端应用程序和网络。

服务器管理系统的资源,其主要任务如下:
- 保证数据库的安全性。
- 控制数据库的并发访问。
- 确保数据的一致性。
- 完成数据备份与修复。

客户端应用程序的主要任务如下:
- 为用户提供图形界面。
- 将用户的请求提交至数据库服务器,接收数据库服务的消息和响应。
- 在胖客户端模型中执行数据逻辑处理。

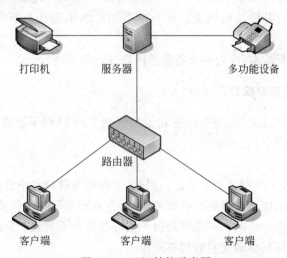

图 2A-5　C/S 结构示意图

在胖客户端/瘦服务器模型中,数据传输时通过网络交互机制来减轻服务器的负担。在这里,客户端执行数据的逻辑处理与分析,该模型的数据流如图 2A-6 所示。

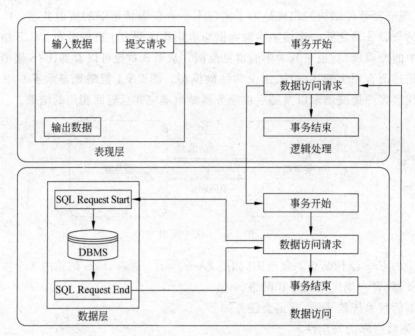

图 2A-6　C/S 结构的数据流

C/S 结构的优势是显而易见的。其中最重要的一点是功能构件的明确隔离带来的适应性与灵活性。C/S 结构拥有强大的数据操作与事务处理的能力,并且 C/S 模型概念十分简单而直观,便于工程师理解和利用。然而,C/S 结构也有如下缺点:

(1) 开发费用较高。C/S 结构对客户端硬件与软件配置都提出了更高的要求。持续的软件与硬件升级必然导致系统开销提升高。

(2) 客户端的程序升级比较复杂。客户端程序设计占软件开发的很大的比例。

(3) 软件的维护与升级比较困难。客户端必须升级来确保与服务器同步且能够正常通信。

(4) 不便于使用新技术,因为不能随意更换软件开发环境。

2. 客户/平台/供应商模式

除了上面提到的缺点之外,还有一些其他原因使 C/S 结构不适合本移动应用,而应该采用客户/平台/供应商(C/P/S)模式。

1) 移动交互缺陷

与普通网络相比,无线网络更不稳定。因此,供应商与移动客户直接交互的效率低并且无法使人满意。客户不能享受到更好的服务质量,会对移动服务供应商不满,而这仅仅是由于无线网络本身的缺点造成的。这是移动服务供应商绝对不愿意看到的局面。采用移动平台作为媒介能有效地缓解移动交互的现存问题。

2) 服务管理与服务综合

在移动服务市场中有众多的移动服务供应商。每个供应商都制定了自己的服务标准与服务接口。如果移动客户直接访问不同移动供应商的服务,那么客户端就需要下载所有服务标准与接口。

如图 2A-7 所示,该客户已经使用了供应商 A 和 B 提供的服务,之后他又需要使用供应商 C 的服务,则客户端又需要下载 C 指定的接口。否则 C 提供的服务就不能在客户端上正常运行。那么如果又来了供应商 E 或者 F 呢?

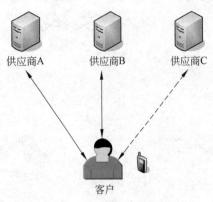

即使供应商的数量是有限的,但是大量的服务同样造成了混乱。于是上述机制会造成高付出、低效率。在设计概念中,移动平台向移动客户与供应商提供统一的标准与接口。基于该统一标准,供应商向平台注册他们提供的服务,然后移动客户就可以访问平台完成服务浏览、服务订购、服务访问等。采用这样的方法可以有效地提高服务的综合效率,并且方便广大的移动业务使用者。

图 2A-7 供应商与客户

3) 移动协同

除了上述两个原因之外,还有一个采用客户/平台/供应商结构的关键理由。平台实现了移动协同。移动协同采用 C/S 结构无法实现。

粗略的客户/平台/供应商模型结构如图 2A-8 所示。

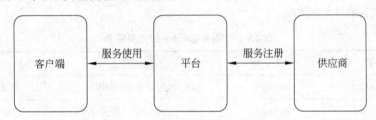

图 2A-8 客户/平台/供应商模型

(1) 客户端。提供与表现层相同的功能以及用户与应用程序之间的对话功能。除了提供图形用户界面之外,它还负责完成客户端与服务平台之间的交互。客户端负责提交客户请求并且接收从服务平台返回的消息,根据用户需求订购平台提供的服务等。

(2) 平台。负责服务整合与服务管理,提供统一的接口与服务标准。平台负责管理服务注册,已注册服务的信息查询、服务订购、服务访问等。平台同时还维护服务供应商与其服务的对应关系、客户与其订购的服务的对应关系等。

(3) 供应商。开发各种移动服务并依照平台标准将服务发布至服务平台。简单地说,平台与移动客户之间的联系代表了服务的使用,而平台与服务供应商之间的联系代表了服务注册。当然,实际的移动客户与供应商的部署关系要复杂得多。图 2A-9 显示了一个简单的网络部署情况。

在介绍了该应用系统的不同角色之后,接下来关注其交互机制与移动协同的实现,这些是构建移动平台的重要实现机制。

2A.4.2 交互机制

SMCSP 系统为交互专门声明了自己的消息类。详细的 MessageClass 与 MessageQueue 等的设计在下面给出。

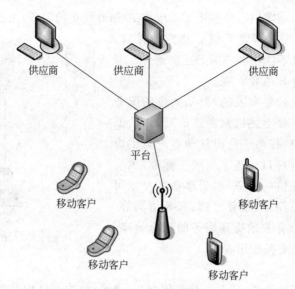

图 2A-9　客户/平台/供应商架构

MessageClass 类中定义了程序中发送和接收的消息的格式。

成员变量如表 2A-1 所示。

表 2A-1　MessageClass 的成员变量

序号	变 量	类 型	含 义	备 注
1	strRecv	String	接收到的原始的字串	void
2	service	String	(解析后得到的)服务名称	void
3	sender	String	(解析后得到的)发送者	void
4	receiver	String	(解析后得到的)接收者	void
5	content	String	(解析后得到的)消息内容	void
6	seperator	char	字串的分隔符	static public

成员函数如表 2A-2 所示。

表 2A-2　MessageClass 的成员函数

序号	方 法	参数类型	返回类型	含 义	备 注
1	MessageClass	void	void	构造函数,并直接解析	public
2	getSender	void	String	获取发送者	public
3	getReceiver	void	String	获取接收者	public
4	getAction	void	String	获取服务名称	public
5	getContent	void	String	获取内容	public

MessageQueue 类相当于程序中消息队列的管程。

成员变量如表 2A-3 所示。

表 2A-3   MessageQueue 的成员变量

序号	变量	类型	含　义	备　注
1	vector	Vector	存取消息的向量	private

成员函数如表 2A-4 所示。

表 2A-4   MessageQueue 的成员函数

序号	方　法	参数类型	返回类型	含　义	备　注
1	clearAll	void	void	清空	public
2	get	void	MessageClass	从队列里取出一个消息	public
3	put	MessageClass	void	向队列里加入一个消息	public
4	MessageQueue	void	void	构造一个向量	public

平台与客户端分别定义了自己的消息监听类来实现交互，利用了套接字与多线程机制。以平台为例，细节设计如下。

ClientListening 是监听客户端消息的类。

成员变量如表 2A-5 所示。

表 2A-5   ClientListening 的成员变量

序号	变量	类　型	含　义	备　注
1	ss	ServerSocket	存取消息的向量	private
2	mf	MainFrame	主框架	private

成员函数如表 2A-6 所示。

表 2A-6   ClientListening 的成员函数

序号	方　法	参　数　类　型	返回类型	含　义	备注
1	ClientListening	ServerSocket ss，MainFrame mf	void	构造函数	public
2	run	void	void	实现一个 Runnable 接口，开始监听	public

Client 类是处理来自手机端的消息。

成员变量如表 2A-7 所示。

表 2A-7   Client 的成员变量

序号	变量	类型	含　义	备注
1	s	Socket	存取消息的向量	private
2	mf	MainFrame	框架窗口	default
3	mq	MessageQueue []	消息队列	default
4	br	BufferedReader	读取输入流	default
5	dos	DataOutputStream	输出流	default

成员函数如表 2A-8 所示。

表 2A-8 Client 的成员函数

序号	方 法	参 数 类 型	返回类型	含 义	备注
1	Client	ServerSocket ss,MainFrame mf	void	构造函数	public
2	run	void	void	实现一个 Runnable 接口,分发消息	public
3	registe	String name,String password	void	注册用户	public
4	loginCheck	String name,String password	void	用户登录时的检查,并发送服务列表	public
5	chooseService	String username,String service	void	选择服务	public

当一个新的客户端连接到服务平台时,run 方法会调用 Mainframe 的方法来记录访问信息,并且创立一个新的线程。新的线程会生成一个新的 Client 实例来进行信息的逻辑处理。run 方法如下:

```java
public void run() {
    while(true) {
        Socket s=null;
        try {
            s=ss.accept();
        }
        catch(IOException ex) {
        }
        String ip=s.getInetAddress().toString();
        mf.GetClientPanel().AddLine("Mobile client"+ip+"is connecting to the
        server");
        mf.GetClient2Panel().AddLine("Mobile client"+ip+"is connecting to the
        server");
        new Thread(new Client(s, mf)).start();
    }
}
```

2A.4.3 移动协同的实现

为了解决更加复杂的现实问题,就要对问题进行抽象,将其分成多个模块进行处理。如果一个问题域特别复杂庞大,不可预测,解决这样的问题的唯一合理方式就是开发出一些功能专一的模块,每个模块专门解决问题的一个特定方面。对于移动协同服务支撑平台来说,采用多 Agent 技术来描述和分析系统无疑是最好的选择。

对移动协同服务支撑平台进行分解,使每个 Agent 使用最适当的模式来解决特定问题。出现相互依赖的问题时,系统中的一个 Agent 必须与系统中的其他 Agent 协同,以确保可以解决相互依赖的问题。如何进行高效、动态的信息共享或信息协作是协同要解决的核心问题。为了实现多 Agent 之间高效的动态信息共享及信息协作,采用移动 Agent 技术,这样便可以进行高效的信息交互。

在协同过程中，Agent 为完成协同目标，其产生的协同动作必须满足以下标准：

（1）Agent 之间应该相互响应。

（2）所有 Agent 应对共同行动做出合理的、自身能够完成的承诺。

（3）每个 Agent 应对相互之间共同的行动加以支持，付诸行动。

（4）协同中的每个 Agent 应该能够满足特定的环境约束。

平台的移动协同分别体现在 3 个协同层次上：

（1）支撑级协同：指支撑组织级协同的 Agent 体系结构。在本平台中，多 Agent 之间的协同可以是多种级别的上下层通信和管理，也可以是跨作用区域在不同设备上、不同服务内容间的通信交互。建立一个本体结构，对 Agent 的自身及其属性进行归一化描述，也规定 Agent 的通信交互和非通信动作的约束属性及动作的内容、目标。

（2）成员级协同：指多用户之间的协同。基于移动用户的应用实际（移动用户间自主地相互协同）建构一个本体结构来描述各类移动用户，包含用户的位置、移动特性、个人资料、活动和服务记录等各种信息，来支持各种不同的应用服务。同时，它也能对用户相互间的交互动作、内容、方式等方面加以描述，使得不同位置、不同终端的用户之间能共享知识，完成各种复合交互行为。这是移动本体的最佳设计方式，它基于移动用户的应用实际，即移动用户间自主地相互协同安排服务分解、服务调度、交互实现。

（3）组织级协同：指对协同任务进行划分、分发、子任务间协调、协同规则管理等。

软件 Agent 的体系结构描述 Agent 的功能模块和这些功能模块一起动作的方式。根据软件 Agent 的特性，软件 Agent 的体系结构包含以下几个基本模块：

（1）用户界面，用来接收用户信息输入或输出信息给用户。

（2）通信接口，用来与其他软件 Agent 或应用通信。

（3）感知模块，对输入信息进行过滤与分类。

（4）推理模块，根据 Agent 自身知识对信息进行推理。

（5）决策模块，对推理结果进行评价和决策。

（6）计划模块，根据决策制订行动计划。

（7）执行模块，按照计划执行动作。

（8）知识库，对推理、决策、计划等提供支持。

OMG 的 MASIF 规范对 Agent 管理、Agent 迁移、Agent 名称、Agent 系统名称、Agent 系统类型以及位置语法进行了标准化，为解决不同厂商间 Agent 系统互操作性提出了一些基本建议。

互操作性是不同 Agent 系统协调工作的基本特性，可以理解为：当一个 Agent 应用在网上某节点运行时，它可以动用网上其他节点的数据、处理能力和类似资源，它将自己的部分任务委托其他节点上的 Agent 帮忙完成（即使各节点上的 Agent 是异种的）。

对系统主要 Agent 功能模块分析如下：

（1）界面 Agent(Interface Agent)或个人助手。它的主要任务是协助用户完成乏味而重复性的工作。Agent 观察并监督用户怎样执行特定的任务，当这些 Agent 能确定用户在特定的情况下如何反应时，它就开始替代或帮助用户完成任务。这些 Agent 已针对某一用户进行了个性化处理，适应特定用户的行为。这些问题与人机接口（HCI）、用户建模或模式匹配密切相关。

（2）任务 Agent(Task Agent)。它是帮助人类进行复杂决策和其他知识处理的软件 Agent。这些 Agent 是以人工智能领域的计算机学习、计划、资源受限的推理、知识表达为基础在一个实用框架中的应用。它对一组个体或业务机构怎样组织自身求解问题的方式进行建模。每个 Agent 具备足够的智能来调度其工作，并在共同利益下委托其他 Agent 或与其他 Agent 谈判来执行任务。

（3）信息 Agent(Information/Internet Agent)。它支持用户在分布式或 Internet 网络中智能搜索信息或智能管理网络资源。

下面对移动协同服务支撑平台进行功能描述。

移动协同服务支撑平台是设计的核心，它的功能就是把移动服务供应商提供的符合移动计算可视化平台要求的标准服务发布到互联网上，使得移动设备用户很方便地选择并享受自己喜欢的服务。服务供应商只需要按照平台的要求提供功能独立的、结构符合标准的服务计算子系统即可，不用关心服务是怎样与用户进行交互的，其实就是在移动设备与移动服务供应商之间加了一层中间机构。这样做的目的是集成众多供应商的交互系统，做到标准化管理。

从功能上可以将移动协同服务支撑平台分为两大部分，如图 2A-10 所示。

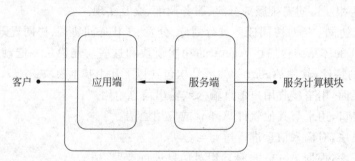

图 2A-10   平台内部模块

应用端的主要功能是对用户进行管理，与用户进行交互。

应用端按照功能分为 5 个部分，下面对这 5 个部分进行分析。

（1）用户管理模块。

- 在移动设备用户享受服务前，必须申请注册为合法用户。用户申请注册时，由移动设备终端向应用端提交相关内容（如客户基本信息）。用户管理模块处理请求，返回用户注册结果，如用户随机密码。
- 用户请求注销时，删除有关用户的个人信息，更新用户数据库，返回用户注销结果。
- 用户请求登录时，对用户身份进行检查，并将登录结果返回。
- 用户请求更新个人服务列表时（如删除已选服务或增加新服务时），首先要求移动设备终端有用户个人服务列表。如果用户要删除服务，直接选中删除即可，同时移动设备终端的个人服务列表也将得到更新，应用端也要更新用户个人服务列表。如果用户要增加新服务，这时需要发送系统注册服务列表给用户，用户选中服务后，随即更新个人服务列表，应用端也要相应地更新本地用户个人服务列表。

值得注意的是，用户的上述请求消息全部通过应用端通信模块 A 得到，同时上述请求处理结果的返回也是通过应用端通信模块 A 完成的。

应用端与服务端的注册服务列表保持一致,在线服务列表的维护是由核心控制模块完成的。如果注册列表进行了改动,在线服务列表也一定要改变,因为在线服务列表的服务项目数目小于注册服务列表。

(2) 应用端通信模块 A,即应用端与前台移动设备终端之间的通信管理。

- 接收来自前台移动设备终端的服务请求,首先根据请求类型,将属于用户管理的请求消息直接发给用户管理模块。其余的请求全是服务请求,根据应用端的在线服务列表,对于暂时无法服务的请求返回请求失败信息,对其余的请求进行归类排队,最后根据计算规则对服务请求消息进行处理,最后根据传送调度规则将其传送给应用端通信模块 B。
- 接收来自应用端通信模块 B 的服务计算结果,并将结果返回给前台移动设备终端。应用端通信模块 B 的服务计算可能成功也可能失败,成功时返回计算结果,失败时返回请求失败信息。

(3) 应用端通信模块 B,即应用端与服务端之间的通信管理。

- 接收来自应用端通信模块 A 的用户服务请求,把服务请求传送给服务端。
- 接收来自服务端的服务请求结果。成功时返回计算结果,失败时返回请求失败信息。对于上述两种服务请求结果都不作处理,直接通过应用端通信模块 A 返回给移动终端设备。

(4) 应用端核心控制模块。

- 核心控制模块负责协调其余几个模块的协同工作。应用端的几个模块启动后,会向核心控制模块发出正常信号。当所有模块正常时,核心控制模块就处于监控状态;当某个模块出现异常时,核心控制模块负责处理善后工作。
- 接收来自服务端核心控制模块的服务列表更新消息。

(5) 数据库管理模块。

- 根据上述各模块的要求对数据库进行及时更新,负责管理数据库的访问。
- 管理规则库(指根据计算任务数量及服务请求的类型对计算类型进行推理的规则库)。

服务端主要对服务进行管理并与服务计算模块交互。

服务端按照功能分为 5 个部分,下面就对这 5 个部分进行分析。

(1) 服务管理模块。

- 当服务供应商申请注册新的服务时,由服务计算模块主动提出申请,然后向服务端提交相关内容,如服务内容、服务采用的通信元语(即消息格式)。
- 服务管理模块从服务端通信模块 B 得到服务计算模块发来的注册服务、注销服务、暂停服务等请求。服务管理模块处理请求分 3 种情况:处理申请注册服务时,返回服务注册结果,如服务编号及通信端口的分配;处理撤销服务请求时,收回分配给该服务的通信资源,同时返回处理结果,并通知核心控制模块进行善后处理;处理暂停服务请求时,只通知核心控制模块,让它去做善后处理。
- 实时监测服务计算模块的状态(正常和异常)。当系统开始运行时及运行过程中,要根据服务计算模块的实时状态更新在线服务列表,以方便用户选择。如果某个服务计算模块出现故障,通知核心控制模块进行善后处理。

（2）服务端通信模块 A，即服务端与应用端之间的通信管理。

- 接收来自应用端的服务请求，根据通信端的在线服务列表，对于暂时无法服务的请求返回请求失败信息，其余的将根据计算规则对服务请求进行处理，然后传送给服务端通信模块 B。
- 接收来自服务端通信模块 B 的服务计算结果，并将结果返回给应用端。成功时返回计算结果，失败时返回请求失败信息。

（3）服务端通信模块 B，即服务端与服务计算模块之间的通信管理。

- 接收来自服务端通信模块 A 的服务请求，根据通信端的在线服务列表，对于暂时无法服务的请求返回请求失败信息，将其余的服务请求传送给服务计算模块。
- 接收经过服务计算模块处理后的计算结果。成功时返回计算结果，失败时返回请求失败信息。
- 把服务计算模块的服务注册、服务撤销、服务暂停消息转发给服务管理模块。

（4）服务端的核心控制模块。

- 核心控制模块负责协调其余几个模块的协同工作。服务端的几个模块启动后，会向核心控制模块发出正常信号。当所有模块正常时，核心控制模块就处于监控状态；当某个模块出现异常时，核心控制模块负责处理善后工作。
- 接收来自服务管理模块的服务列表更新消息。
- 更新注册服务列表及在线服务列表。将新注册的服务加入注册服务列表，同时将请求撤销的服务从注册服务列表中删除。
- 向应用端核心控制模块发出服务列表更新消息。

（5）数据库管理模块。

- 根据上述各模块的要求对数据库进行及时更新，负责管理数据库的访问。
- 管理规则库（指根据计算任务数量及服务请求的类型对计算类型进行推理的规则库）。

下面给出平台的总体框架。

移动协同服务支撑平台为了支持不同厂家生产的移动设备及不同移动服务供应商提供的多种服务和不同的协同业务，需要制定统一的互操作性标准，这里采用 MASIF 标准。在这样的基础上构建一个系统，并且保证系统的灵活性。移动协同服务支撑平台采用 Java 技术，利用 Java 的平台无关性、操作系统无关性的优势，在移动设备终端的 J2ME 和后台系统端的 J2EE 的基础上建立移动协同的安全可信服务支撑平台。该平台与关于 MAS 的 FIPA 国际规范兼容。平台的协同机制设计如图 2A-11 所示。

移动协同服务支撑平台的协同机制需要以下核心组成部分：

（1）计算机支持协同工作环境。利用计算机技术、网络与通信技术、多媒体技术以及人机接口技术将时间上分离、空间上分散而工作上又相互信赖的多个协作成员及其活动有机地组织起来，以共同完成某一项任务。

（2）协同业务支持 Agent。负责协调移动设备终端用户组成的协同小组和协同业务 Agent 之间的合作，实现移动用户间自主地相互协同安排服务分解、服务调度、交互实现。

（3）智能主体管理系统（Agent Management System，AMS）。AMS 由协同管理 Agent 和知识管理 Agent 组成，是警示系统的强制实现部分，行使对警示系统的管理，控制其访问

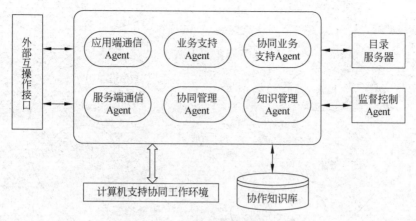

图 2A-11　平台的协同机制设计

和使用。在一个 Agent 平台中仅有一个 AMS 存在。AMS 维护了一个 AID(智能主体的标识符)的目录,它包含 Agent 在警示系统上注册的传送地址。AMS 还为其他 Agent 提供了白页服务。每个 Agent 必须向 AMS 注册以便得到一个有效的 AID。

(4) 目录服务器(Directory Facilitator,DF)。DF 也是警示系统的强制实现部分。DF 为其他智能主体提供了黄页服务。智能主体可以向 DF 注册它们的服务,或请求 DF 查找其他 Agent 提供的服务内容。

(5) 智能主体通信信道(Agent Communication Channel,ACC)。它由应用端通信 Agent 和服务端通信 Agent 组成,负责管理 Agent 之间的通信,提供通信所用的各种传输服务,实现各种传输协议。

(6) 外部互操作接口。当某个 Agent 应用在网上某节点运行时,外部互操作接口可以保证它方便地动用网上其他节点的数据、处理能力和类似资源以及将自己的部分任务委托其他节点上的 Agent 帮忙完成(即使各节点上的 Agent 是异种的)。

在本系统中,通信协议是多协议共存的,不同的 Agent 间可根据需要协商选择最合适的通信协议。

多 Agent 系统支撑平台为整个应用系统提供了一个与操作系统无关的、可以跨越一个个计算机/服务器、建立在网络互连基础上的系统平台。因此,对系统中的每一个 Agent 的运行物理位置是没有限制的,一旦平台中某一台机器发生故障,可以立即将运行中的 Agent 迁移到其他的机器上继续运行,以保证服务的持续性和连贯性。而要新建用户或其他 Agent 时,可以在任意选定的机器上建立。系统还可以根据运行状态,动态调整系统中各机器的负载,使系统维持在均衡、高效、安全的运行状态。

2A.4.4　基于知识库的设计

下面探讨警务通(一项服务)服务的基于知识库的设计。知识库设计与专家系统十分接近。专家系统与多 Agent 系统都是人工智能中的热点话题。

21 世纪以来,关于人工智能提出了一系列的定义。最早流行的人工智能定义就是"让计算机像人一样思考"(Giarratano,2005)。图 2A-12 显示了人工智能的相关研究领域。专家系统是解决人工智能经典问题(如智能编程)的成功解决方案。

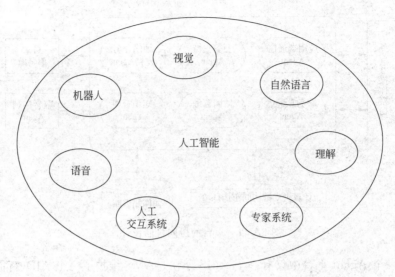

图 2A-12　人工智能的研究领域(Giarratano,2005)

专家系统联合了诸如类人的认知数据库与通过数据挖掘来生成知识的自主决策系统,形成了一个智能数据库(Bramer,1999)。Edward Feigenbaum 将专家系统定义为"一个智能的计算机程序,使用知识与推理程序来解决那些足够困难而需要人类专家才能解决的问题"。

使用专家系统会带来许多优点,例如增强了可用性、减少了开销、降低了威胁、更好的性能、更加可靠、更快的响应速度等。

警务通服务程序的设计就是一个知识库系统的简单实现。通过这个设计的介绍可以使读者更好地理解专家系统的设计概念。实际上,专家系统、知识库系统与基于知识库的专家系统这几个术语通常都是同义的。大多数人使用专家系统是因为它更简练一些,尽管它可能仅包含一些普遍的知识而不是专门领域的知识。

知识库系统由如下构件构成(Giarratano,2005):

- 用户接口:用户与知识库系统的交互机制。
- 解释工具:向用户解释系统的推理。
- 工作内存:存放事实的全局数据库,被规则所使用。
- 推理引擎:决定哪些规则满足哪些事实或客观实体来进行推理,对满足的规则进行优先级排序,执行优先级最高的规则。
- 代理:由推理引擎创建的按优先级排序的列表,其格式满足工作内存中的事实或客观实体。
- 知识获取工具:提供给用户的知识输入工具,而不是使用知识引擎来对知识进行编码。

知识库系统的结构如图 2A-13 所示。

警务通服务包括城市地图收集、案件信息收集与警力协同控制,而警务通的服务器则主要负责警力的部署。服务器会维护空闲警力的列表与被占用的警力(用树形结构存储)。当服务器接收到报警时,它根据相关规则与当前警力分配情况(空闲警力列表与被占用警力树)来处理警力调度。在处理完报警之后,服务器会将警力从被占用警力树移至空闲警力列

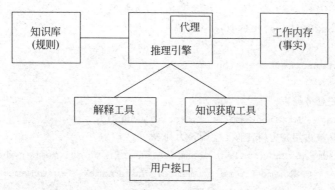

图 2A-13　知识库系统的结构(Giarratano,2005)

表。在这个简单实现中,知识库的知识就是警力调度规则,而事实就是当前的警力分配情况,如图 2A-14 所示。

图 2A-14　警务通服务器的推理机制

以下代码显示了在报警处理完毕之后的流程:

```
private void handleFinish(String[] message, Socket socket) {
    //将事件信息记录至性能分析数据库
    DBA writetoperfdb=new DBA("update performancehistory set typepercentage=
        typepercentage+1","update");
    Thread twritetoperfdb=new Thread(writetoperfdb);
    twritetoperfdb.start();
    try {
        twritetoperfdb.join();
    }
    catch(InterruptedException ex2) {
    }
    //协同完成信息记录数据库
    //通知客户离开协同群组
    String userName=message[1];
    DBA missionComplete=new DBA("update coproject set finished=1 where
        teamname=(select teamname from proj_member where name='"+userName+"'
        and leader='1')", "update");
    Thread tmissionComplete=new Thread(missionComplete);
    tmissionComplete.start();
```

```
try {
  tmissionComplete.join();
}
catch(InterruptedException ex) {
}
//通知用户任务结束
sendMessage("MissionComplete", socket, 5000);
//将警员从被占用警力树转移至空闲警力列表
DBA teamMem=new DBA("select teamname,name from proj_member where teamname=
    (select teamname from proj_member where name='"+userName+"'
    and leader='1')", "select");
Thread tteamMem=new Thread(teamMem);
tteamMem.start();
try {
  tteamMem.join();
  ResultSet teamMemrs= (ResultSet) teamMem.returnrecords();
  String tn=new String();
  Vector membname=new Vector();
  int memb=0;
  while(teamMemrs.next()) {
    tn=teamMemrs.getString("teamname");
    arena.freePoliceName.addElement(teamMemrs.getString("name"));
    memb++;
  }
  //将转移的警力节点从树上移除
  for(int i=0; i<arena.rootnode.getChildCount(); i++) {
    if(arena.rootnode.getChildAt(i).toString().equals(tn)) {
      ((myTreeNode)arena.rootnode.getChildAt(i)).removeAllChildren();
      if(((myTreeNode)arena.rootnode.getChildAt(i)).getChildCount()==0)
      {
        ((myTreeNode) arena.rootnode).remove(i);
      }
    }
  }
  DefaultTreeModemodel= (DefaultTreeModel)arena.coEventTree.getModel();
  model.reload();
  arena.coEventTree.repaint();
  //将警员节点添加到列表中
  arena.freePoliceCounter=arena.freePoliceCounter+memb;
  arena.freePolice=new JCheckBox[arena.freePoliceCounter];
  String[] fpn=new String[arena.freePoliceName.capacity()];
  arena.freePoliceName.copyInto(fpn);
  arena.freePolicePanel.removeAll();
  arena.freePoliceScrollPane.repaint();
  for(int j=0; j<arena.freePoliceCounter; j++) {
```

```
          arena.freePolice[j]=new JCheckBox("");
          arena.freePolice[j].setText(fpn[j]);
          arena.freePolicePanel.add(arena.freePolice[j], null);
       }
     arena.setVisible(true);
    }
  catch(Exception ex1) {
    ex1.printStackTrace();
  }
 }
}
```

2A.5　案例小结

移动协同服务支撑平台是移动交互领域的新应用,以上介绍了项目背景知识、技术路线、详细的功能设计等,比较了 C/S 模式与 C/P/P 模式,并且讨论了该应用采用 C/P/P 结构的原因。此外,还阐述了交互机制与移动协同的模块设计。最后简单介绍了知识库系统与警务通服务器的相关实现。

附录 2B　案例二:Recommender 项目

2B.1　项目背景

Recommender 项目是清华大学与步步高集团合作的推荐系统项目。该项目来源于步步高集团旗下的云猴网旨在提升用户上网购物体验而设立的科研项目——基于 Spark 平台的移动精准推荐子系统。

2B.2　功能需求

Recommender 亟须解决的需求可以总结为以下几点:
(1) 新用户转化率较低,需解决用户冷启动问题,更快、更准确地建立用户肖像。
(2) 网站商品种类多,需有效提升网站商品曝光率,让用户尽快找到所需。
(3) 老用户流失较严重,需通过推荐系统的服务提升用户复购行为。
(4) 需降低步步高商城运营成本。

基于以上需求,项目小组确立了“面向海量信息的电子商务数据分析技术项目技术方案”。根据用户和商家数据,利用机器学习算法建立动态机器学习引擎,通过训练历史数据以及不断新增数据进行用户多维度分类,为个性化推荐提供可靠的用户行为分析,为今后整个商城线上和线下推送服务拓展提供数据分析内核引擎。

移动推荐系统通过对用户行为数据(搜索关键字、点击记录、收藏记录和评论记录等)、商场基本信息(地理位置、商家产品等)以及用户自然属性等多维数据进行综合处理和分析,为用户推荐其可能会感兴趣或喜欢的物品。移动推荐系统按功能主要分为下列 7 个子系统:数据管理子系统、通用权限管理子系统、日志流计算管理子系统、配置管理子系统、接口管理子系统、推荐服务管理子系统和推荐效果评测子系统。其中核心的推荐服务管理子系统又包括场景引擎管理模块、规则引擎管理模块、展示引擎管理模块、基础算法管理模块以及推荐算法管理模块。其中,推荐算法管理模块中的"基于评论的推荐算法"子模块功能(以下简称基于评论推荐子模块)是重点。在该子模块中,可实现基于评论属性满意度的个性化推荐框架,并基于此框架进行物品推荐。

为了给移动推荐系统提供恰当的评论分析和基于评论的推荐技术,采用了一个个性化的推荐框架。在物品评论意见挖掘的基础上进行了意见重构,并构造了用户-物品-属性满意度评分张量,通过张量分解进行物品满意度构造用于推荐。其不仅在跨品类物品推荐结果的性能上具有优势,而且具有很好的可解释性,可以应用于多种场景,有效提高移动推荐系统的整体说服力。接下来进一步通过在系统中的实现和应用证实了这一点。

2B.3　系统设计

下面介绍系统采用的技术路线。首先将模块分为3类:

(1) 输入模块。用于获取经数据清洗后的消费数据、用户行为数据(搜索关键字、点击记录等)、商场基本信息(地理位置、商家产品等)、用户自然属性。

(2) 数据分析模块。以当前主流机器学习算法(支持向量机、神经网络、KNN等)作为候选,经实验和需求择优改进,建立基于动态机器学习的数据分析引擎,可以通过训练历史数据以及动态新增数据对海量电子商务数据进行多维度分析。

(3) 输出模块。根据需求形成不同维度的分类数据。

图 2B-1 是步步高推荐系统功能模块结构图。整个推荐系统包含的模块很多,功能很全面,包括推荐服务管理、数据管理、通用权限管理、日志流计算管理、配置管理、接口管理、推荐效果评测等模块。

数据管理模块包含基础和应用两类数据管理,其中基础数据管理包括主题数据和日志数据等,应用数据管理包括用户属性数据、商品内容数据、行为模型数据、用户标签数据、评价数据。

通用权限管理模块主要管理各种用户的权限,可分为人员角色维护管理、人员权限设置管理和系统日志管理。

日志流计算管理负责处理日志相关的逻辑,包括网页埋点、日志流数据采集、日志实时分析计算。

配置管理模块负责推荐系统中所有配置文件的管理,包括场景配置、AB测试配置、数据报表配置。

接口管理模块负责所有接口的管理,包括参数传入接口、数据采集接口、数据输出接口、实时信息接口、实时过滤接口。

推荐服务管理负责推荐服务的管理,又可进一步细分为基础算法管理、推荐算法管理、场景引擎管理、规则引擎管理、展示引擎管理和推荐效果评测。

其中,推荐算法管理是整个推荐系统的核心,该子模块主要解决推荐系统综合推荐准确度不高、推荐算法执行效率低这两个主要问题。

推荐算法管理子模块按照功能可以分为5层,分别是数据预处理层、数据重构层、模型层、应用层和效果评价层。设计为层次结构是为了减少各层之间的耦合,保证各层之间相对独立,有效降低系统的复杂性,使整个系统结构更加清晰,也在一定程度上增强了系统的健

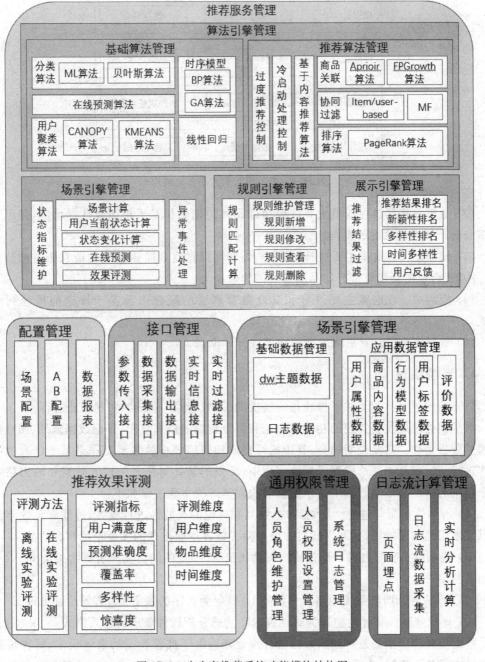

图 2B-1 步步高推荐系统功能模块结构图

壮性。推荐算法管理子模块的架构如图 2B-2 所示。效果评估层只在搭建系统时用于评估算法,在实际应用中会抛弃该层,因此图 2B-2 中只给出了 4 层。

推荐算法管理子模块各层次的功能如下:

(1)数据预处理层。在这里主要进行数据的清洗、物品评论文本中属性的提取、情感色彩的分析工作。

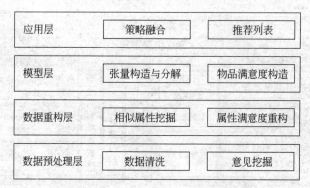

图 2B-2　推荐算法管理子模块架构

（2）数据重构层。在这里主要进行相似属性的挖掘和基于相似属性的增广,并引入评分信息进行属性满意度的重构。

（3）模型层。在这里主要进行用户-物品-属性满意度 3 阶张量的构造和张量的分解工作,并基于合成的新张量进行物品满意度的构造。

（4）应用层。在这里主要进行和其余推荐算法的融合以及基于评论的推荐列表的生成。

（5）效果评价层。对最终的推荐结果进行评价。

2B.4　系统实现

以下给出项目推荐算法子模块每一层次的 UML 类图,系统的实现据此进行。

数据预处理层主要实现的功能有评论和评分数据的格式整理、评论数据清洗、属性提取和情感分析工作。需要说明的是,其中属性提取和情感分析的主要工作是基于已有的研究工作进行的。在基于评论推荐子模块实现中,要做的是针对任务的输入数据和输出格式进行个性化的适配和定制。其中关于数据清洗和整理的主要工作如下:

（1）有效性检验与过滤。即对用户、物品和评论的有效性进行检查,过滤含无效字符以及只含停用词的无效评论,并因此过滤因去除无效评论而出现的无评论用户和物品。

（2）限制性检验与过滤。即过滤实际购买量少于 15 件的物品和历史购买量少于 4 件 3 类物品的用户。

（3）ID 映射。即将系统中用户和物品 ID 映射为有序的数字 ID,方便后续处理。

（4）评论规整。将评论整理为属性提取和情感分析软件要求的输入格式。

数据预处理层主要是对原始数据进行预处理。由于推荐数据的来源很多,每种来源的数据格式都各不相同,为了方便后面的模型和算法统一处理,需要先对这个数据源进行统一的数据预处理,并做一些数据分析。预处理的方法包括数据清洗、标准化、采样等。

数据预处理层的类图如图 2B-3 所示。

在数据重构层主要基于数据预处理层的意见挖掘结果作进一步处理,主要是进行数据增广和属性满意度的重构,具体来说,主要有下面几点工作:

（1）Word2Vec 模型微调。即以 Google News 语料训练的公开模型为基础进行初始化,在 Yelp 评论数据集上进行训练微调,以更贴近实验环境的上下文和语境。

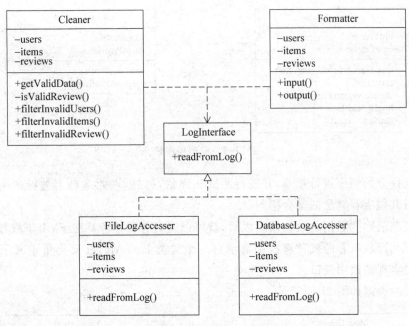

图 2B-3 数据预处理层类图

（2）聚类分析。即在 Word2Vec 微调之后的模型基础上，以每个属性词语的词向量作为样本进行 K-means 聚类分析，寻找相关属性。

（3）属性满意度增广。即基于得到的相关属性以及每条评论的评论属性，对原始的属性满意度进行增广，得到用户对物品的更多评价。

（4）属性满意度重构。即引入评分信息，在由情感极性累加得到的属性满意度的基础上重新构造属性满意度评分，将属性满意度评分与最终的物品评分关联，使得最后构造的物品满意度评分可解释。

数据重构层的类图如图 2B-4 所示。

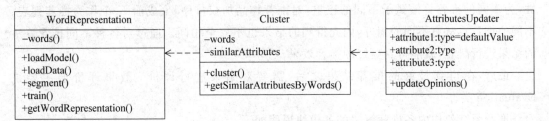

图 2B-4 数据重构层类图

在模型层，基于数据重构层提取和重构得到的属性满意度评分，构建用户-物品-属性满意度评分 3 阶张量，然后通过张量分解的方法预测缺失值并构造用户画像以及物品画像。

数据采集层的数据经过预处理之后，通过模型层建立通用数据模型，方便后续算法处理。模型层主要是 DataModel 类。

模型层的类图如图 2B-5 所示。

在应用层，基于预测的用户-物品-属性满意度评分 3 阶张量构造物品满意度评分，按照

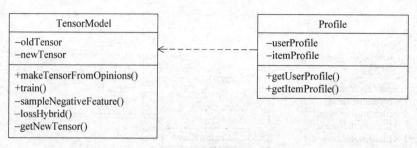

图 2B-5　模型层类图

物品满意度评分的顺序进行推荐,并进行测试和评估,另外,在此基础上进行评论场景下的推荐算法与其他推荐算法的融合推荐。

通过模型层得到通用的数据模型之后,就可以运行各种推荐算法了,由于推荐算法比较多,为了便于管理,所有的推荐算法都继承自一个父类 BaseAlg,在父类里定义了所有的推荐算法都要实现的通用接口。

应用层的类图如图 2B-6 所示。

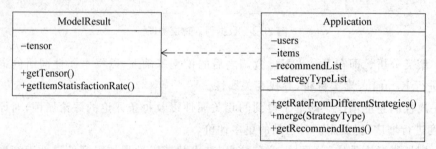

图 2B-6　应用层类图

另外,为了适配多种场景,提供基于评论的推荐算法与系统其他推荐算法的融合,以提高推荐列表的多样性和覆盖率,采用加权型融合策略,根据历史效果,考虑不同场景的重要性,为不同的推荐算法赋予不同的权重,对推荐物品加权排序,生成前 K 个作为推荐列表。不同的推荐算法有不同的偏好,因此得到的结果也不完全相同。通过对各种不同推荐算法的结果进行融合,就能得到更好的推荐效果。

最后,在得到最终的推荐结果之后,需要对结果进行评价。效果评价层主要是Evaluation 类。

推荐系统架构内各推荐算法的各模块说明如下。

类名:App。

输入:无。

输出:无。

功能:初始化配置以及数据的转化。

示例:无。

类名:MemeryDataModel。

输入:samples,为训练集,按行记录,每行表示一个用户对物品的交互行为。

targets,为标签集,与训练集一一对应,表示每个训练样例对应的输出结果。

isRating,指示训练数据中是否包含评分,默认为 True。

hasTimes,指示训练数据中是否包含行为次数,默认为 False。

输出:构建好的数据模型。

功能:对数据进行建模,将按行记录的原始数据保存成稀疏矩阵格式。一方面方便算法进行高效访问;另一方面,由于用户物品交互记录总是稀疏的,用稀疏矩阵的格式可以节省空间。

示例:

```
dataModel=MemeryDataModel(trainSamples,trainTargets)
```

类名:ItemCF。

输入:neighbornum,近邻数量。

similarity,相似度度量方法。

n,推荐结果的数量。

dataModel,数据模型。

simiMatrix,相似度矩阵。

输出:ItemCF 算法模型。

功能:基于用户对物品的历史交互行为,计算物品之间的相似度,然后基于该相似度对用户进行物品推荐。

示例:

```
algModel=ItemCF()
```

类名:TopN。

输入:n,推荐结果的数量。

dataModel,数据模型。

popItems,每个物品的流行度。

topN,最热门的物品集。

输出:TopN 算法模型。

功能:统计每个物品被购买(浏览)的次数,对所有用户都推荐最热门的物品。

示例:

```
algModel=TopN()
```

类名:UserCF。

输入:neighbornum,近邻数量。

similarity,相似度度量方法。

n,推荐结果的数量。

dataModel,数据模型。

simiMatrix,相似度矩阵。

输出:UserCF 算法模型。

功能:基于用户对物品的历史交互行为,计算用户之间的相似度,然后基于该相似度向用户进行推荐。

示例：

```
algModel=UserCF()
```

类名：Parameter。

输入：Paras，以字典格式保存的配置项。

输出：算法参数。

功能：对算法的参数进行封装，方便调用。

示例：

```
for para in self.config.paras[algName].iter():
```

类名：Config。

输入：config_path，配置文件路径。

　　　splitString，配置文件中的分隔符。

输出：算法参数。

功能：读取配置文件。

示例：

```
config=Config()
config.from_ini('../Application/conf')
```

类名：MulThreading。

输入：无。

输出：无。

功能：利用多线程来运行推荐算法，以加快运行速度。

示例：

```
process = multiprocessing.Process(target = self.mulProcess, args = (self.result,
Parameters))
```

类名：Similarity。

输入：v1，向量 1。

　　　v2，向量 2。

输出：两个向量的相似度。

功能：实现各种相似度度量算法，包括常见的余弦相似度、Jaccard 距离等。

示例：

```
config=Config()
config.from_ini('../Application/conf')
```

2B.5　案例小结

对于 Recommender 推荐系统按照软件工程开发阶段的思想进行了概括性介绍。在简单的项目背景介绍与功能需求分析后，对系统设计做了详细说明，给出了整个系统的模块划分,并且对核心的推荐算法管理子模块的分层结构进行了详细说明,希望读者能够领会到该项目体系结构服务于功能实现与需求满足的合理、恰当之处。最后在系统实现中给出各层的 UML 图并进行了简单描述,并没有深入到成员变量与数据结构和具体的方法中,因为本章关注软件体系结构风格及其应用,过于深入细节将会阻碍对于体系结构思想的理解与整体把握。

第3章　软件体系结构描述

随着软件系统的规模扩大和复杂度提高,系统的设计问题早已经超出了简单的数据结构以及算法设计的范畴,系统结构整体上的设计、软件系统的整体组织、更高层次系统构件的内部联系以及全局上系统行为与特性成为软件开发设计阶段的核心。而面对越来越庞大的系统,运用严谨统一的描述方法成为业界新的问题。应该怎样应用软件体系结构的概念去描述一个系统是解决这一问题的关键。同时,系统的描述还要确保该描述可以促进系统开发。在本章中将会介绍软件系统的描述方法,介绍统一建模语言(UML)和体系结构描述语言(ADL)。这是两种不同的解决思路,各有优劣,从不同的角度解决了软件体系结构描述问题。

3.1　软件体系结构建模概述

3.1.1　软件体系结构建模问题

建模是对物理实体进行必要简化,抽取其主要特征的一种手段。通过这种方法,人们获得了具体事物到抽象模型的一个映射。模型是经过抽象的原事物的一种特征提炼,通过对模型的分析和认识,人们可以更好地认识原事物的本质,从而达到开发利用的目的。在软件工程领域,软件模型可以对复杂、庞大的系统进行必要的简化和抽象,使人们更专注软件本身的结构。在软件的整个生命周期里,需要使用不同的方法对系统建立各种模型,可以说软件工程本身就是一个不断建立模型和转化模型的过程。

软件体系结构建模就是利用图形、文字、数学表达式等将软件的主要特征描述出来。通过软件建模过程,方便了设计人员、开发人员、测试人员、产品需求人员进行沟通、设计、开发、测试等一系列软件工程过程。通过建模可以对复杂的系统根据功能、过程、场景、交互、动作等诸多因素进行划分。建模过程对诸多交织在一起的元素进行划分,使系统模型简单易懂,使人们更容易得到系统在某一领域的实质。通过建模过程加快了人们认识软件的过程,提高了开发效率和系统的稳定性、安全性,并可以对软件的可用性和稳定性进行评估。软件体系结构建模贯穿软件开发的每一个环节。

软件体系结构建模具有如下优点:①有助于从整体上掌握软件架构;②有助于在软件的不同阶段形成清晰的目标;③有助于从不同的角度掌握软件模型;④方便了需求沟通、设计修改、开发、测试等软件开发过程。

要建立软件体系结构模型就离不开具体的方法,需要运用特定的工具来达成目标。在软件体系结构建模发展过程中占主要地位的有两种方法。一种是运用图形可视化软件体系结构的方法,如UML,该方法在产业界有应用并且已经形成了一种产业标准,带有强烈的实践风格。另一种则是运用体系结构描述语言(Architecture Description Language,ADL)

对软件体系结构进行描述,这种方法注重用数理逻辑等形式化的方法来深度刻画软件体系结构,带有强烈的学术风格。

3.1.2 软件体系结构描述方法

软件体系结构是对构成软件的诸多要素在抽象层次上的一种描述。通过对软件体系结构的抽象描述,客户、项目管理人员、开发人员、测试人员、维护人员等诸多参与方达成对软件的精确认识。为了保证软件的产品质量,需要有一种规范的方法来描述软件体系结构。

1. 图形表示方法

用矩形框表示抽象构件,用文字标注构件名称,用有向的线段符号代表构件间进行控制、通信以及关联的连接件。这种方法最大的优势是易于理解沟通。尽管这种通过图形符号来抽象描述的方法不够精确,在许多场合中存在语义模糊的问题,但是由于其简单易用的特点,在实际的软件工程设计和开发阶段大量使用此方法来进行沟通,这种简洁易懂的方法仍然受到开发人员或项目干系人的青睐,在软件设计中占据着主导地位。

最简单的表示方式是没有任何规则与规范约束的软件结构示意图,这样的沟通大多在开发人员面对面交流时使用,但其缺陷也显而易见——这样的表示方式大多需要配以同步的解说,才能理解信息输出者所要表达的具体含义,单一的框图完全不能传达完整的设计意图,由此产生的误解甚至会对软件开发造成巨大的灾难。为了克服传统图形表示方法中所缺乏的语义特征,有关研究人员也试图通过增加含有语义的图元素的方式来构建图文法理论。而当今应用最广泛的是 UML,它是一种半形式化的图形建模语言,给出了一定的图形规范与对应的语义含义,包括用例图、类图等十几种。它将在 3.2 节有详细介绍。

2. 模块内连语言

通过将一种或几种程序设计语言的模块进行连接,这样的得到的方法称为模块内连语言(Module Interconnection Language)。这种方法具有程序语言的严格语义,因此有能力对大型软件单元进行描述,尤其在模块化的程序设计和分段编译等程序设计与开发技术中发挥了很大作用。但是语言处理和描述的软件设计开发层次过于依赖程序设计语言,限制了其处理和描述比程序设计语言元素更抽象的高层次软件体系结构元素的能力。

3. 基于软构件的系统描述语言

这种描述方法是以构件为单位的软件系统描述方法。它将许多特殊软件实体以特定的相互作用形式进行构造和组织,而这些软构件实体多是一些层次较低的以程序设计为基础的软件实体,以通信协作的方式相连接。因此这种描述语言存在一定的局限性,通常只用于面向特定应用的特殊系统,并不适合一般的软件体系结构描述问题。

4. 软件体系结构描述语言

参照传统程序设计语言,针对软件体系结构描述这一问题,形成了专门的软件体系结构描述语言(ADL)。ADL 由于具有和程序设计语言一样的精确语义并有着良好的整体性和抽象性,因此成为当前软件开发和设计方法学中一种发展很快的软件体系结构描述方法,目前已经有几十种常见的 ADL,例如 ACME、Aesop、ArTek、C2、Darwin、LILEANNA、MetaH、Rapide、SADL、UniCon、Weaves、Wright 等。

3.2 基于 UML 的软件体系结构描述

统一建模语言(Unified Modeling Language,UML)是一种用于绘制软件蓝图的标准语言。可以用 UML 对复杂的软件系统进行可视化、详细描述、构造和文档化。UML 主要的功能和意义体现在 3 方面:

(1)统一,表示该描述标准是一种通用的标准,UML 被 OMG 认可,成为软件工业界的一种标准。UML 语言提供一种统一的图形元素表达方式,具有确切无歧义的语义基础,表述的内容能被各类人员所理解,包括客户、领域专家、分析师、设计师、程序员、测试工程师及培训人员等。他们可以通过 UML 充分理解和表达自己所关注的那部分内容。

(2)建模,即建立软件系统的模型。为说明建模的价值,Booch 曾搭建一个狗窝和建造摩天大楼的区别作类比。搭建一个狗窝也许无须使用建模的方法;但是如果想建造一栋摩天大楼,模型就是必不可少的了。

(3)语言,表明它是一套按照特定规则和模式组成的符号系统。它用半形式化方法定义,即采用了直观的图形符号、自然语言和形式化语言相结合的方法来描述软件体系结构。

3.2.1 UML 概述

UML 是软件界第一个统一的建模语言,该方法结合了 Booch、OMT 和 OOSE 方法的优点,统一了符号体系,并从其他的方法和工程实践中吸收了许多经过实际检验的概念和技术。

在 UML 之前,已经有一些试图将各种方法中使用的概念进行统一的尝试,比较有名的是 Coleman 和他的同事们(Coleman-94)所创造的,包括 OMT(Rumbaugh-91)、Booch(Booch-91)、RC(Wirfs-Brock-90)的 Fusion 方法。面向对象软件工程的概念最早是由 Booch 提出的,他是面向对象方法最早的倡导者之一。后来,Rumbaugh 等人提出了面向对象的建模技术(OMT)方法,采用了面向对象的概念,并引入各种独立于语言的表示符。这种方法用对象模型、动态模型、功能模型和用例模型,共同完成对整个系统的建模,其定义的概念和符号可用于软件开发的分析、设计和实现的全过程。由于这项工作没有这些方法的原作者参与,实际上仅仅形成了一种新方法,而不能替代现存的各种方法。在 1994 年,Jacobson 提出了 OOSE 方法,其最大特点是面向用例,并在用例的描述中引入了外部角色的概念。1994 年 10 月,Grady Booch 和 Jim Rumbaugh 首先将 Booch-93 和 OMT-2 统一起来,并于 1995 年 10 月发布了第一个公开版本 UM 0.8,后来 Jacobson 也加入这一工作,经过 Booch、Rumbaugh 和 Jacobson 的共同努力,于 1996 年 6 月和 10 月分别发布了两个新的版本,即 UML 0.9 和 UML 0.91,并将 UM 重新命名为 UML。1996 年,一些公司和组织,如 DEC、HP、IBM、Microsoft、Oracle、Rational Software 等成立了 UML 成员协会,以完善、加强和促进 UML 的定义工作。为了组织、简化和改善互操作,1996 年 6 月 6 日,OMG 成立了面向对象分析设计工作组(OA&D TF,即 ADTF 的前身),颁布了一个征求建议书(RFP)。19 家公司共同组成了 6 个团队,分别制作各自的建议书相互竞争。接下来的几个月,这些团队一起工作,把他们的工作成果合并成一份 UML 建议书。1997 年 9 月 25 日,面向对象分析设计工作组投票,一致同意接纳该建议书。从 UML 属于 OMG 之日起,OMG 对 UML 的修改从来没有停止过。从 1997 年到现在,OMG 对 UML 进行了多次修改(UML 1.1、UML 1.3、UML 1.4、UML 2.0)。UML 目前还在不断发展和完善中。

在 2013 年,OMG 发布了最新版本的 UML 2.5。这一版本的目标是简化并阐明一个规范文档来减少实施中的问题,并且促进工具间的互用性。另外一个大的更新是新增了模型图、表现形式图和网络架构图。UML 将持续改进,完善体系,形成一个更全面、更广泛、更严谨的建模方式,提供长期有保证的更高水平的抽象层,从而促进软件开发生产力的飞跃。

3.2.2　UML 结构分析

UML 主要包含 3 方面的主要内容：UML 的基本构造块,支配这些模块组合的规则,整个语言的公共机制。UML 是一种软件体系结构的描述语言,属于软件开发方法中的一种。虽然 UML 独立于过程,但是 UML 最适合以用例为驱动、以体系结构为中心、增量和迭代的过程。

面向对象系统中最重要的基本模块是类。类是对一组具有相同属性、操作、关系和语义对象的描述。一个类可以实现一个或多个接口。在 UML 中对类进行了可视化图形描述,如图 3-1 所示。

通过这种图形化方法,可以使描述独立于具体的编程语言。类图描述了抽象的名称、属性和操作。名称用于区分不同的类,单独的名称叫作简单名,用类所在的包的名称作为前缀的类名叫作限定名。属性描述了类的一些特性以及这些特性的取值范围。类可以拥有零个到多个属性。类通过对抽象事物特性的描述从而找到所有对象的共性。操作描述了类的一种服务或一种具体的动作,类通过操作来满足对象的请求并给出相应的结果。操作对具体的对象所做的事情进行了抽象,并通过这种方式对所有对象的公共服务、动作方式进行了抽象。同属性一样,一个类可以拥有零个到多个操作。

用类图描述一个类时,可以对类所具有的所有属性和操作进行必要的省略。通过在列表的末尾处使用省略号"…",可以显式地表示出实际的属性和操作要比列举出来的多。为了更清晰地描述类的不同属性和操作,可以使用衍型来对属性和操作进行分组,如图 3-2 所示。

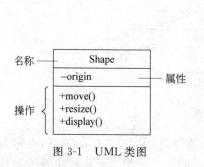

	场景号	票数
	…	
	F12	15
分界线	F6	13
	F13	3
	F9	2
	…	

图 3-1　UML 类图　　　　　　　　图 3-2　UML 衍型

职责是类的合约或责任。当创建一个类时,就声明了这个类的所有对象具有相同种类的状态和行为。在更高的抽象层次上,这些相应的属性和操作正是要完成类的职责的特性。

在信息系统应用中,类 FTPService 负责连接 FTP 服务器,并实现上传、下载、重命名等操作,如图 3-3 所示。

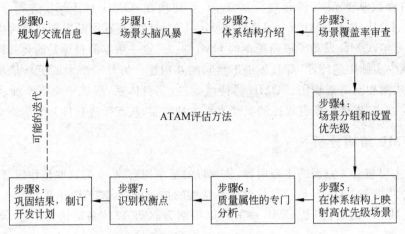

图 3-3　UML 职责

属性、操作和职责是构件抽象所需要最常见的特征。事实上,对于大多数要创建的模型,这 3 种特征的基本形式足以表达类的最重要的语义。然而,有时需要对类的其他特征进行可视化,如与特定语言相关的操作特性、多态或静态的、异常等。在 UML 中能够表达这些特征,但被定义为高级概念处理。

在 UML 中,事物之间互相联系的方式(无论是逻辑上的还是物理上的)都被定义为关系。在面向对象建模中,存在 3 种最重要的关系:依赖、关联和泛化。依赖(dependency)是使用关系。关联(association)是实例间的结构关系。泛化(generalization)将一般类归属于较为特殊的类,也称为超类子类关系或父子关系。这 3 种关系覆盖了大部分事物之间互相协作的重要方式。

依赖是一种使用关系,说明一个事物(如类 Shape)使用另一个事物(如类 Object)的信息和服务。在图形上,把依赖画成一条带有方向的虚线,指向被依赖的事物,如图 3-4 所示。当要指明一个事物使用另一个事物时,就选用依赖。类与类之间用依赖指明一个类使用另一个类的操作,或者一个类使用另一个类所定义的变量。如果被使用的类发生变化,则使用它的类的操作也会受到影响。因此,被使用的类可能表现出不同的接口或行为。

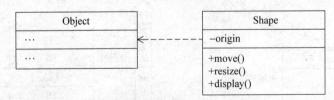

图 3-4　UML 类图中的依赖

泛化是一般事物(超类或父类)和该事物的较为特殊的种类(子类)之间的关系,也称为继承关系。如矩形类 Rectangle 是更一般的形状类 Shape 的一个子类。泛化意味着子类具有与父类相同的声明,继承了父类的属性和操作,还具有更多的属性和操作。如果子类的一个操作覆盖了父类的同一个操作,则这种情况称为多态。在图形上,把泛化画成一条带有空心三角形箭头的有向实线,指向父类。当要表示这种继承关系时,就使用泛化,如图 3-5 所示。

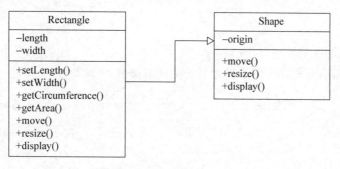

图 3-5　UML 类图中的泛化

关联是一种结构关系,它指明一个事物的对象与另一个事物的对象间的联系。在图像上,把关联画成一条连接相同类或不同类的实线。当要表示结构关系时,就使用关联。UML 中使用名称、角色、多重性、聚合 4 种关联修饰来更精确地描述关联关系。名称用来描述该关系的性质,为了消除名称的歧义,可以标注一个指出该名称方向的三角形。当一个类参与了一个关联时,它就在这对关系中扮演了一个特定的角色。可以命名一个类在关联中所扮演的角色。把关联的端点标注为角色名。关联关系描述的是对象间的结构关系,这种关系双方所包含对象的个数是很重要的。关联两侧的数量被定义为关联角色的多重性,它表明一组相关对象的可能个数。将多重性写成一个表示取值范围的表达式,用两个圆点把它们分开(例如 1..N)。一个类描述了一个较大的事物(“整体”),这个整体由较小的事物(“部分”)组成。这种关系称为聚合,可以在整体的一端用一个空心菱形修饰。在图 3-6 中,班级是由多个学生组成的,因此 Class 类与 Student 类是聚合关系;同时学生可以选课,它们有关联关系,每个学生可以有多门课,每门课程也有多名学生。

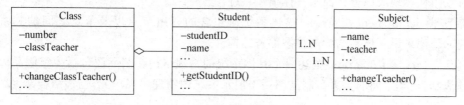

图 3-6　UML 类图中的关联

依赖、泛化和关联是表达关系最重要的语义。事实上,对于大多数要建造的模型,这 3 种关系足以表达类之间的联系。然而,有时需要对类的其他特征进行可视化,如组合聚合、导航、判别式、关联类、特殊种类的依赖和泛化等。其他关系还有直接关联、复合、接口实现等,在 UML 中能够表达这些特征,但被定义为高级概念处理。

UML 通过对归约、修饰、公共划分、扩展机制这些公共机制的运用保持整体的简化,这里不做详细介绍。

UML 2.0 中主要包括 11 种图,分别列举如下。

对一个现实系统建模,一般通过如下 6 种图之一来观察系统的静态部分:

• 类图。

- 构件图。
- 组合结构图。
- 对象图。
- 部署图。
- 制品图。

此外,还要用到另外 5 种图来描述系统的动态部分:

- 用例图。
- 顺序图。
- 通信图。
- 状态图。
- 活动图。

为了描述一个系统所使用的图为上述某种图之一或组织自己定义的一类图,每种图必须拥有清晰的名称,以便能够和其他图区分,一般要将图组织成包。

类图(class diagram)描述一组类、接口、协作以及它们之间的关系。在面向对象系统建模中,类图是最常使用的图。通过类图来描述系统的静态设计,类图表达了系统的静态交互。

构件图(component diagram)描述一个封装的类以及该类的接口、端口、内嵌的构件和连接件构成的内部结构。构件图同样用于表示系统的静态设计实现。构件图可以理解为类图的变体。

组合结构图(composite structure diagram)描述类或协作的内部结构。构件图和组合结构图差别很小,一般可以都看作构件图。

对象图(object diagram)描述一组对象以及它们之间的关系。对象图描述在类图中所建立的事物实例的静态快照。同样,对象图也用于表达系统的静态设计视图或静态交互图,但是对象图从实现或原型方面来具体描述系统。

部署图(deployment diagram)描述系统所包含的一组节点以及节点之间的关系和配置。用部署图来说明体系结构的静态部署结构。

制品图(artifact diagram)描述一个具体系统的物理结构。制品图包括一组制品以及它们与其他制品、类之间的关系。制品图用于展示系统的物理实现单元,也常结合部署图一起使用。

用例图(use case diagram)描述一组使用用例和参与者之间的关系。因为用例图描述系统的静态使用情况,所以它对系统行为的组织和建模尤其重要。

顺序图(sequence diagram)描述系统消息时间次序。它描述一组角色和隶属于该角色的实例发送和接收消息的时序。顺序图动态地描述系统的交互。

通信图(communication diagram)描述收发消息对象的结构组织。顺序图和通信图表达类似的系统结构,但是侧重点不同,顺序图强调时序,通信图强调消息流经的数据结构。

交互图(interaction diagram)是顺序图与通信图的混合体。所有的顺序图和通信图都是交互图,从不同的侧面描述系统的交互步骤。

状态图(state diagram)描述系统的不同状态、状态的转换、事件以及活动组成的状态机。状态图对系统的接口、类以及协作的动态建模非常重要,可以清晰地描述一个对象按事件次序发生的行为。

活动图(activity diagram)描述系统动作中的控制流和数据流。活动图用于描述系统的动作、动作顺序和与动作相关的命令和数据。

3.2.3　UML 的软件体系结构描述

下面对几类重要的图进行说明。

1. 类图

类图以类为单元来进行组织,描述系统各个类之间关系的静态结构。类图常用于面向对象系统建模,类图描述了一组类、接口、协作以及它们之间的关系。类图包括名称部分(Name)、属性部分(Attribute)和操作部分(Operation)。

类用来定义一组具有类似属性和行为的对象。属性通常包括类所描述的事物的特征以及这些特征所具有的数据类型,如整形、浮点型、布尔型等。事物的行为用操作描述,具体的方法则是操作的实现。通过关联关系描述给定类与具体对象之间的关系。类元之间的关系有关联、依赖、流、泛化关系,如表 3-1 所示。

表 3-1　UML 中类的关系

关系	功　　能	表　示　法
关联	类实例之间连接的描述	———————
依赖	两个模型元素间的关系	------→
流	在相继时间内一个对象的两种形式的关系	------→
泛化	父类和子类关系	——————▷
实现	说明和实现间的关系	------▷
使用	一个元素需要其他元素提供适当功能的情况	------→

例如,在一个图书管理系统的类图中表示了几个重要的类,如借阅者(borrower)、书刊(title)、借阅记录(loan)、预约记录(reservation)。借阅者有身份,如身份证可表征其身份;借阅者有相关行为,如借阅、返还、预约等。书刊有身份,如 ISBN 可表征其身份;书刊有相关行为,如可被预约或取消预约等。借阅记录有身份,如同一人借不同的书则记录不同;借阅记录有相关行为,如可被预约或取消预约等。预约记录有身份,如同一书刊被不同人预约则记录不同;预约记录有相关行为,如可被创建或删除等。这些类的描述如图 3-7 和图 3-8 所示。

2. 用例图

用例是系统在运行时产生的一系列动作,这些动作通过系统得到响应并将结果反馈给特定参与者。用例图描述了一个和系统进行交互的动作序列。用例模型描述了系统外的使用者所理解的系统功能。通过用例图可以在不揭示系统内部构造的情况下定义连贯的行为。

用例除了与参与者发生关联外,还可以参与系统中的多个关系,如表 3-2 所示。

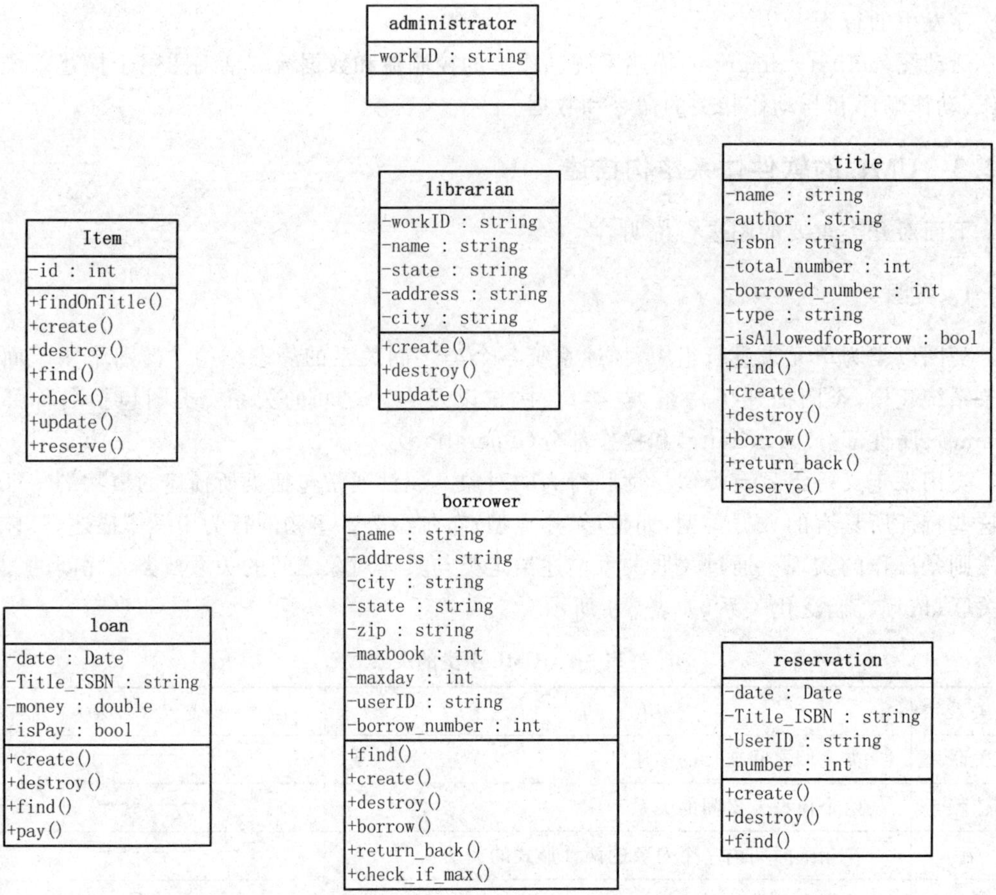

administrator

-workID : string

---

librarian

-workID : string
-name : string
-state : string
-address : string
-city : string

+create()
+destroy()
+update()

---

title

-name : string
-author : string
-isbn : string
-total_number : int
-borrowed_number : int
-type : string
-isAllowedforBorrow : bool

+find()
+create()
+destroy()
+borrow()
+return_back()
+reserve()

Item

-id : int

+findOnTitle()
+create()
+destroy()
+find()
+check()
+update()
+reserve()

---

borrower

-name : string
-address : string
-city : string
-state : string
-zip : string
-maxbook : int
-maxday : int
-userID : string
-borrow_number : int

+find()
+create()
+destroy()
+borrow()
+return_back()
+check_if_max()

---

loan

-date : Date
-Title_ISBN : string
-money : double
-isPay : bool

+create()
+destroy()
+find()
+pay()

---

reservation

-date : Date
-Title_ISBN : string
-UserID : string
-number : int

+create()
+destroy()
+find()

图 3-7   图书管理系统类图

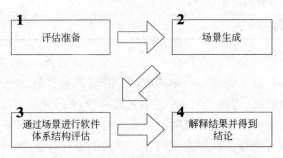

| 1 评估准备 | ⇒ | 2 场景生成 |

| 3 通过场景进行软件体系结构评估 | ⇒ | 4 解释结果并得到结论 |

图 3-8   图书管理系统类图及类关系

表 3-2   用例之间的关系

关系	功　能	表　示　法
关联	参与方与参与执行的通信途径	————
扩展	在基础用例上插入基础用例不能说明的扩展部分	≪extend≫ - - - -→
包括	在基础用例上插入附加的行为,并且具有明确的描述	≪include≫ - - - -→

　　图 3-9 是图书管理系统的用例图,参与者包括借书者与图书管理员。在图书管理系统中,借书者不直接使用系统,而是通过图书管理员进行借书、还书、取消预约等操作。

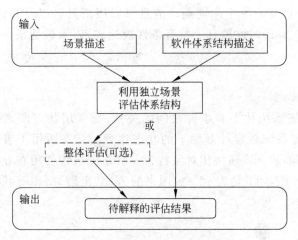

图 3-9 图书管理系统用例图

3. 顺序图

顺序图用来描述对象之间动态的交互关系,着重体现对象间消息传递的时间顺序。顺序图直观勾画出了系统内对象的生命周期,在生命周期内,对象可以接收消息并做出响应,如图 3-10 所示,在图书管理系统中顺序图存在两个方向,横向包含了不同的对象,

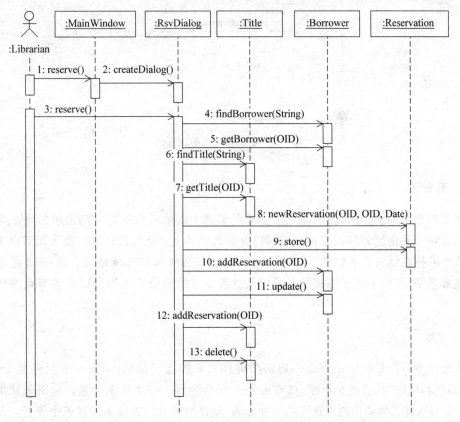

图 3-10 图书管理系统顺序图

纵向为时间,表示对象及类的生命周期。消息可以用消息名以及相应的参数表示,消息可以含有消息序号。有的时候消息上具有条件表达式,表示根据条件表达式的值决定是否发送消息。

4. 状态图

状态图用来描述系统状态和事件之间的关系,通常用状态图来描述单个对象的行为。通过状态图确定系统在事件激励下的状态序列。状态图用于表述在不同用例之间的对象行为,但它并不适合表述协作对象行为。状态图通常使用在业务流程、控制对象、用户界面设计方面。图 3-11 是表示一本图书的入库、出借、出库等状态以及相应动作激励的状态图。

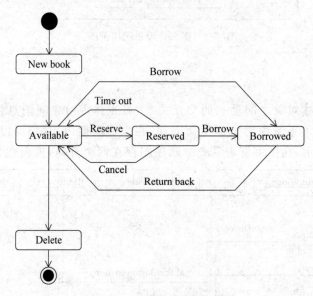

图 3-11　图书管理系统状态图

5. 部署图

部署图也称为实施图,用于描述位于节点实例上的运行构件实例的组织情况。部署图清晰地反映了系统硬件的物理拓扑结构以及在此结构上可运行的软件。部署图有助于各方理解节点的拓扑结构和通信路径以及节点上的软件构件等的部署情况。图 3-12 是图书管理系统部署图,该图表示了构成图书管理系统各节点的通信互联情况以及各节点的软硬件情况。

6. 包图

系统模型可以从某个角度以一定的精确性对系统进行描述,它由一系列模型元素(如类、状态机和用例)构成的包组成,模型的每一部分隶属于一个特定的包。包图是从维护和控制角度对系统总体结构进行建模的一种方法,通过包图可以方便地处理整个模型。图 3-13 为图书管理系统的包图。

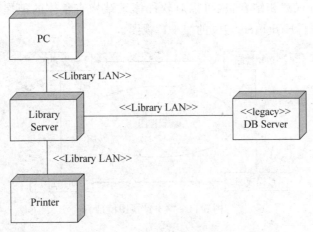

图 3-12 图书管理系统部署图

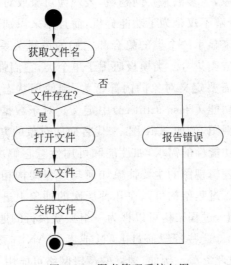

图 3-13 图书管理系统包图

3.3 UML 体系结构描述方式案例分析

3.3.1 "4+1"视图模型

UML 是一种通用的可视化建模语言,在业界有着大量应用。在软件工程过程中,UML 往往应用于用例驱动的、以体系结构为中心的、迭代的和渐增的开发过程。由于 UML 发展的过程中结合了面向对象技术,UML 图形具有相对一致的外观和语义,出现了许多 UML 建模工具,较好地支持了 UML 建模过程。UML 中组件和概念之间没有明确划分界限,一般用视图来区分组件和概念。视图只是 UML 表达软件结构的一种手段,在每一类视图中使用一种或几种特定的图来可视化表示视图中的概念。1995 年,Kruchten 提出了著名的 "4+1"视图模型,分别从 5 个不同的角度来刻画软件体系结构,这 5 种视图包括逻辑视图、开发视图、过程视图、物理视图和场景视图,如图 3-14 所示。每一类视图从一个角度描述软

件的一个侧面,几种视图相结合,就可以对软件体系结构有整体的把握。在 OMG 建立的
UML 标准中,使用了 Kruchten 定义的"4+1"视图。

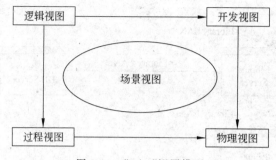

图 3-14 "4+1"视图模型

逻辑视图主要支持功能性需求,即在为用户提供服务方面系统所应该提供的功能。系统分解为一系列的关键抽象,大多数来自问题域,表现为对象或对象类的形式。它们采用抽象、封装和继承的原理。分解不仅是为了功能分析,而且用来识别遍布系统各个部分的通用机制和设计元素。类图用来显示一个类的集合和它们的逻辑关系——关联、使用、组合、继承等。相似的类可以划分成类集合。类模板应用于单个类,它们强调主要的类操作,并且识别关键的对象特征。如果需要定义对象的内部行为,则使用状态转换图或状态图来完成。公共机制或服务可以在类功能(class utilities)中定义。对于数据驱动程度高的应用程序,可以使用其他形式的逻辑视图,例如 E-R 图,来代替面向对象的方法。

过程视图考虑一些非功能性的需求,如性能和可用性。它解决并发性、分布性、系统完整性、容错性的问题,以及逻辑视图的主要抽象如何与过程架构相配合,即在哪个控制线程上对象的操作被实际执行。过程架构可以在几种层次的抽象上进行描述,每个层次针对不同的问题。在最高的层次上,过程架构可以视为一组独立执行的通信程序的逻辑网络,它们分布在整个一组硬件资源上,这些资源通过 LAN 或者 WAN 连接起来。多个逻辑网络可能同时并存,共享相同的物理资源。例如,独立的逻辑网络可能用于支持离线系统与在线系统的分离,或者支持软件的模拟版本和测试版本的共存。过程是构成可执行单元任务的分组,代表可以进行策略控制的过程架构的层次(即开始、恢复、重新配置及关闭)。另外,过程可以随分布式处理负载能力的增强或可用性的提高而不断地被重复加载。

开发视图关注软件开发环境下实际模块的组织。软件打包成小的程序块(程序库或子系统),它们可以由一位或几位开发人员来开发。子系统可以组织成分层结构,每个层为上一层提供良好定义的接口。系统的开发架构用模块和子系统图来表达,显示了输出和输入关系。完整的开发架构只有当所有软件元素被识别后才能加以描述。但是,可以列出控制开发架构的规则:分块、分组和可见性。大部分情况下,开发架构考虑的内部需求与以下几个因素有关:开发难度、软件管理、重用性和通用性以及由工具集、编程语言所带来的限制。开发架构视图是各种活动(如需求分配、团队工作的分配(或团队机构)、成本评估和计划、项目进度的监控、软件重用性、移植性和安全性)的基础。

物理视图主要关注系统非功能性的需求,如可用性、可靠性(容错性)、性能(吞吐量)和伸缩性。软件在计算机网络或处理节点上运行,被识别的各种元素(网络、过程、任务和对

象)需要被映射至不同的节点。人们希望使用不同的物理配置,一些用于开发和测试,另外一些则用于不同地点和不同客户的部署。因此软件至节点的映射需要高度的灵活性及对源代码产生的影响最小。

场景视图综合所有的视图,上述 4 种视图的元素通过数量比较少的一组重要场景(更常见的是用例)进行无缝协同工作,人们为场景描述相应的脚本(对象之间和过程之间的交互序列)。场景视图是其他视图的冗余(因此用"＋1"来表示),但它起到了两个作用:作为一项驱动因素来发现架构设计过程中的架构元素,以及作为架构设计结束后的一项验证和说明功能,也就是说,既以视图的角度来说明,又作为架构原型测试的出发点。

在 UML 中,逻辑视图可以用用例图来实现。用例图将系统功能划分成对参与者有用的需求,从参与者的角度描述对系统的理解。在开发视图中,可以用 UML 中的类图、对象图和构件图来表示模块,用包来表示子系统,用连接来表示事物间的关联。过程视图可以采用 UML 中的状态图、顺序图和活动图来实现。通过状态图帮助设计人员更清晰地了解用例以及用例之间的交互关系,得到体系结构的动态过程。物理视图则可以使用 UML 中的配置图和部署图来实现。此外,还可以用协作图描述构件之间的消息传递及其空间分布。

3.3.2　教务管理系统的非形式化描述案例

下面以一个教务管理系统作为例子,说明如何运用"4＋1"思想和 UML 来刻画一个真实的系统。

教务管理系统包含用户登录、学籍管理、排课管理、选课管理、成绩管理、教学管理、系统设置等功能。其中,用户登录功能包括用户信息、用户注销退出,学籍管理功能包括学生信息查询(个人信息查询、查询专业计划、查询课程信息)、学生异动、生源录入注册、学生资料修改,排课管理功能包括课程录入、课程表生成,选课管理功能包括网上选课、个人课表查询、课程详情查询、选课约束设置、增删课程,成绩管理功能包括查询本学期成绩、不及格成绩、专业计划完成情况、成绩错误报告、监控成绩录入情况、核实成绩表,教学管理功能包括课程库管理、教工库管理、教学日历查询、课表查询(个人课表查询、全校课表查询)、评估结果查询、历年数据查询,系统设置功能包括数据维护、代码维护。

1. 教务管理系统逻辑视图

图 3-15 是教务管理系统的顶层用例图。通过该图可以清楚地看到不同身份的参与者使用了系统的哪些功能,与系统哪些模块进行了交互。例如,教师访问系统中的用户登录、教学管理和成绩管理模块。学生访问用户登录、学籍管理、选课管理和成绩管理模块,系统设置和排课管理模块只有教务员才有权限访问。

具体到一个角色,可以根据软件模块与功能和该角色所拥有的操作权限进行具体的描述。图 3-16 给出了参与者作为学生时所使用的系统功能,并绘制出了系统功能与子模块之间的联系。同理可对教务管理系统中教师和教务员角色与系统交互的情况进行用例描述。

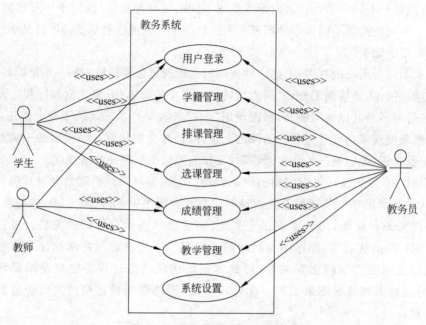

图 3-15　教务管理系统顶层用例

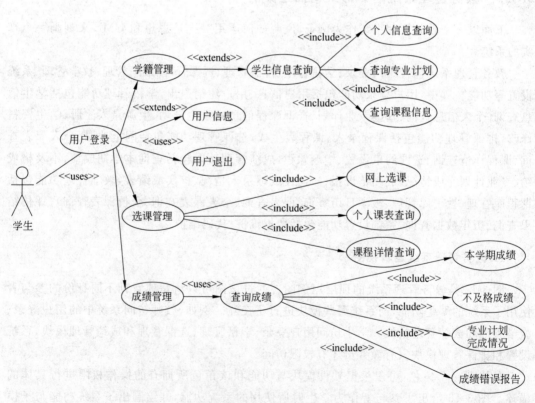

图 3-16　教务管理系统学生用例图

2. 教务管理系统过程视图

图 3-17 是学生进行选课活动时的活动图,它展示了学生进行选课时要进行的活动。框之间的箭头说明了活动的时间依赖关系。例如在选课前必须进行登录,而在选课过程中需要考查专业是否冲突、选课人数是否已满等因素。

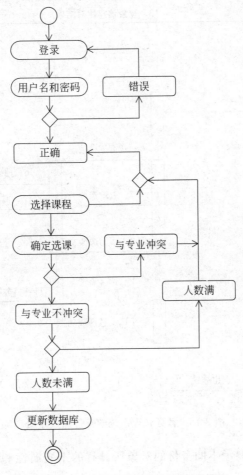

图 3-17　教务管理系统学生选课活动图

图 3-18 是描述选课操作的顺序图。通过顺序图可以勾勒出学生选课时与系统之间以及系统内各模块之间的基本通信过程。

图 3-19 是学生进行选课时的协作图,该图表明了选课操作涉及的各个对象间的操作关系。虽然顺序图和协作图都可以表示各对象间的交互关系,但是二者的侧重点不同。顺序图用消息的几何排列来表达消息的时间顺序,各角色之间的相关关系是隐含的;协作图使用各个角色的几何排列图形来表达角色之间的关系。

3. 教务管理系统开发视图

类图和构件图用于描述软件体系结构中的开发视图。如图 3-20、图 3-21 所示,在教务

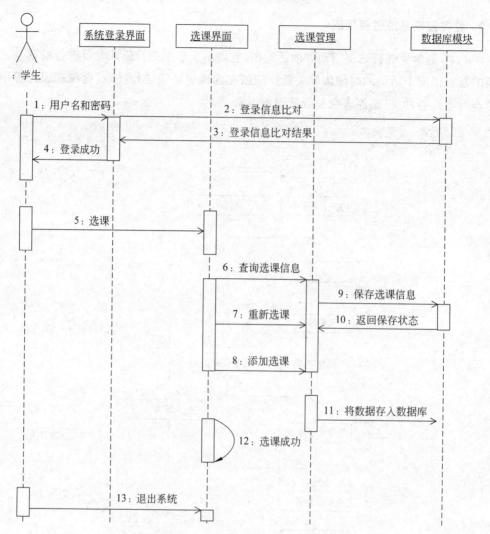

图 3-18　教务管理系统学生选课顺序图

管理系统中,通过类图来展示不同身份的对象所具有的不同属性和操作以及不同的消息实体所具有的属性。

　　构件图表示了构件之间的依赖关系。构件之间定义了良好的物理实现单元,每个构件体现了系统设计中特定的一组类。构件图展示了构件间相互依赖的网络结构。图 3-22 为教务管理系统的构件图。

4. 教务管理系统物理视图

　　通过图 3-23 所示的部署图来描述教务管理系统的物理部署情况。部署图显示了不同的组件在硬件上的物理分配情况以及这些节点间的通信互连情况。通过部署图能够表明软件部署运行情况。

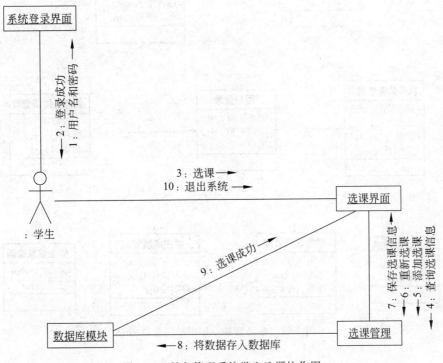

图 3-19　教务管理系统学生选课协作图

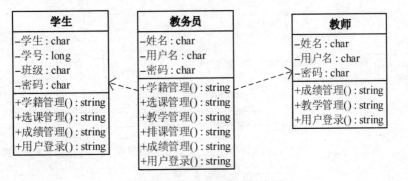

图 3-20　教务管理系统人员类图

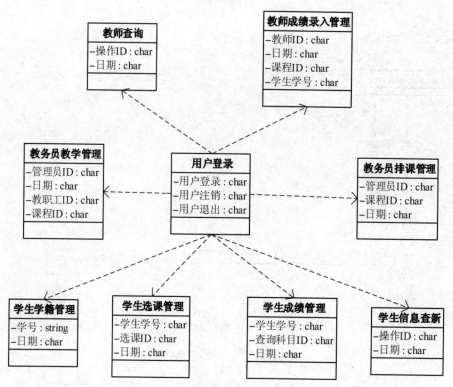

图 3-21　教务管理系统事务信息类图

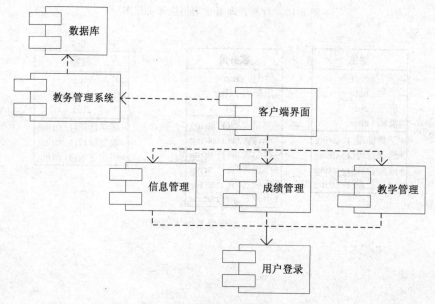

图 3-22　教务管理系统构件图

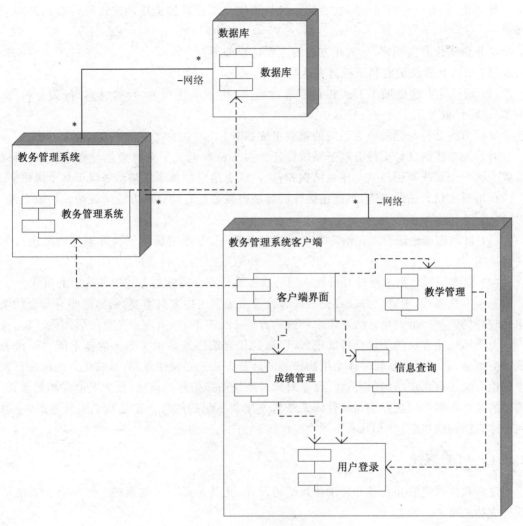

图 3-23　教务管理系统部署图

3.4　基于 ADL 的软件体系结构描述

在计算机科学中,形式化方法指的是用于软件与硬件系统的说明、开发与验证的数学化方法。所谓形式化的基础就是数学化理论。

在软件开发过程中,形式化方法可以应用到各个方面。形式化方法在体系结构描述中具有如下特点:

(1) 形式化方法可以用于系统描述,而且可以在不同层次上进行描述。

(2) 通过提供系统结构抽象级别上的精确语义,系统的形式化模型可以对系统关键属性提供严谨的分析。形式化方法实现了对体系风格与结构风格的建模与分析。精确的数学符号和计算规则消除了语义上的模糊。软件设计者可以精确表达其理念与系统需求。在开发阶段,消除了二义性,所有的设计工作都将遵循某种数学理论。形式化方法拥有唯一的标准与解释规则,可以全程指导开发者的探讨与工作。语意模糊造成的沟通障碍也由此迎刃而解。

与非形式化方法相比,形式化方法的主要优点如下:

(1)形式化方法更有利于机器表达与计算。

(2)形式化方法提供了形式化且准确的定义,用于描述行为、行为模式、行为分析等。例如,进程代数可用于处理分析等。

对行为的分析与建模成为系统的重要组成部分。

对行为描述的良好支持有利于系统验证。由于精确定义了系统必须符合的约束,所以可以判别一个系统是否与某个体系结构相符合,或者给定的体系结构是否属于某个风格。

利用形式化方法的原理,系统正确性的验证可以通过自动化的方法来证明。一般来说,自动化方法包含如下两类:

(1)自动化理论证明。在给定系统描述的情况下,基于逻辑原语与推理规则来进行形式化证明。

(2)模式识别。系统通过对可能达到的状态进行完全搜索的方式验证特定的属性。

基于上述属性,形式化方法在一些高综合性系统应用中尤其重要,例如那些对安全性要求比较高的系统。形式化方法在需求和说明方面十分有效,可以用于完全的形式化开发。

关于形式化方法的争议会持续很久,但形式化方法已经显示了杰出的技术能力。作为成功的指导,它们同样是软件体系结构描述的必要方法。必须注意到,形式化方法仅拥有数学理论而缺乏对系统结构的表达。没有对软件系统拓扑信息的描述,数学理论将毫无意义,需要的是一条将形式化方法与软件体系结构连接在一起的纽带。正是基于这种考虑,才引入了体系结构描述语言(ADL)。

3.4.1 ADL 概述

许多软件系统的开发都开始于体系结构设计,尤其是那些大型系统。好的设计通常是软件成功的重要因素之一。

首先给 ADL 下一个非正式的定义。ADL 是一种用于描述软件与系统结构的计算机语言。这个粗略的定义仍然关注 ADL 的使用意图,而缺乏必要的规范定义。目前,相关研究领域对 ADL 仍有争议。争议集中于以下几个问题:ADL 是什么? ADL 应该对从系统的哪些角度建模? 在交互语言中应该交互什么?(Medvidovic,2000)对此,学术界仍然难以形成共识。随着 ADL 家族的发展壮大,学术争论也越来越激烈,对其定义形成共识就更困难了。

ADL 是一门用于描述的语言,它可以在指定的抽象层次上描述软件体系结构。它通常拥有形式化的语法、语义以及严格定义的表述符号,或者是简单易懂的直观抽象表达。前者可以向设计者提供强有力的分析工具、模式识别器、转化器、编译器、代码整合工具、支持运行工具等;后者可以借助图形符号提供可视化模型,以便于理解对系统的相关分析。大多数 ADL 依靠形式化方法支持对系统描述的分析与验证,也有一些 ADL 仅关注结构化的语法和语义,并且结合其他 ADL 完成形式化的描述与分析。后一种语言被认为是交互语言,交互语言也是 ADL。

在软件体系结构研究领域中使用着各种不同的 ADL。不同 ADL 的设计意图是大相径庭的。下面对一些经典的 ADL 进行比较分析，包括 WRIGHT、UniCon、Rapide、C2、Darwin、ACME、xADL、π-ADL、KDL。其中 KDL 只是一个特殊领域应用的特例，将其作为一个示例仅用于说明设计意图的差异。

1. WRIGHT

WRIGHT 语言（Allen,1997a）旨在精确地描述系统结构与抽象行为，以及体系结构风格、系统一致性和完整性验证等。一个体系结构或系统应包括构件类型规约、连接件类型规约、类型实例以及实例之间的连接。其中所有的规约都是 CSP 协议，多用于检测体系结构的死锁。WRIGHT 由美国卡内基·梅隆大学开发，根据 WRIGHT 语言作者的观点，一门体系结构描述语言应该至少提供两项内容：①无二义性的精确语义，并能够进行不一致性的检测；②一套支持系统属性推理的机制。WRIGHT 还有一个目标是满足架构师自身的词汇表达要求。WRIGHT 专注于抽象表述以及为架构师提供结构化表达系统信息的方法。在 3.5 节和 3.6 节中将详细介绍 WRIGHT 语言的元素、语法与语义，到那时会看到它是如何实现这些目标的。

2. UniCon

UniCon（Jeffery,1998）同样是卡内基·梅隆大学开发的语言，UniCon 全称是 Universal Connector Language。预定义的构件类型包括模块（module）、计算（computation）、过滤器（filter）、进程（process）等，连接件类型包括管道（pipe）、文件 I/O（file I/O）、过程调用（procedure call）、数据访问（data access）、远程过程调用（remote procedure call）等。UniCon 允许非功能的属性规约。一个体系结构包含的成分有原子或复合构件（类型包括接口和实现）、连接件（类型还包括协议和实现）、构件类型和连接件类型的实例化以及实例的配置。

3. Rapide

Rapide（Luckham,1995）是由美国斯坦福大学开发的一个项目，它集中于动态行为的建模和模拟，提出了偏序事件集（posets）的概念，并加之以约束以及识别事件模式。它所描述的体系结构与很多其他语言相似，包括构件、连接件与约束，但构件类型对同步通信与异步通信的接口元素进行了区分。接口元素 functions 的同步通信主要是 provides 与 requires，而接口元素 events 的异步通信包括 in action 与 out action。

4. C2

C2（Taylor,1996）的特色在于支持构件重置与图形化用户界面（GUI）重用。如今用户界面占据了软件的很大一部分并且重用度相当有限。C2 着眼于构件的重用，尤其是系统的进化，即系统在运行时的动态改变。因此，C2 的设计目标基于如下几点考虑：构件可能用不同的编程语言实现，构件可能在同一时刻运行在分布、异构的并且没有共享地址空间的环境中，运行时的结构可能发生改变，可能发生多用户交互，可能使用多种工具集，涉及多种媒体类型，等等。

5. Darwin

Darwin(Magee,1995)是一种陈述性语言,它为一类系统提供通用的说明符号,这类系统由使用不同交互机制的不同构件组成。它着眼于描述分布式软件系统。近来关于分布式系统维护的研究表明,采用分布式结构可以降低构件的复杂度。但是,这一优势还不足以抵消由分布式结构带来的缺点以及结构的复杂度的增大。Darwin 的设计出发点正是要解决这样的问题。此外,Darwin 同样支持动态结构说明。图 3-24 显示了 Darwin 语言描述的一个 C/S 系统。

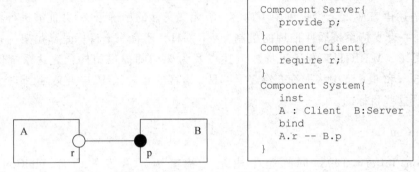

```
Component Server{
    provide p;
}
Component Client{
    require r;
}
Component System{
    inst
    A : Client  B:Server
    bind
    A.r -- B.p
}
```

图 3-24　Darwin 描述的一个 C/S 系统(Magee,1995)

6. ACME

ACME 旨在为开发工具与环境提供交互格式,将在 3.4.2 节中进行详述。

7. xADL

在过去十年中,无数 ADL 伴随着各种研究而相继诞生。这就导致了软件体系结构表达符号的过剩,而每种 ADL 在系统表示上都有各自的着重点。同时,每种 ADL 的可重用性与可扩展性也非常有限。使用现有的符号表达来达成一种新的设计目的,无异于开发一门新的 ADL。xADL(Dashofy,2005)为构架师提供了更好的拓展性,它可以快速地构造新的 ADL。图 3-25 是 xADL 的连接器描述示例。

8. π-ADL

π-ADL 是用于解决动态与移动体系结构说明的一种 ADL。动态体系结构意味着软件结构可以在运行时改变,移动体系结构则意味着构件能在系统运行过程中发生逻辑性的转移。π-ADL 是一种形式化、理论基础扎实的语言,它的理论基础是高阶类型的 π 演算。大多数 ADL 着重从结构化的角度描述软件体系结构,而 π-ADL 还关注体系结构行为。图 3-26 显示了如何用 π-ADL 描述一个简单的构件。

9. KDL

KDL(He,2005b)全称是 Knowledge Description Language,是一门基于本体论的电子

```
<connector id= "tvconn">
    <description>
    TV connector
    </description>
    <interface id="tvconn.in">
        <description>
        ChangeChannel Interface(in)
        </description>
        <direction>in</direction>
    <\interface>
    <interface id="tvconn.out">
        <description>
        ChangeChannel Interface(out)
        </description>
        <direction>out</direction>
    <\interface>
<\connector>
```

图 3-25　xADL 连接器描述示例(Dashofy,2005)

```
component SensorDef is abstraction() {
    type Key is Any. type Data is Any. type Entry is tuple[Key, Data].
    port incoming is { connection in is in(Entry) }.
    port outgoing is { connection toLink is out(Entry) }. …
    behaviour is {
        process is function(d: Data) : Data { unobservable }.
        via incoming::in receive entry : Entry.
        project entry as key, data.
        via outgoing::toLink send tuple(key, process(data)).
        behaviour()
    }
}
```

图 3-26　π-ADL 构件描述(Oquendo,2004a)

商务知识表示语言。它可以被认为是针对特定领域而设计的 ADL。随着电子商务的繁荣发展,其模式显示出自动、智能与移动等趋势。传统基于 HTML 的电子商务平台缺乏语义信息,难以满足电子商务的新要求。KDL 提供了一种简单、有效的途径来进行精确定义与信息交互。此外,该方法基于 RDF(S)[①]与本体论概念。图 3-27 是用 KDL 来表示类别 CD。

　　大多数 ADL 支持通过一些基本元素(如构件、连接器与配置)来支持系统运行时分析 (Medvidovic,2000)。因此,对各种 ADL 的比较就是基于这些建模元素的。

3.4.2　ADL 结构分析

　　不同的研究机构提出了用于体系结构建模的一系列 ADL。值得注意的是,一些 ADL 是针对某些特殊领域而提出的,而另外一些 ADL 则被设计为通用的体系结构建模语言。一般来说,ADL 设计者希望通过 ADL 来表达自己对软件体系结构的理解与特定的设计理念。

---

① RDF(S)是 RDF(Resource Description Framework,资源描述框架)及其模式语言 RDF Schema 的统称。

```
⟨dkl:DefinedClass rdf : ID ="CD"⟩
⟨rdfs:subClassOf rdf :resource ="Item"⟩
⟨rdfs:subClassOf⟩
⟨kdl:Restriction⟩
⟨kdl:onSlot rdf :resource ="hasStyle"⟩
⟨kdl:sufficient⟩
⟨rdf:resource ="MusicStyle"/ ⟩
⟨/kdl:sufficient⟩
⟨/kdl:sufficient⟩
⟨/kdl:Restricition⟩
⟨/rdfs:subClassOf⟩
⟨/kdl:DefinedClass⟩
⟨CD rdf: ID ="MyCD"⟩
⟨hasStyle rdf:resource ="CountryMusic"/ ⟩
⟨/"CD"⟩
```

图 3-27   KDL 描述的 CD 类别概念(HE Jian,2005b)

ADL 关注抽象层次上的整体结构而不是任意代码模块的实现细节。为此,ADL 中会使用什么元素来进行体系结构描述呢? 作为一种经典理论,Shaw 和 Garland 定义了他们的 ADL 元素,包括构件、操作、模式、闭包以及规格说明(Shaw,1996)。

- 构件(Component)。是在抽象级别上组成系统的计算模块。一个模块可以是具体的软件元素或编译单元,还可以是一个功能逻辑独立的软件包,甚至是软件体系结构的更抽象的概念。
- 操作(Operator)。是构件之间的交互机制。操作被认为是将结构元素连接成为更加高级的构件的功能。
- 模式(Pattern)。是结构元素依照特殊方式进行的组合。模式是元素的可重用组合。一个设计模式(或体系结构模式)是一个针对特定问题的设计模板。模式会在实际的设计中被实例化。模板将体现元素选择与元素交互的限制。
- 闭包(Closure)。是用于实现分层描述的概念。
- 规格说明(Specification)。包括功能、性能、容错能力等。

事实上,不同的学者对于 ADL 元素提出了不同的观点。但是仍然可以发现一些 ADL 元素的共性。

首先,ADL 应该通过使用一些基本元素——构件、连接器和配置来支持运行时系统拓扑信息分析。构件是独立功能单元或者计算单元。一个构件可能只是一个小的程序,也可能是整个应用。构件作为体系结构的构建块,通过接口与外部环境进行交互。连接器是用于建立构件间交互的构建块,同时为参与交互的模块制定交互规则。作为建模的主要实体,构件也拥有结构。构件的接口声明参与特定交互的参与者。配置用于声明构件与连接器的拓扑信息。配置同样为验证提供相关信息。总而言之,配置可进行设计时与运行时描述,便于系统架构师进行分析与验证,这也是 ADL 特有的贡献。此外,一些 ADL 甚至可以支持系统动态描述,动态意味着系统结构可以在运行时发生变化,例如运行时构件添加、运行时构件移除、运行时重配置等。值得注意的是,构件、连接器和配置并不是一个 ADL 的必要元素,而相应的概念,如计算、交互、整合,却是通用的。

其次,作为相关拓展机制,ADL 可能支持分层描述与风格定义。分层描述允许设计者在不同的抽象层次上对特定系统进行相应的描述。设计者可以描述子系统来降低描述的复杂性,这也意味着分层描述提供了更多的灵活性。配置仅仅说明了一个系统的结构,它的能力是有限的。系统架构师可能更加关注一族系统以及它们的抽象共性。风格描述通常是关于系统拓扑信息的约束,它能够帮助系统架构师在更高的抽象层次上进行建模与分析。

最后,ADL 可以借助形式化方法来描述系统行为,进行系统验证。关于这一点会在3.5 节中进行更深入的探讨。

如果设计一个 ADL,应该从哪些设计角度出发呢?首先,必须明确设计目的,一门语言的设计应该能反映其应用目的。有些 ADL 是针对特殊领域设计的,而有些则设计成通用的体系结构建模语言。

设计目的从根本上决定解决方案。如果一个 ADL 是为了支持特定领域的相关设计,这样的 ADL 要满足该领域工程师的基本需求,也就意味着设计时必须考虑该特定领域的词汇表达。而对于通用 ADL 来说,它们的设计则要考虑特征因素的最小化以及语义简单性。

为了讨论设计的相关议题,在这里简要介绍 ACME。读者可以从中尝试了解设计意图。人们往往会因为那些抽象的概念与定义而感到困惑。而一个简单而直观的实例能提供更具体的信息。

ACME(Garlan,1997)旨在为开发工具与环境提供交互格式。设计中的关键点就在于综合各种独立开发的 ADL 工具,为交换结构信息提供媒介格式。除了交互这一基本目标之外,设计 ACME 还考虑了如下目标:①为实现结构分析与可视化提供表达模式;②为开发新的特定领域的 ADL 提供基础;③为体系结构信息表达提供标准;④这门语言必须便于人们的读写表达。

图 3-28 展示了一个简单的客户/服务器系统,并且包括几个特定的属性以及两种客户端重表达(相当于子系统表示)。首先看图 3-29 中的系统说明,在这里暂时忽略属性与重表达。ACME 最基础的元素是构件、连接器与系统(components,connectors and systems)。

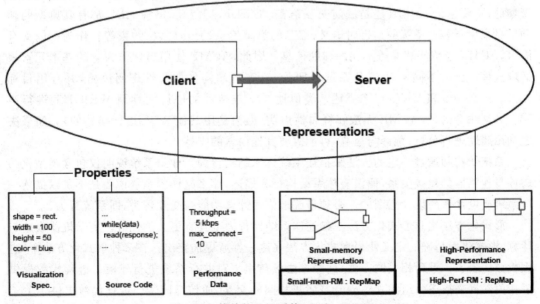

图 3-28　简单的 C/S 系统(Garlan,1997)

```
System simple_cs ={
    Component client ={
        Port send-request;
        Properties { Aesop-style : style-id = client-server;
                     UniCon-style : style-id = cs;
                     source-code:external = "CODE-LIB/client.c"}}
    Component server ={
        Port receive-request;
        Properties { idempotence : boolean = true;
                     max-concurrent-clients : integer = 1;
                     source-code:external = "CODE-LIB/server.c"}}
    Connector rpc ={
        Roles {caller,callee}
        Properties { synchronous : boolean =true
                     max-roles : integer = 2;
                     protocol : WRIGHT = "…"}}
    Attachments {
        client.send-request to rpc.caller;
        server.receive-request to rpc.callee}

}
```

图 3-29　用 ACME 描述的 C/S 系统(Garlan,1997)

构件同样是功能单元,而连接器代表交互。客户和服务器分别被抽象成两个构件,并通过连接器 rpc 被连接起来。构件的端口和连接器的角色都称为接口,构件的接口和连接器的接口从不同的角度说明不同的参与者是如何参与交互的。连接(Attachments)则描述系统配置中构件与连接器的连接情况。

此外,ACME 通过重表达的概念来支持分层描述。任意的构件与连接器都可以利用更详尽、更低层的描述被重新表达。图 3-29 中的客户结构被表达为两种不同的重表达,两种重表达根据的是特定的需求——有限内存或高性能。

上述元素——构件、连接器、端口、角色、系统与重表达已经足以表达一个系统结构。尽管如此,不要忘记 ACME 还是一门交互语言(Garlan,1997)。每种 ADL 都有其典型的辅助信息集用于表达系统的运行时语义、细节的类型信息、交互协议、约束等。作为一门交互语言,ACME 应该能够涵盖不同的辅助信息。因此,ACME 使用属性作为它的基本元素来适应这种广泛的不同。以 C/S 系统说明为例,客户端构件的属性声明风格,并且用目标ADL——Aesop 和 UniCon 来描述。类似地,rpc 连接器的协议属性用 WRIGHT 进行声明。必须注意的是,ACME 无法解释属性声明(因为是用其他 ADL 进行描述的)。如果决定利用属性进行分析、翻译与运算,可能需要其他语言的支持。

系统架构师通过一定的方法来描述系统体系结构行为。如果系统说明仅包含类型化的构件与连接器的连接关系,而没有体系结构行为描述,那么这样的系统说明是不足以描述一个系统或设计者的设计意图的。必须精确地描述计算功能与交互行为,即系统行为。

形式化方法比非形式化方法在描述体系结构行为上具有更大的优势。利于机器表达与计算、形式化而精确的定义使得形式化方法在这一领域更加突出。在多种形式化方法中,进程代数代表了一系列相关的方法,这些方法最初用于对并行系统进行建模。进程代数提供了相关工具来描述一组独立 Agent 或者进程间的交互、通信与同步。进程代数提供了关于进程的形式化计算与变换方法,同时也为系统行为验证打下了基础。

进程代数家族包含 CCS(Milner,1980)、CSP(Hoare,2004)、ACP(Bergstra,1987),还包含一些新成员,如 π 演算(Sangiorgi,2001)、ambient 演算(Cardelli,1998)等。本节主要介绍 CCS、CSP 与 π 演算。

1) CCS

通信系统演算(CCS)是由 Robin Milner 设计的用于并行系统建模的一种进程代数。CCS 是进程代数领域中的开拓性研究,许多著名的进程代数,如 CSP、π 演算,都是在 CCS 的基础上发展而来的。

CCS 的基本元素是事件与进程。一般地,大写字母表示进程而小写字母表示事件。CCS 的事件由两类标记集合 $\Delta=\{a,b,c,\cdots\}$ 与 $\overline{\Delta}=\{\overline{a},\overline{b},\overline{c},\cdots\}$ 组成。Δ 为输入事件集合,$\overline{\Delta}$ 为输出事件集合;Δ 与 $\overline{\Delta}$ 集合需要满足 $\overline{\Delta}=\{\overline{x}\mid x\in\Delta\}$。$a$ 与 $\overline{a}$ 是一对对等事件,不同进程的交互仅依靠一对对等事件。

如果 P 是一个进程而 x 是进程 P 发生的第一个事件,而在 x 执行后,进程 P 的行为与进程 Q 一致,那么进程 P 可以被表示为 $x.Q$。在这里,$x\in\overline{\Delta}\bigcup\Delta$,符号“.”是一个顺序操作符。例如:

$$P_1=a.b.\text{NIL} \quad (\text{终止进程})$$
$$P_2=c.d.P_2 \quad (\text{递归进程})$$

NIL 进程是一个特殊的进程,它不调用任何事件。NIL 可以被认为是一个进程的终结符号。在上述的例子中,P_1 顺序调用了事件 a 与事件 b,然后终止了。P_2 则是一个递归进程,它会一直连续地调用事件 c 与事件 d,永不主动终止。在 CCS 中,复杂的问题可以用一些进程的组合表示。

2) CSP

CSP 是 WRIGHT 语言的体系结构行为描述的语义基础。也就是说,WRIGHT 利用 CSP 来完成体系结构行为描述与验证。简单地说,CSP 提供了与状态机模型不同的行为描述模型。状态机方法用记录一系列状态转移的图形来描述一个机器,而行为被描述成进程的代数模型,其中复杂的行为会被拆分,用更简单的行为来表示。这种方法与 CCS 非常相似。在 3.5 节介绍 WRIGHT 语言的过程中,会详细介绍 CSP 的语法内容。

3) π 演算

π 演算同样是进程代数中的一员,它是由 Robin Milner、Joachim Parrow 与 David Walker 在 CCS 的工作基础上开发的。π 演算旨在描述并行计算,尤其是那些在计算过程中配置会发生改变的并行计算。

3.5 ADL 体系结构描述方式案例分析

1997 年,Robert J. Allen 在他的博士学位论文中提出了体系结构描述语言的概念。为了解决体系结构设计者面临的问题——软件系统越来越复杂,Allen 结合了形式化方法与纯结构化 ADL 设计出 WRIGHT 语言。WRIGHT 能支持体系结构配置和风格描述、关键属性的分析与实际问题的应用等。作为一门结构化 ADL,WRIGHT 还支持对体系结构构件与连接器抽象行为的形式化描述。构件与连接器是 WRIGHT 语言的重要元素,所以本节将对其进行重点介绍。

同时，作为一种形式化方法，WRIGHT 使用从 CSP 发展而来的表达符号来描述构件间的抽象行为。它定义了独立的连接器类型来描述交互，并且用此来描述体系结构风格。在相关的形式化方法的支持下，WRIGHT 还提供静态系统验证，包括一致性、完整性、死锁检查等。这些都是 WRIGHT 语言和其他语言的显著区别。

ADL 是和设计意图紧密相关的，每种 ADL 根据其特定的设计概念具有不同的描述能力。WRIGHT 语言的显著能力就在于对体系结构构件之间交互的说明与分析。

为了更进一步讨论，下面基于 Knopflerfish（一个开源的 OSGi 实现）个案研究来介绍 WRIGHT 语言的基本元素与相关行为描述的形式化方法。OSGi（Open Service Gateway initiative，开放服务网关倡议）是由 OSGi 联盟提出的，该联盟于 1999 年 3 月由 Sun Microsystems、IBM、Ericsson 等公司正式组建。OSGi 的最初目标是为服务供应商提供家庭服务网关，为家用智能设备提供各种不同的服务。而现在 OSGi 逐步发展成一个传输与远程管理服务平台，该平台承载各种网络设备（包括家用设备、车用设备、手机等）的应用与服务。OSGi 规范的框架（framework）部分为动态软件构建了轻量级的容器。

本节仅讨论 OSGi 框架的一小部分，而且是基于高度抽象的形式，不准备深入介绍 OSGi 以及各种技术与实现的细节。

本节首先介绍 WRIGHT 语言的基本元素，包括构件与连接器描述、配置描述、风格描述等，然后介绍 WRIGHT 语言是如何利用 CSP 来描述系统行为的，最后介绍 WRIGHT 语言提供的一些系统验证机制，在此基础上检验 OSGi 框架描述。

3.5.1 构件与连接器描述

WRIGHT 作为一种体系结构描述语言，也是建立在对构件与连接器的抽象描述之上的。构件与连接器是体系结构描述中最基本的元素，WRIGHT 为其使用的元素提供了明确的表达符号。本节介绍如何使用这些符号来描述基本体系结构，以及 WRIGHT 语言如何形式化地表达构件与连接器相关概念，将从体系结构的角度讨论构件与连接器，暂时忽略构件与连接器中形式化行为描述的相关细节，以简化介绍。

下面使用从 Knopflerfish 中获取的部分模型来介绍 WRIGHT 语言，重点关注与服务相关的模块，称这一简化系统为 Bundle Management System（缩写为 BM System）。OSGi 中的服务是提供一些具体功能的客体，具体服务在 Bundle 中运行。一个 Bundle 拥有可能提供给其他 Bundle 使用的服务，同时，该 Bundle 也可能需要使用其他 Bundle 提供的服务。用户通过用户接口来控制 Framework，Framework 负责启动或停止一个 Bundle。如果一个 Bundle 希望在启动之后，其他 Bundle 可以使用它提供的服务，它需要将它所提供的服务注册到 Framework。Framework 管理服务注册以及 Bundle 之间的服务使用的依赖关系。

图 3-30 大致描述了该系统的体系结构。实际上，WRIGHT 语言并不支持可视化图形方式的形式化描述，所以在 WRIGHT 语言中所谓的形式化图形符号也并不存在。构件 Bundle 与 Framework 均与 OSGi 服务相关，并且是服务注册与注销活动的确切参与者。本节仅关注与服务运行相关的那些操作。Bundle 将关于服务注册与注销的请求发给 Framework，然后它可能使用别的 Bundle 提供的服务或者是向别的 Bundle 提供服务。Framework 控制着 Bundle 的生命周期，也控制着服务注册，并向 Bundle 发送注册响应消

息。图 3-30 中，Bundle 的生命周期是由无向连接器表示的，请求与响应的传输是由双向连接器表示的。

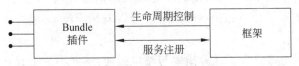

图 3-30　从 Konpflerfish 中抽取的模型系统

1. 构件

WRIGHT 语言的作者给构件下了这样的定义：构件描述的是一个本地化的、独立的计算。不妨暂时忽略这个定义，因为它实在是太抽象了，很难理解。可以从不同的体系风格探寻构件究竟是什么。例如，在管道过滤器系统中，构件可能就是一个过滤器，它从输入端读入数据流，进行本地变换后输出；在事件驱动系统中，构件可能是一个事件发布器或事件处理器；在分层系统中，构件可能是提供独立功能的一层，封装下层并向更高层提供服务。

在 WRIGHT 语言中，构件的描述包含两个部分：接口与计算。接口由数个端口构成，每一个都代表了该构件可能参与的一个交互。例如，在管道过滤器系统中，一个过滤器构件可能拥有数个端口，分别用于流的输入与输出；在事件驱动系统中，事件发布器通常拥有一个特定端口，该端口负责向事件处理器发布事件。

Knopflerfish 实现中的框架是由一系列的类组成的，而且执行许多复杂的功能。尽管如此，在图 3-31 所示的 BM 系统中，Framework 从描述与讨论方便的角度被简化了。所以它只有两个端口，Control 端口控制一个特定 Bundle 的启动与停止，Registration 端口则从 Bundle 接收请求并发送响应。所有这些操作都由函数调用完成。端口的描述只声明 Framework 会参与函数调用，但是没有声明会与哪个构件发生交互。

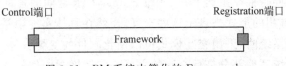

图 3-31　BM 系统中简化的 Framework

构件描述还有另外一个重要部分——计算（Computation）。计算描述了一个构件的具体行为。计算和端口不是无关联的。计算执行由端口描述的交互并且通过特定的操作将交互整合为有意义的具体功能。Framework 的计算部分就包括 Bundle 的启动与终止以及管理服务注册等。图 3-32 中显示了一个 Framework 构件的简单描述。

```
Component Framework
    Port Control [调用函数(用于启动或者停止Bundle) ]
    Port Registration [提供被调用函数(用于接收注册或注销请求并返回结果) ]
    Computation [启动或停止Bundle; 从Registration获得请求, 管理服务注册,
然后通过 Registration返回结果]
```

图 3-32　构件描述格式

当人们使用 WRIGHT 描述构件时，端口描述声明了构件行为的某些部分，而整体的行为是由计算声明来完成的。此外，图 3-32 给出的实例构件描述仅关注 WRIGHT 语法结

构,行为描述部分仍然是非形式化的,在接下来的内容中将继续完善形式化描述。对于体系结构设计者与实现者来说,端口声明提供的更有用的信息是构件对与其交互的其他构件提出了怎样的期望与要求。从 Registration 端口可以发现 Framework 希望获得的一些服务的请求信息。

虽然构件在形式上被分成了计算描述与端口描述,这并不意味着它们是独立的、不相关的元素。要使得构件声明对于系统设计来说是有意义的,就必须保证计算必须遵守端口定义的交互行为。WRIGHT 语言借用形式化表达方式提供验证一致性的方法。同一个构件中,每个端口的名称必须唯一,连接器的角色也是一样的。

从构件的定义与描述,人们认识到构件通过与系统的交互完成其独立的功能。构件的端口描述构件如何参与交互与构件在交互中的期望。上述描述确实包含了交互,但他是围绕构件计算来进行的,并不是关注交互行为本身。因此,WRIGHT 语言使用连接器来描述交互行为自身,也就是宣告交互规则。

2. 连接器

连接器描述几个构件之间的交互行为。实际上,不同体系结构风格中的连接器本质上有所不同。在管道过滤器系统中,连接器就是输送流的管道;在分层协议中,连接器则代表通信协议或者相邻两层之间的通信协议或接口;在事件驱动系统中,连接器则负责消息的传递。在实际实现中,可能用一个类或类的引用甚至函数调用来实现连接器。在本节的示例系统中,Bundle 与 Framework 之间的连接器则是函数调用。

WRIGHT 语言利用连接器这一概念来实现两个重要意图:一是扩展语言的分析能力,二是提高构件的独立性。对于语言的分析能力,连接器类型可以表示一类交互风格,而这样的风格可以在多个连接器实例中被重复利用。WRIGHT 通过连接器类型的重用来揭示一类体系结构之间的共同特征。虽然 Bundle 与 Framework 之间的各种交互的实际工作各不相同,仍可以用函数调用的形式来表示这些交互,当然在具体实现中是不同的函数调用。当开发一个大而复杂的系统时,采用交互模式可以简化软件的变更管理。

结构化构件与系统其他部分进行交互的方式确实能增强构件的独立性。连接器提供了一个信息隐藏边界,告知构件系统环境对构件的期望。Framework 描述并不关注哪个构件会调用其 Registration 端口提供的方法或者的它本身会调用哪个构件的功能。构件声明仅关注它自身的功能,因为连接器声明描述了构件如何与其他构件联合组成系统。

在探讨了连接器的表达含义与作者的设计意图之后,下面介绍如何描述连接器。在WRIGHT 语言中,连接器同样被分为两个重要的部分:角色(role)与粘合(glue)。

角色声明了对参与特定交互的构件的期望,正如端口声明了构件对交互的期望一样。从语义上看它们是等价的,因为它们同样包含对交互的期望。尽管如此,它们仍是从不同的角度来描述这一期望,端口从构件的角度来观察交互,而角色则从交互本身来描述期望。例如,管道连接器拥有数据源与数据接收槽两个角色,事件广播连接器拥有事件广播者与事件接收者的两个角色。

连接器的粘合描述了参与者是如何一起工作来完成交互的。这也就意味着粘合为角色制定了规则,并且通过规则指导角色来完成交互。例如,管道连接器可能声明了数据接收槽应该用先进先出的策略来按顺序接收数据源发送的数据。当然这样的规则可以依照不同的设计需求而改变,数据接收槽可能需要接收完全逆序的数据,这时候管道则采用先进后出的策略;甚至可以通过粘合直接忽略数据源传来的数据。

图 3-33 显示了在简单系统中的一个函数调用连接器。该连接器有一个调用者(caller)和一个定义者(definer,即被调用函数),它的粘合协调调用者与定义者来完成函数调用,即Bundle 与 Framework 之间的实际交互。

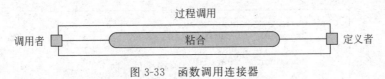

图 3-33　函数调用连接器

图 3-34 显示了 WRIGHT 语言中的函数调用连接器相关描述。每个角色说明了该交互的单一参与者的行为。Caller 端口声明了参与函数调用并且作为调用者的构件将会调用函数,Definer 则声明了参与函数调用并且作为定义者的构件的函数将会被调用。Glue 代表完全的行为声明,就像构件中的计算一样。粘合声明了 Caller 发起调用,然后 Definer 返回相关结果。因为现在的行为描述暂时仍是非形式化的,不清楚 Caller 与 Definer 之间是如何协调合作的,也不知道是否 Caller 会一直等待从 Definer 处得到返回值。这样的问题是由自然语言的二义性造成的,在使用了 CSP 来形式化地描述系统行为之后,问题将迎刃而解。

```
Connector  Procedure-call
    Role Caller [调用函数]
    Role Definer [被调用函数]
    Glue [Caller调用Definer的函数, Definer将相关结果返回给Caller]
```

图 3-34　连接器描述格式

值得注意的是,上面介绍的都是构件与连接器的类型,因为一个系统中可以使用类型一致的构件与连接器。连接器类型也只是某种交互的抽象表示,它可以在不同构件的上下文中使用。也就是说,如果构件遵守角色指定的行为(或者称构件与角色匹配),连接器就可以连接这些构件,并且忽略构件的计算功能。多个构件通过连接器连接起来形成了更大规模的计算,就称作系统。

3.5.2　配置的描述

上面介绍了 WRIGHT 语言的最基本元素——构件与连接器,接下来介绍如何描述一个完整的系统体系结构。体系结构设计者需要一张蓝图,记录构件与连接器实例的连接情况,以描述系统结构与行为。这张蓝图就称作配置。本节将介绍配置的相关元素——实例与连接关系,还包括分层配置。图 3-35 展示了 BM 系统的配置声明,但忽略了 Bundle 之间互相提供服务这一特性以简化描述。

1. 实例(Instance)

前面介绍了构件与连接器类型的定义,因为在系统中可能使用多个同一类型的构件或连接器。类型描述代表了一定类型的构件与连接器的属性和行为,而不是实际使用的个体。

例如,"函数调用"(Procedure-call)是一种连接器类型,某一系统可能使用多个函数调用连接器的实例。当描述一个给定系统的实际交互时,类型必须被实例化。使用不同类型的实例来描述系统就好像在面向对象编程语言中使用一个类的实例那样。每个实例名必须是明确而唯一的,否则系统架构师会感到迷惑。就像图 3-35 所示的那样,实例声明紧跟在构件与连接声明之后。

```
Configuration BundleManagement
    Component   Framework
    ...
    Component    Bundle
    ...
    Connector Procedure-call
    ...
    Instances
        FrameworkA : Framework
        BundleA  : Bundle
        P1 : Procedure-call
        P2 : Procedure-call
    Attachments
        FrameworkA.Control as P1.Caller
        BundleA.Activator as P1.definer
        BundleA.Register as P1.caller
        FrameworkA.Registration as P1.definer
End BundleManagement
```

图 3-35   BM 系统的配置声明

2. 连接(Attachment)

假设你拥有全部所需零件与螺丝来组装一辆玩具卡车,你必须知道哪些零部件是需要通过螺丝进行连接的。这张蓝图需要具有指导意义,所以配置必须描述连接关系。连接关系声明特定构件与特定连接器的连接关系。也就是说,连接关系声明了哪些构件参与哪些交换。连接关系的声明通过将构件端口与连接器角色关联起来而实现。

连接关系的声明采用 FrameworkA. Control as P1. Caller 的格式。该语句表明构件 FrameworkA 会调用 P1 连接器中定义者角色提供的方法。而第二条声明语句 BundleA. Activator as P1. Definer 则指明 BundleA 作为定义者提供被调用的方法。

此外,端口必须和角色相匹配才能保证连接是合理的。这并不意味着端口行为描述必须与角色行为描述完全一致,但是如果某构件想要参与某连接器定义的交互,那么该构件的端口必须遵守此连接器角色声明的规则。

有的时候需要从不同的抽象层次描述指定的系统。可能需要将系统拆分成数个子系统来进行描述,这样可以有效地降低描述的复杂度,随后再将所有的子系统描述整合成为完整的系统描述。人们可能会需要支持分层次的描述系统的相关手段。

幸运的是,WRIGHT 语言支持分层描述。在 WRIGHT 语言中,构件的计算或者连接器的粘合都可以被认为是一个子系统,并且将其作为一个子系统来进行配置的描述。在此种情况下,构件和连接器就作为嵌套系统的抽象边界。假设人们现在使用嵌套的体系结构描述来描述构件的计算部分,那么在内部描述中必然至少有一个未连接端口,因为构件是需要和外界环境进行交互的。同时这个构件会定义所有它使用的端口(在定义计算部分,即嵌套系统之前），也就是说，实际上未连接端口必然是被重复定义的。WRIGHT 使用绑定 (binding)这一概念将同一端口的内部名称与外部名称统一起来，这种处理对连接器的角色 也同样适用。

图 3-36 说明了基于 BM 系统的分层描述。实际上，Framework 有一系列具有不同功能 的构件，而其中的两个与 BM 系统相关：BundleControl 负责控制 bundle 的生命周期，而 ServiceManagement 负责服务注册。其中包含绑定声明的嵌套描述负责将端口的嵌套定义 与外部定义联系起来。

```
Configuration BundleManagement
    Component  Framework
        Port Control
        Port Registration
        Computation
            Configuration  BundleService
            Component BundleControl
            ...
            Component ServiceManagement
            ...
            Instances
                BundleControlA : BundleService
                ServiceManagementA :ServiceManagement
            Attachments
                ...
            End BundleService
            Bindings
                BundleControlA.Control = Control
                ServiceManagementA.Registration = Registration
            End  Bindings
    Component  Bundle
    ...
    Connector Procedure-call
    ...
    Instances
    ...
    Attachments
    ...
End BundleManagement
```

图 3-36 BM 系统的分层描述

至此，WRIGHT 语言的基本元素与配置构成已经介绍完毕。需要了解的是，配置仅仅 声明了单一系统的结构。然而，作为架构师，需要关注拥有共同性质的一族系统。软件体系 结构风格表达的是一种关系，该关系定义了构件应用的限制以及构件组合与设计的规则。

对体系结构风格描述的支持是 WRIGHT 语言与众不同的显著特征。简要介绍用于描 述风格的相关元素，包括接口类型（interface type）、参数化（parameterization）与约束 (constraint)。正如之前介绍的那样，构件与连接器类型使用代表了系统部件的重用概念。 同样还需要在构件与连接器的内部延续重用这一概念。也就是说，某个风格可能仅关注或 者约束构件和连接器中的一部分，例如端口和角色。例如，在管道连接器风格中，每个构件 作为管道连接器，所以，几乎所有的构件都需要数据流的输入输出端口。虽然每个构件需要 的输入输出端口数量与名称都不相同（例如，数据源可能只有输出端口，而数据接收槽只有 输入端口）。所有的过滤器在忽略其内部功能的情况下对数据的输入输出行为是一致的。

在 WRIGHT 语言中,使用接口类型来描述构件与连接器的这种一致性,也就是端口与角色的格式。图 3-37 展示了输入输出端口的接口类型定义

```
Interface Type DataInput = [不断地读数据, 在遇到end-of-data时关闭端口]
Interface Type DataOutput = [不断地写数据, 结束时关闭端口并发出end-of-data的信号]
```

图 3-37　端口的接口类型定义

显然接口类型在定义端口上更加有用,但其仍然可以用于连接器的角色定义。以函数调用连接器为例,可以了解到定义者应当提供含返回值的方法以供调用,如图 3-38 所示。

```
Interface Type ICaller = [调用函数, 获得返回值]
Interface Type IDefiner = [提供带返回值的被调用函数]
```

图 3-38　角色的接口定义

在描述一个系统时,体系结构描述如何才能覆盖更多的情况并且达到更高的灵活性是重要问题。WRIGHT 通过参数化类型定义来实现这一目标。例如,在 BM 系统中,每一个 Bundle 作为构件拥有提供给其他 Bundle 的服务,这些服务相当多样化。然而,Bundle 构件仅有一个 Activator 端口用于接收启动命令,一个 Register 端口用于向 Framework 注册服务,以及数个与服务使用和提供相关的端口。每个 Bundle 拥有 3 种类型的端口参与外部交互,但每个 Bundle 的计算功能依其提供的服务而不同。

如图 3-39 所示,基于上述理由对计算部分进行参数化处理,这样就可以描述任何一种 Bundle,不管它提供何种服务。由于可能不知道在某个 Bundle 服务使用与提供上,与多少个其他的 Bundle 进行交互,使用 1..n 来声明在该 Bundle 中可能有不止一个 Service 端口。实际上,WRIGHT 允许在类型描述中的任意部分进行参数化处理,端口类型、角色类型、计算、接口的名称等都是可以参数化的。尽管如此,仍需要注意,参数化仅在类型声明中使用,当类型被实例化时参数必须被确定化。在这里,端口数量的确定化也表明了 WRIGHT 描述的静态属性。WRIGHT 语言假定构件与交互在运行时不发生改变。虽然 WRIGHT 语言拥有参数化这一概念,但不意味着 WRIGHT 语言是一种支持动态体系结构描述的 ADL。

```
Component Bundle (S: Computation, n: 1…)
    Port Activator = IDefiner
    Port Register = ICaller
    Port Service1..n [调用服务功能或者提供服务功能]
    Computation = S
```

图 3-39　参数化示例

最后介绍 WRIGHT 语言中使用的约束。如果系统是属于管道连接器风格的,那么至少必须满足一个条件——它只能使用过滤器构件和管道连接器。WRIGHT 语言风格描述通过约束来声明某个风格必须遵守的属性。WRIGHT 语言的作者使用一阶谓词逻辑来表示约束,十分直观。约束声明涉及的集合与操作,如图 3-40 所示,所有的符号都是预定义的。

至此,可以使用图 3-40 中的符号来描述管道连接器风格。图 3-41 所示的约束代表所

```
Components: the set of components in the configuration.
构件：配置中的构件集合。
Connectors: the set of connectors in the configuration.
连接器：配置中的连接器集合。
Attachments: the set of attachments in the configuration.
Each attachment is represented as a pair of pairs ((comp, port), (conn, role)).
附件：配置中的附件集合。每个附件被表示为配对的配对：((构件，端口)，(连接器，角色))
Name(e): the name of element e, where e is a component, connector, port, or role.
元素e的名称，其中e是构件、连接器、端口或角色。
Type(e): the type of element e.
元素e的类型。
Ports(c): the set of ports on component c.
构件c的端口集合。
Computation(c): the computation of component c.
构件c的运算。
Roles(c): the set of roles of connector c.
连接器c的角色集合。
Glue(c): the glue of connector c.
连接器c的粘连。
```

图 3-40　约束符号(Allen,1997b)

有的连接器必须是管道,而且所有的构件只能拥有 DataInput 与 DataOutput 端口。使用一阶谓词逻辑即是直观的,也是数学化的,但是如果要用一阶谓词逻辑来表达一个特殊或者复杂的约束时,情况就不一样了。一旦使用了大量的谓词,约束就变得复杂了,不仅难以阅读,而且也难以分析了。

```
Style Pipe-Filter
    Connector Pipe
        Role Source [不断地发送数据，在结束时发送终止信号]
        Role Sink [不断地读数据，在遇到end-of-data时关闭端口]
        Glue Sink [顺序接收Source传来的数据]
    Interface Type DataInput = [不断地读数据，在遇到end-of-data时关闭端口]
    Interface Type DataOutput = [不断地写数据，结束时关闭端口并发出end-of-data信号]
    Constraints
    ∀c:Connectors.Type(c)=Pipe∧∀c:Components,
    p:Port|p∈Port(c)·Type(p)=DataInput∨Type(p)=DataOuput
```

图 3-41　管道连接器风格的约束声明(Allen,1997b)

3.6　可扩展体系结构语言基础框架 FEAL

3.6.1　设计意图

前面介绍过,众多 ADL 是为了不同领域与不同目的而开发的。但是其中大多数不关心重用与扩展性问题,使得开发新 ADL 与扩展 ADL 的新特征都会产生不必要的代价,相应的工具必须依照 ADL 的改变而重新设计。为了解决该问题,人们开发了可扩展体系结构语言基础框架(Foundation of Extensible Architecture Language,FEAL)。它提供一个底层架构基础来构造新 ADL 的各种表义符号。通过将 ADL 的表义符号映射到 FEAL 的内部元素,新增的 ADL 的功能可以很快地被添加。基于 FEAL 的原型系统是一个可扩展的可视化体系结构开发工具,可以支持任何与 FEAL 兼容的 ADL。这使得软件体系结构描述研究的代价大大降低,并且改进了 ADL 的实际应用效果。

FEAL 指定了一套描述性的抽象定义、一个参照式结构与一套映射机制。本节将详细讨论这些议题。

所有 ADL 都会定义其表义符号组成用于描述的基本词汇表。其中的一些是独特的,而其他的从表现上看十分相似甚至是一致的。为了统一那些独特的元素,必须指出其表达基础。例如,一些 ADL 会提供版本与服务 ID 以便对构件进行检查。一些 ADL 支持变量,可以动态地获取相关值。为了达到这一描述需求,使用属性(Property)这一抽象概念。属性是一个简单的键值对,可以附加一个形式化的表达式来声明计算规则或者约束。

对于那些共同的元素,也有可能在基础语义上彼此不同。最著名的例子就是构件,几乎所有主流 ADL 都定义了构件。不幸的是,它们是相关的而不是相等的。一些构件表示计算单元,仅存在于运行时;另一些构件则声明了二进制可重用软件包,可以在静态设计阶段被导入。一些构件区别类型与实例,而另外一些则不加区别。基于这样的考虑,需要弄清构件的设计意图而不是关注名称本身。在 FEAL 中,定义了实体、类型和实例用于描述像构件这样的表义符号。如此一来,构件的实际含义由 FEAL 的映射器控制。

根据对于众多流行的 ADL 的调查分析,人们定义了 10 种 FEAL 元素,称它们为 FEAL 元素类别(FEAL Element Category,FEC),它们是体系结构表义符号的抽象表达。

(1) 视图模型 ViewModel。是一系列代表结构模型的元素。一个视图模型包含一系列 FEAL 的其他元素以及它们的配置。视图模型还可以有输入参数。WRIGHT 中的配置以及 ACME 的术语风格适合被映射成视图模型。

(2) 容器 Container。用于容纳其他 FEC 元素(包括容器元素)。特定 FEC 的容器写作 Container{FEC}。

(3) 实体 Entity。是一种元素,它不需要类型/实例的支持,这在快速结构建模中特别有用。因为类型/实例的概念会引发不必要的额外负担,例如一些实例只被使用一次。

(4) 类型 Type。是特殊的实体,它支持重用和一致性检测。在类型上可以定义构件类型、连接器类型、端口类型、服务类型或者任意相近的元素。同时,类型也适用于静态设计模型,该模型的元素会被运行时模型所引用。类型的许多特征与一般实体不同,例如类型的继承、导出与导入。这些特别点都值得关注。假设类型只支持单一继承。

(5) 实例 Instance。是某些类型元素的实例化对象,是一种特殊的实体。

(6) 属性类型 PropertyType。某些类型元素要声明属性并实例化。属性类型是属性的集合,用于限制实例的值。可定义如下基本属性类型:整型、双精度浮点型、日期和字符串型,或者将值标记为只读或可选。假设属性类型不支持相互继承。

(7) 属性 Property。是一个简单的键值对,记录了简单信息。其中的值可以是变量,通过对子脚本元素运行时分析计算而来。属性可以从属性类型实例化而来,也可以独立存在。不存在属性实例这一概念。

(8) 连接 Link。用于声明元素之间的关系,尤其是实体、类型、实例之间的关系。一系列的连接关系构成了配置,声明元素如何绑定在一起。注意不要将连接器(Connector)与连接的概念混淆了。

(9) 脚本 Script。一些 ADL 使用脚本来表述行为、约束与计算规则,如图 3-42 所示。脚本通常使用进程代数、逻辑或者自定义语法的形式来书写。需要注意脚本在不同的分析器解读下有不同的执行效果。在原型系统中,所有的 FEC 元素都是可读的与可视的,只有脚本需要使用特定的语法分析器。

```
script RestoreStandard
   in a: Account
   prv i: record(c: Customer; co:VIP)
   for i in match {c:Customer; co:VIP|co(C,a)}loop
      remove i. co;
      create standard(i.c, a);
   end loop
end script
```

图 3-42 Rapide 脚本

(10) 备注 Comment。它是描述性的,以便于阅读与学习。

当开发一种新的 ADL 时,其相关概念与术语必须被映射成 FEC 元素。

3.6.2 FEAL 结构

FEAL 并不希望能够覆盖所有的 ADL,因为这会导致超出预期的代价,增加不确定性与复杂度,迫使用户放弃使用。FEAL 仅处理那些与其兼容的 ADL,这些 ADL 必须符合 FEAL 的结构。更具体地说,ADL 的表义符号应该被安排成树形且遵从一些规则。在图 3-43 中使用了正则表达式来说明这些规则。这些规则并没有破坏 FEAL 的通用性,总可以找到适当的方式来表达需要的描述。

```
FEAL_ROOT=C{P}?C{VM}
   VM=C{T}?C{I}?C{E}?C{P}?C{L}?C{C}?CO?ID
   T=C{T}?C{I}?C{E}?C{PT}?C{P}?C{L}?S?CO?ID REFID
   I=C{I}?C{E}?C{P}?C{L}?S?CO?ID REFID
   E=C{I}?C{E}?C{P}?C{L}?S?CO?ID REFID
   P=C{P}?S?CO?ID Value
   PT=C{PT}?C{P}?S?CO?ID
C[FEC]=FEC*
 REFID=ID
    ID=([a-z]|[A-Z]|[0-9])+
 Value=String|Digital
Symbol:C:Container,VM:ViewModel,T:Type,I:Instance,E:Entity,
   P:Property,PT:Propertytype,L:Link,S:Script,CO:Comment
```

图 3-43 FEAL 结构

对有些规则要有足够的重视。FEAL_ROOT 只包含一个视图模型的容器,可选属性用于记录元(meta)信息。为了遵守此规则,所有类型、实例与实体元素的定义都必须封装在视图模型中。一方面,人们希望为非视图模型元素设置范围来执行访问与交叉引用控制。为了实现全局类型、实例、实体定义,可以定义一个带全局范围的视图模型。另一方面,人们希望视图模型中的元素能够在基于 FEAL 结构的建模工具中用视图表示。对非试图模型元素的全局禁用降低了复杂性。

关于类型的规则也要特别注意。类型与其他的 FEC 的根本区别是它明确地考虑到子类型与属性类型的定义,后者仅允许子属性类型元素。在嵌套类型结构中,可以表达构件类型的接口类型。同时,当一个类型需要指定其实例的属性时就需要子属性类型。

最后,来看看内置于类型、实例与实体中的 REFID,它表示视图模型中存在元素的有效 ID。这是为子结构做准备。例如,一些 ADL 构件或连接器可能为了观察或者分析而扩展其内部结构,这时,需要在一个单独的视图模型中对内部结构进行建模,如图 3-44 所示。

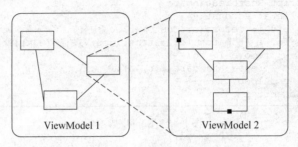

图 3-44　视图模型索引

还有一种 REFID 是风格与格式的填入。这与分层结构需要索引不太一样,它需要能被属性处理的参数。虽然 REFID 能够用属性来表达,但是,由于使用的需要,还是将其从一般属性中分离了出来。

要利用 FEAL 来支持与 FEAL 不兼容的 ADL,应该先了解 ADL 的结构。有人通过实验显示这些改变不会影响被测试的 ADL 的表达能力。

3.6.3　FEAL 映射器

FEAL 最初的目标是搭建一个可扩展的体系结构建模系统。当获得了一个 FEAL 兼容的 ADL 时,下一步是将该 ADL 的术语映射至 FEC,这个步骤由 FEAL 映射器完成。

FEAL 映射器有一系列有序的映射记录。映射包括两个步骤。

首先是 ADL 到 FEAL 的映射。FEAL 或者基于 FEAL 的系统建模工具并不理解 ADL 的含义,因此由 ADL 开发者负责将 ADL 术语映射到相应的 FEC。

其次是相关的建模工作。FEAL 映射器负责告诉基于 FEAL 的 ADP 如何处理特定的 ADL 符号,例如用什么形状表达,用什么样的背景颜色,用什么样的纹饰来装饰,是否能够被编辑,等等。

在使用基于 FEAL 的 ADP 处理特定的 ADL 时,用户可以通过 FEAL 映射器自己调整工具的外观,只需要修改源代码并且重新编译工具即可。可以使用任何文字编辑器实现该任务。

3.6.4　FEAL 应用示例

在本节中,给出两个例子说明如何使用 FEAL 和 ADL。第一个例子是关于修订 WRIGHT 的,通过该例显示如何使用 FEAL 映射器将 WRIGHT 转化为 FEC。第二个例子是一个 ADL——mADL,希望添加视图来分析它的性能。

1. WRIGHT(Allen,1997b)

WRIGHT 语言的基本元素总结如下:

- 配置(Configuration),系统模型的封装,包含其他所有的定义。
- 构件(Component),包含一系列端口与唯一的计算的定义,前者定义构件的接口,后者使用 CSP 脚本或者子配置来定义构件的实际功能。

- 连接器(Connector),与构件相似,包含一些角色声明与粘合声明来描述所有角色的内在联系。
- 实例(Instance),声明配置中使用的构件与连接器实例。
- 连接关系(Attachment),将所有的实例绑定到一起。
- 接口类型(Interface Type),CSP 定义的用于描述端口或者角色的类型。
- 绑定(Binding),在分层系统中用于描述不同层级中的共同元素。
- 约束(Constraint),形式化定义用户声明内部元素的有效情况。
- 风格(Style),拥有参数的配置模板。

表 3-3 是 WRIGHT 表义符号与 FEAL 描述的映射关系。

表 3-3   WRIGHT 与 FEAL 描述的映射关系

WRIGHT 表义符号	FEAL 描述	WRIGHT 表义符号	FEAL 描述
Configuration	ViewModel	Role(由 Interface Type 定义)	Instance
Component	Type	Glue	Script
Connector	Type	Bindings	包含 Property 的 Container
Port(由 CSP 定义)	带有 Script 的 Entity	Instances	包含 Instance 的 Container
Port(由 Interface Type 定义)	Instance	Attachments	包含 Link 的 Container
Computation（由 CSP 定义)	Script	Interface Type	带有 Script 的 Type
Computation(由层次式 Configuration 定义)	引用另外一个 ViewModel	Constraints	Script
Role(由 CSP 定义)	带有 Script 的 Entity	Style	ViewModel，同时使用 Property 表示参数，用 Script 表示约束

需要注意的是,这里略微修改了 WRIGHT 语法,使得它与 FEAL 兼容。一方面,分层配置应该用参照的高级配置来变化,以符合视图模型的要求;另一方面,一些表义符号在不同情况下使用不同的表达,例如构件和端口角色,需要在修订的 WRIGHT 中特别标记来说明它究竟是什么。从表 3-3 中可以看到,修订的 WRIGHT 能够很容易地映射到 FEAL 描述,同时并不丧失其表达能力。

2. mADL

mADL 是使用 XML 书写的 ADL,旨在对本书作者所在工作单位内部使用的移动分布式应用进行建模。我们对其进行了频繁的修改,使得它成为开拓性的研究。对其支持工具开发的重大努力迫使我们开始 FEAL 项目的研究。这里给出一个关于 mADL 特征修改的例子。

最初,mADL 支持由构件与逻辑连接器组成的运行时模型,该系统被认为是一个整体而忽略物理设备与无线网络。当性能成为一个重要考量时,人们希望添加一个物理视图来估算全局延时,可以通过每个单独的物理元素的传输速度计算而来。基于此考虑,人们制定了数个新标签来表达物理元素并且将性能参数添加进容器的属性。有些属性依赖其他属性,例如设备的传输速度由最大网络速度值与它本身共同决定。FEAL 使用属性脚本来支持这样的需求。利用 FEAL 与基于 FEAL 的 ADP 人们仅花了一天事件完成了 mADL 的新版本与它的新映射器。在接下来的一个礼拜内重点考量性能计算相关的问题。如果没有 FEAL 的支持,可能需要三到四周重新设计全局结构,补足所需工作,修复模块等,所花代价则比较沉重。

3.7 小　　结

本章重点介绍了软件体系结构描述,这也是软件体系结构的关键部分。本章还讨论了软件体系结构的非形式化描述、形式化描述问题,并且阐明了采用形式化方法的必要性和方法。

UML 是软件产业常用的一种描述软件体系结构的方法。本章对 UML 进行了分析,详细介绍了几种 UML 图形。介绍了用"4＋1"视图描述一个系统的思想,并给出了一个用这种办法来描述结构的实例。

ADL 是软件体系结构研究领域中的热点问题。本章简要地介绍了一些 ADL 的设计意图以及一些 ADL 的基本元素,并且对一些经典 ADL 的描述能力进行了比较,包括 ACME、C2、Darwin、KADL、WRIGHT、xADL、π-ADL。

本章最后介绍了 FEAL。

第4章 软件体系结构级别的设计策略

设计是针对指定需求提出权衡型解决方案的一项活动。软件设计可以依据不同的重点分解为数个过程,其中体系结构设计是一个关键性步骤,决定了需求能否得到满足。

在第2章与第3章中提及了体系结构描述的相关议题。通过这两章,读者可以了体系结构的哪些元素必须给出完整的信息描述,以及如何使用它们来表达结构、关系与行为。但设计师和架构师如何开始描述工作仍然是一个问题。设计总是从需求说明开始的,因此,关键是如何将需求与结构决策联系起来,例如某些特殊的构件与连接器的使用、体系风格的采用、设计所采用的风格、交互协议的确立等。

需求与设计之间的联系是设计规则,而设计规则是通过数年的经验累积取得的。体系结构的设计规则因为其对体系结构的重要性吸引了公众的注意,取得了重要的地位。一般来说,通过不同的设计规则可以得到不同角度的设计,这也带来如何选择最好的设计角度的问题。在实际过程中,这项工作是由结构评估来完成的,相关内容会在第6章详细介绍。评估基本上是一个涉众参与的会议,包括建议、讨论、辩论、信息跟踪与分析等环节,而所有这些都依赖参与者的自身经验。尽管如此,还是可以抽取出一些一般的法则来支持半自动甚至是自动的设计。这些法则以及设计和选择的形式化表达式可以存入知识库,实现软件设计中的专家系统。设计空间是处理这些法则问题的直观工具。

本章讨论设计空间与规则上的设计指导,以及与之相关的设计过程。

4.1 软件体系结构设计的重用

当前,重用是一个流行的新概念。在基于软件产品线的众多研究以及可重用软件元素、专用领域引擎与相关软件开发过程的基础上,软件重用已经相当成熟。然而,软件重用并不是"银弹"。虽然它能带来诸如节省开销、缩短投入市场时间、提高质量等好处,但还是难以控制与应用。

困难是由于其复杂性而造成的。例如,搭建可重用软件元素要付出更多的资源与努力,而这些通常会分散管理者太多的注意力与精力。将重用应用到实际中,开发过程需要重构,也就是组织结构需要改变。无论好坏,这样的改变通常在开发团队中都会引发争论。作者就经历过无法说服团队成员将几个模块加以完善以便重用的情况,因为他们坚持认为这会造成毫无必要的过大开销。还有关于创新与墨守成规的议题。例如,一个仓储服务供应商不想采用第三方提供的仓储软件构件,因为它坚信持有核心技术远比重用更有利。

从这个角度看,不仅需要改进软件重用,还需要改进技术方案。也许其中的一些改进在初始阶段并不令人满意,但至少应该是可以接受的。面向对象是切实可行的实用技术,支持重用软件元素包装和装配。紧随其后出现了一批工具,例如各种IDE与开发工具CASE都可以用于改进面向对象的开发体验。在早期,通过这些工具,软件重用的支持者们获益很多。尽管软件重用不是灵丹妙药,也不是与软件危机对抗的唯一方法,但是,当大多数软件开发者开始依赖它时,就无法忽视它了。

即便提供了可重用的软件元素(通常称为构件),故事还是离结束很远。在开发工程中必须做出某些修改来保证元素的装配。很显然,不能将一个以米为单位的零件装入以英寸为单位的机器里。必须承认有一些元素的适用范围很宽,如 C++ 的标准模板库与 JDK 库。而宽适用范围的代价则是开发效率的底下和质量的损失。使用这些构件,还必须关注系统运行时的全局结构以及如何进行交互等问题。它们都是低级别的可重用元素,只能作为进一步开发的基础。

而另一些可重用元素则不同。它们可以直接放入应用容器中,完整的系统就完成了。这里的重用产生了柔性软件体系结构。该软件体系结构规定了框架的执行并定义了构件正确运行的规则。在这个级别的重用中,体系结构是关键所在,它们必须首先设计成可重用的,否则,将没有具体的环境能被创造出来,更不用说构件库与市场了。例如,当 EJB 应用服务器没有被使用时,EJB 构件显得毫无意义。软件体系结构与领域相关。专业的需求概念与模型提供了基本的需求,驱动着体系结构设计。对于 GUI 应用来说,支持分层结构的框架似乎更加适用。模型-视图-控制(MVC)的三层模式使得试图与模型相互独立,因此可以保证可扩展性并且支持基于一个模型的多视图。例如,JFace Viewer 封装了 MVC 模式的 Eclipse 构件。它指派了一个 SWT 窗口作为视图,ContentProvider 与 LabelProvider 类作为控制器,并且支持任意的对象作为模型。在其他领域中,例如推理系统或者信号过滤器与简单的系统,体系结构则非常不同,它们在各自的领域中有自己的特征。

人们需要方法来选择适合特殊领域的体系结构。体系结构设计阶段关注依赖关系与框架的结构。体系结构风格与模式不能为此做出贡献,因为它缺乏形式化基础。不能使用不明确的描述方法来定义具体的设计规则。相反,设计空间方法则显示了它在体系结构设计分类上的能力。

4.2　体系结构设计空间与规则

体系结构设计始于一系列关于属性与行为的需求说明,止于一系列的构件连接器风格与配置的落实。测试可以用于检测需求是否被满足,如果是,这个设计就可以被认为是合格的。

以程序设计语言(例如 C 或者 C++)的函数作为例子。一个函数可以被认为是黑盒子,它接收参数并返回结果。输入不同的参数,函数的行为也会不同,尽管这些不同是有限的和可控的。函数的适应性是由参数唯一决定的。对于它们不同的配置可能产生不同的结果。典型的例子是 WIN32 的 API CreateWindow,它包含 11 个参数以控制窗口的外观、功能与布局。相似的例子还有 C++ 的模板或者编译的命令。

设计同样可以与函数进行类比,通过输入产生若干备选体系结构。采用多设计结果返回的一个理由是:并非所有的参数都是固定的,因为其中的一些是非预定义的,或者留下了一个范围。另一个理由则是其中的一些并不是独立的。实际上,设计空间的维度是互相影响的。性能影响可扩展性,可用性影响安全性。同步事件机制可能造成死锁。这些都会影响开销。总而言之,术语"设计空间"指明了所有可能的结果,而维度表示不同种类的需求、结构或者配置。

在构造一个设计空间之前,需要相关的法则与分类方法来表示在一个维度上的不同值。可能值的范围称作范畴。例如,可以定义一个维度"处理资源短缺的原则",该维度的两个值可以被设为"拒绝过多的请求以保证现有会话的响应"与"降低响应速度以保证处理更多的请求"。一个设计空间的简单示例如图 4-1 所示。

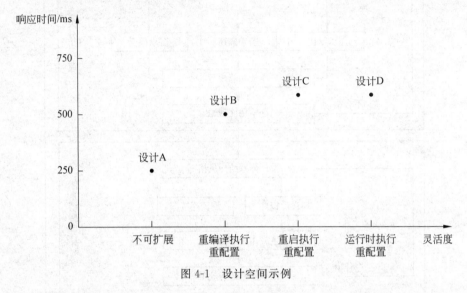

图 4-1 设计空间示例

4.3 SADPBA

本节介绍 SADPBA(Software Analysis and Design Process Based on Architecture,基于体系结构的软件分析和设计过程)(He,2004a)。该过程使用了设计空间的概念,并且应用到 ERP 系统和移动协同平台中。接下来给出简要介绍以及设计空间应用、追踪关系等。

4.3.1 总览

过程是有特定目标的动作序列。可以动作定义为如下的五元组。

$$\text{Action}_i = <\text{ID}, \text{SH}_i, \text{Res}_i, \text{Act}_i, \text{Cons}_i>$$

其中,ID 是当前动作的标识符;SH_i 是所有可能的刺激序列,一个激励序列是对系统的单一输入;Res_i 是 Action_i 对 SH_i 的响应列表;Act_i 是 Action_i 中所有活动的语义描述,定义了 Action_i 中从激励到响应的所有映射规则;Cons_i 定义了 Action_i 的行为约束,通常包括执行 Action_i 的初始条件、前置条件和后置条件,可表达为 Cons (init,pre-con,post-con),而 init、pre-con 和 post-con 分别为初始条件、前置条件和后置条件的集合。

过程是动作的有序集合:

$$\text{Process} = \{\text{Action}_1, \text{Action}_2, \cdots, \text{Action}_n\}$$

SADPBA 是用上述术语定义的一个过程,其特征就是软件体系结构动作。SADPBA 是一个迭代的过程,项目的每个阶段都以上一个阶段的工作为基础。SADPBA 将过程分解为 3 个动作:需求分析、软件体系结构设计与系统设计,因此设计空间也符合这个模式,将在 4.3.2 节中介绍。SADPBA 的综述如图 4-2 所示。直观上,通过分析前后相邻的两个过程的 SH、Res、Act 和 Cons 就能判断过程间的转换是否正确。

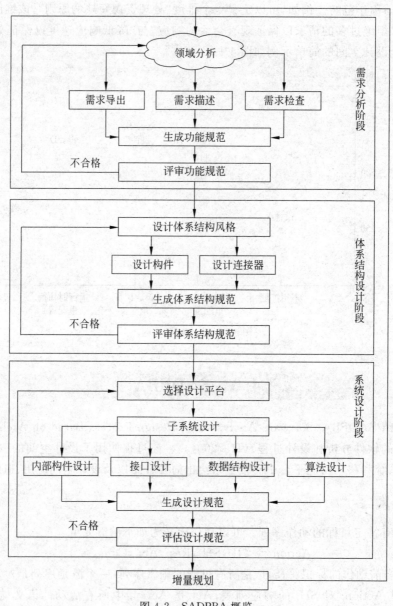

图 4-2　SADPBA 概览

4.3.2　使用设计空间对设计过程进行拆分

在 SADPBA 中,设计空间被扩展并应用到设计过程中的 3 个不同的问题。换言之,基于不同的考虑过程,整个过程被以下 3 个设计空间分解:关注系统功能的功能设计空间,关注构件如何组织的体系结构设计空间,以及关注设计细节与算法的系统设计空间。设计空间的形式化定义如下:

$$DS = \{d_1, d_2, \cdots, d_n\}$$

其中,DS 是设计空间,d_i 是设计空间的维度,是对系统某一特性或设计决策的描述,而集合中枚举的可能方法称为范畴。在面向领域的设计过程中,使用 3 个空间,意味着设计过程将依次从一个空间映射到另一个空间,如图 4-3 所示。

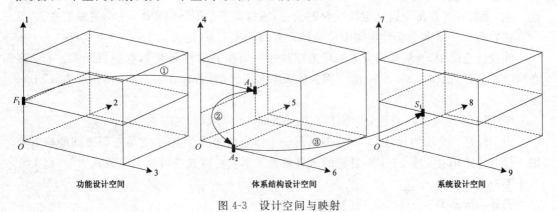

图 4-3　设计空间与映射

该过程执行从需求到设计细节的提炼。功能设计空间关注需求,尤其是那些功能属性。体系结构设计空间可以用第 3 章介绍的体系结构描述方法进行维度的度量,例如构件、连接器、配置、体系结构风格与模式等。系统设计空间关注更多的细节,包括构件与连接器的内部结构与关键算法。尽管设计结果的映射出于模糊与创造性的需要,通常是设计者凭经验来完成,但还是可以找寻到其中的一些固定规律,尤其是在该过程针对一个特殊领域时。给出如下的依赖定义:

设 F_i,$F_j \in$ DS 且 $F_i \neq F_j$,若 F_j 的取值依赖于 F_i 的取值,则称 F_j 依赖于 F_i,记为 F_j Dep F_i,设计空间中的维的依赖关系描述了多个方案如何组合到一起以实现一个系统。

定义映射关系如下:

DS1、DS2 是两个设计空间,如果存在一个法则 f,使得对任意 $\alpha \in$ DS1,在 DS2 中恰好存在一个 b 与之对应(记为 $f(\alpha) = b$),则称 f 是 DS1 到 DS2 的一个映射,记 $f=$ DS1$\rightarrow$DS2。α 称为 b 在 f 中的自变量,b 称为 α 在 f 中的值。

例如,在 GUI 系统中,如果用户需要支持 Undo/Redo 操作,该需求在体系空间中是通过命令模式来表达的(因此,需要命令构件、命令栈与命令管理器),而更进一步在系统空间中则表现为需要哪些命令与需要实现哪些额外特征。

图 4-3 中,带箭头的弧①与③反映了上述映射。而映射②看起来比较特殊,因为它是在单一空间内部映射,意味着在当前空间中必须应用某个模式。例如,在一个建模系统中采用命令模式,而命令模式中一个好的决策是利用重用策略(reuse policy)将命令与编辑操作相关的对象联系起来。在此之后,可以通过添加或移除策略来修改某类对象的编辑功能,或者通过指定现有的策略方便地使对象支持编辑操作。

在这种方式下,实现"设计机器"(输入需求,返回设计结果)便有了可能。如果预先就能定义好评估规则并指定不同维度的权重,这种机器可以选择最好的方案,为了实现这一点,需要收集映射的规则,通常是在设计空间规范下比较并总结不同的设计。人们能够判断设计是否合理,以及是否存在由于隐藏的缺点引发的设计缺陷。

4.3.3 SADPBA 的追踪机制

对于一个能够自动设计的工具来说,判断它的输出好坏是十分重要的。验证能够实现这一点,而它需要在每个设计空间映射的信息,所以需要抽取 SADPBA 中的追踪关系。

追踪是单一或多个项目空间中的项目元素的可逆关系,定义如下:

在设计空间中,若从项目元素 α 可追踪到另一个相关项目元素 β,称项目元素 α 和 β 存在可追踪关系,记作 α Trace to β。(因为该关系是可逆的,若存在 α Trace to β,必有 β Trace to α。)

SADPBA 将可追踪关系分为两类。第一类是 DS_F 与 DS_A 之间的关系:

设 DS_F 是一个功能设计空间,而 DS_A 是一个体系结构设计空间,f 是它们之间的映射规则。仅当任意项目元素 $\alpha \in DS_F$ 且它的所有依赖关系都可以被映射到 DS_A 的元素时,称 DS_F 对于 DS_A 是完备的。

另外一类是 DS_A 与 DS_S 之间的关系:

设 DS_A 是一个体系结构设计空间,而 DS_S 是一个系统设计空间,f 是它们之间的映射规则。仅当任意项目元素 $\alpha \in DS_A$ 且它的所有依赖关系都可以被映射到 DS_S 的元素时,称 DS_A 对于 DS_S 是完备的。

单纯从数学的角度看,完备性意味着在一个映射中每个元素都有对应的映射结果。在设计空间中,完备性保证给定一个设计空间的输入都可以在下一个设计空间中找到相应的结果。全部的设计过程行为都是可确定的,这也是自动设计工具的运行基础。

SADPBA 使用基于顺序的规范过程。每个顺序表示一个使用的脚本。通过脚本的枚举、置换和联合,SADPBA 开发者检查并验证设计结果并且确定追踪关系:

(1) 在相同的空间中,有依赖关系的项目元素具有可追踪关系。

(2) 若 DS_F 对于 DF_A 是完备的,则它们之间的项目元素具有可追踪关系。

(3) 若 DS_A 对于 DF_S 是完备的,则它们之间的项目元素具有可追踪关系。

4.3.4 软件体系结构的生命周期模型

软件体系结构对于大型软件系统的成功是至关重要的。选择不合适的体系结构会导致一系列的灾难,这也是应该努力避免的。为此,基于形式化推理系统与相关原则建立了软件体系结构声明周期这一概念。在一个生命周期中,软件体系结构包含创建、改进、结构等过程,如图 4-4 所示。

软件体系结构生命周期模型用于描述软件体系结构经历的所有阶段。该描述是独立于项目结构的,指导软件体系结构遵从形式化理论基础与工程原则。

软件体系结构生命周期模型由以下几个阶段构成。

(1) 非形式化描述软件体系结构。当一个体系结构最初的概念产生时,通常都还不成熟。设计师之间通过自然语言来交流他们的想法。例如,C/S 结构就是一个体系结构设计很好的起始点。项目干系人可以通过非形式化的表达(例如 UML 图)来描述他们的设计架构。虽然它不够成熟,但是这个阶段是必须经历的。

(2) 形式化描述软件体系结构。在这个阶段,体系结构被合适的形式化理论修正,例如进程代数或 Petri 网。这个阶段就是 ADL 发挥作用的时候。软件架构师通过使用第 3 章

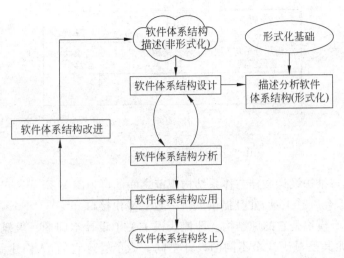

图 4-4　软件体系结构生命周期

讲到的基于 CSP 的 WRIGHT 语言或者 ACME 语言等对软件体系结构进行准确描述,给出精确的定义,以避免项目体系结构中的语义模糊。通过该方法,使用相关的分析工具,设计师能够验证体系结构,并且找到死锁、系统陷入不确定性混乱等问题。通过形式化的描述与分析,大多数情况下可以避免盲目地选择体系结构。

(3) 软件体系结构评估。虽然形式化分析功能强大,但它还是不能解决体系结构的所有问题。在实际过程中,评估是一个关键性步骤,它由项目涉众参与并指出结构中不满意的地方。使用额外的模型来检查必要的质量属性是否与之前声明的条件一致。该阶段用于决定当前结构是否投入应用。

(4) 软件体系结构应用。在该阶段中,改良的软件体系结构会被应用到系统的设计中去,初始框架组织体系结构元素也正是基于该体系结构的。

(5) 软件体系结构改进。需求、技术、环境与部署的修改可能导致体系结构的修改,称为软件体系结构改进。对体系结构要进行修改和验证,以保证其在新情况下的适用性。

(6) 软件体系结构终止。如果软件体系结构在一系列改进之后变得难以理解,且不满足蓝图的要求,则应该放弃它。该体系结构的生命将终止,而新的体系结构将产生。

4.3.5　实践中的 SADPBA

基于设计空间理论,SADPBA 产生了专用的软件体系结构开发工具来支持依赖关系的查询与移动以及设计中的可追踪关系,帮助开发者检查需求、体系结构和系统细节规范的正确性和完备性和一致性。图 4-5 解释了该开发工具的层次架构。

图 4-5 中的每个部分的功能介绍如下:

(1) 知识库:存储并管理软件需求规范、体系结构文档以及依赖关系和可追踪关系。

(2) 需求分析与管理工具:帮助设计师分析与管理需求,产生需求规范。

(3) 体系结构设计工具:帮助设计师设计与描述软件体系结构,并创建与维护体系结构描述与需求规范之间的可追踪关系。

(4) 系统设计工具:帮助设计师将结构变为实现级别的元素,例如面向对象方法的包、

GUI		
需求分析与管理工具	体系结构设计工具	系统设计工具
知识库		
宿主环境		

图 4-5　SADPBA 开发工具概览

类与接口。创建与维护设计文档与体系结构规范之间的可追踪关系。

（5）GUI：综合所有工具，并且提供风格一致的操作接口。

该工具的核心模块是它的库结构。即使获得了关于设计空间的一般概念，也需要可以实现的库方案，尤其是对于 3 个不同的设计空间。为了管理它们，人们建立了 3 个特征矩阵。在需求分析的行为中，定义了需求特征矩阵，其中的每一行包括一个需求的记录，包括优先级、状态、开销、难度、稳定性与踪迹（表 4-1）；在体系结构设计行为中，定义了体系结构特征矩阵，包括分类、语义、扩展性、异构、约束与踪迹（表 4-2）；在系统设计行为中，定义了系统特征矩阵，每一行代表一个设计方案，包括分类、约束、并发性、难度、功能与踪迹（表 4-3）。

表 4-1　需求特征矩阵

需求	优先级	状态	开销	难度	稳定性	追踪至	追踪自
Req1	2	Approved	2	Low	High	A_comp1	
Req1	2	Incorpor	4	Medium	Medium	A_comp3	
⋮	⋮	⋮	⋮	⋮	⋮	⋮	
Req74	3	Validate	4	High	Low	A_com4	

表 4-2　体系结构特征矩阵

体系结构设计项目元素	分类	语义	扩展性	异构	约束	追踪至	追踪自
Comp1	Prim	Windows	Low	Low		S_Comp1	
Conn1	Dcom	Internet	High	Low		S_Int2	R_Comp5
Comp2	Comp	Windows	Low	Medium		S_Comp1	R_Comp2
⋮	⋮	⋮	⋮	⋮		⋮	⋮
Config8	C/S	Three-tiers	High	High		S_Int21	R_Comp55

表 4-3　系统设计特征矩阵

系统设计项目元素	分类	约束	并发性	难度	功能	追踪至	追踪自
Comp1	Comp	Windows	Low	Low			A_Comp1
Alg1	FFT	Windows	High	Low			A_Comp1

续表

系统设计 项目元素	分类	约束	并发性	难度	功能	追踪至	追踪自
Interf1	Prim	Internet	Medium	High			A_Config2
⋮	⋮	⋮	⋮	⋮			⋮
Comp30	Prim	Windows	High	Medium			A_Comp26

在需求分析阶段,开发人员需要尽可能搜集有关系统的各种功能性需求以及非功能性需求。一个软件最终是否成功,通常是以客户或用户的满意度为直接体现的。如果开发阶段初期的需求分析做得不够完善,需求调研存在误差或者遗漏,将对后续开发造成影响甚至不可逆的损失,最终产品评价也将面临严重的质量危机。

体系结构设计阶段则需要软件架构师根据上一阶段可靠的需求报告,根据自己丰富的软件架构知识与经验,对软件体系结构进行设计,形成合适的体系结构风格。根据需求分析的结果设计出构件与连接器,确定体系结构规范,对其进行评审,看它是否能够满足系统要求的功能性以及非功能性需求,并经过不断改进确定构件集合、连接器集合与体系结构规范。

系统设计阶段则在确定构件与连接器的基础上,对整个系统的架构进行规划。当前有很多流行的架构思想与概念,例如插件架构、组态架构、虚拟化架构、嵌入式架构等。

1. 插件架构

插件的英文为 plugin、add-in、add-on、extension。插件架构以其良好的扩展性而受到体系结构设计者的极大青睐。插件是为一个已有的软件系统增添功能的一个软件构件。软件功能的增添或删除由插件的安装或卸载来决定,而这一过程通常通过用户简单的操作实现,因此基于插件架构的软件通常都是可以自定义的。一个最普遍的例子便是基于浏览器的插件管理。例如,谷歌 Chrome 浏览器提供扩展插件页面,用于下载与管理新的扩展插件,在浏览器中使用,以实现各种各样的功能,包括搜索引擎、病毒扫描、翻译、新文件格式的打开方式(例如新的视频格式)等。比较知名的浏览器插件有 Adobe Flash Player、QuickTime Player,还有各种各样的 Java 小应用(Web applet)可以通过本地虚拟机(即 JVM)实现,来帮助浏览器用户实现各种各样的功能,满足用户各种各样的需求。

程序员所熟知的另一个插件架构程序就是 Eclipse。这是一款基于 Java 的开源开发平台,其核心只提供了一个框架与一组服务,开发环境完全通过插件组成构件。Eclipse 框架如图 4-6 所示,所有的外部插件,不管是官方的、第三方的还是开发者个人编写的,都以相同的接口连接到 Eclipse Platform 平台上实现功能。Eclipse 开发环境最常用的插件集就是Java 开发工具包(Java Development Kit,JDK)。

插件架构有以下优点:

(1) 具有方便的定制性。

(2) 方便开发和测试。

(3) 方便更新,从而延长软件的生命周期。

(4) 增加软件销售的灵活性。

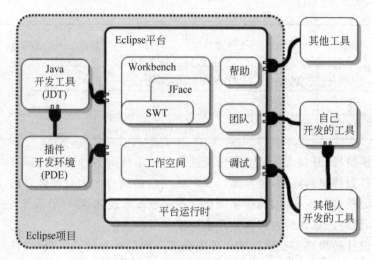

图 4-6　Eclipse 插件架构

但插件架构也有以下问题:

(1) 前期的设计难度比一般的应用系统大。

(2) 需要插件开发人员熟悉协议。

2. 组态架构

组态(configure)是在工业界十分流行的一个方式。采用组态架构,无须编写构件的代码,而通过复用通用的软件模块,只对各构件间的连接进行配置,就像搭积木一样,最终形成目标软件,实现功能需求。因此,这样的开发也称为二次开发。工业中分布式控制系统(DCS)的软件多被称为组态软件,例如:

- 系统结构组态软件:对系统中的硬件结构、CPU 主/备机状态、I/O 模块地址等进行配置。
- 网络结构组态软件:用于配置、组建整个网络结构,为各网络节点分配 IP 地址、站号并进行管理等。
- 控制逻辑组态软件:依靠梯形图、功能块、结构化文本等编程语言实现组态编程功能,形成组态编程的概念。

除此之外,还有人机界面组态软件、数据库组态软件等类型。

图 4-7 是基于中央数据库的广域 Ignition SCADA 组态架构。采用集中的数据库,应用多个服务器分布于不同站点,每个客户端都通过连接到服务器形成站点单元,也就是组态中的积木。而这些积木与中央数据库则通过公司 WAN 进行配置和连接,构成最终的 SCADA 系统。

国际上知名的组态软件有 In Touch、IFix、Citech 等,国内有资金桥 Realinfo、Hmibuilder、世纪星、组态王等。

3. 虚拟化架构

虚拟化是指将一台计算机虚拟为多台逻辑计算机。虚拟化对底层的硬件资源进行抽

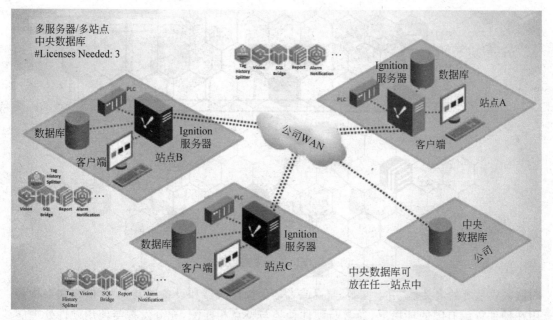

图 4-7　Ignition SCADA 组态架构

象,并重新组织,按照需要形成新的逻辑计算机,并且支持在每个逻辑计算机上运行不同的操作系统,各逻辑计算机上运行的应用程序又相互独立,互不影响,这样就增强了计算机的可用性与计算环境多样性,提高了计算机的工作效率。虚拟化是用软件方法隐藏硬件,以资源的形式进行重新分配,重新定义了 IT 资源,可以实现动态分配、灵活调度、跨域共享,提高了 IT 资源利用率。然而需要注意的是,在获得这样的优势的同时,往往还需要提供一部分资源用于支持虚拟机的运行,如果计算机本身的资源有限,又需要虚拟多台逻辑计算机,那么资源开销将是巨大的。

　　虚拟化已经是当今市场上的主流概念。虚拟化在当前最极致的表现就是云计算的概念,这一概念将在 8.1.3 节介绍五大计算中的云计算时详细介绍。整个互联网可以被视为一个超大规模集成计算机,其中所有的硬件资源都被抽象成计算资源与存储资源,通过联入云的终端所提交的计算任务,可以利用按需分配的虚拟资源加以处理。由于这一庞大的云系统涵盖了巨大的计算机资源,因此任务通常能够以极高的效率处理完成,并将结果返回客户终端。在云计算系统中,所有任务使用的都是虚拟化的网络资源,人们不清楚真正进行计算的硬件资源所处的位置,而只关注获得了足够的资源,以极高的效率完成了任务并获取了结果。虚拟化为全球计算资源的整合与共享提供了新的机会与思考方式,也让大数据这样的海量数据处理任务成为可能。

　　VMware 是最著名的 IT 虚拟化公司之一。图 4-8 是 VMware 虚拟化架构。每一台 ESXI 主机上都有一个虚拟化管理程序,因此每台主机都运行了不止一台虚拟机,可以满足多用户的不同需求。各主机分别通过以太网或者光纤通道连接存储设施或其他主机。

4. 嵌入式架构

　　嵌入式架构或嵌入式系统是计算机技术中非常重要的一种软件体系结构分支。IEEE

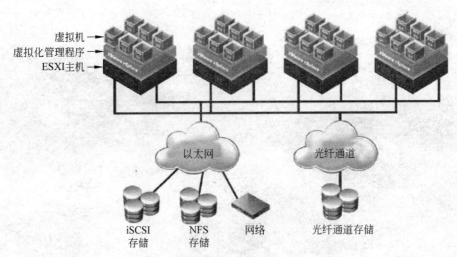

图 4-8 VMware 虚拟化架构

对嵌入式系统的定义是"用于控制、监视或者辅助操作机器和设备的装置"。嵌入式架构多用在硬件资源有限的环境下,通常与硬件种类与特点相匹配,充分发挥与使用硬件处理能力,又不超出硬件处理能力的限制。

图 4-9 是一个嵌入式架构的实例。该嵌入式架构分为 4 个层次、5 个模块。最底层是硬件。其上有一个 Bootloader 模块,通过 g-bios 对硬件进行初始化以及进行操作系统的引导工作,类似于 Windows 中的 BIOS 程序。MaxWit 使用的是 Linux 内核,其中包含图形引擎、音频、视频捕捉、存储、输入设备、WiFi、蓝牙、USB 驱动程序、电源管理、文件系统、线程管理与内存管理等基础模块,通过增强 Linux 系统调用的接口为上层提供服务。C/C++ 库和 JVM 是直接调用这一层次的一层,在这一层中封装了 GUI、WebKit、OpenGL、SQLite 等众多人们熟知的服务。而最上层便是应用层,各种窗口管理、游戏、媒体播放器、Web 浏览器等都调用封装好的库来实现应用功能。从这一嵌入式架构实例中可以看出,硬件资源被

图 4-9 MaxWit 嵌入式 Linux 架构

逐层组织,直到变为能够满足用户需求的功能实现。而上面 3 层都通过最底层的硬件资源来实现,受底层硬件的支持,也受其限制。

4.4　示例:MEECS

本节介绍移动嵌入式电子商务系统——MEECS,通过其来完成对于将 Agent 应用于移动电子商务的深入研究。在该系统的开发中引入并改进了之前讨论的 SADPBA。

4.4.1　MEECS 简介

电子商务在近 20 年来逐渐流行起来。仔细观察周围,你会发现电子商务无处不在。今天你可能在 Amazon 或 e-Bay 上购买任何你想要的东西。电子商务不仅包括 B2C 模式,还包括 B2B、B2G、G2G 等。通常,电子商务是各种计算机技术的综合,例如网络、数据管理,同时还包括商业模式、活动、原则与方法等。

移动设备与七八年前相比已经有了长足进步。其计算能力与存储能力已经超过了 2000 年的个人计算机。同时,移动设备拥有出色的特征,例如,用户可以方便地将其带到任何地方,可以接收多种模式的输入——按键、声音甚至是上下文感知。紧跟着这些特征而来的是创造性的应用与新的商业模式。然而,移动环境中的软件系统有以下几个特殊性,因此受到了人们的特别关注。

(1) 异构。在移动环境下运行的软件系统必须处理设备与网络的异构问题。例如,从移动终端传来的消息可能是经由 GPRS 网络进入由光纤组成的主干网,而后者使用完全不同的协议与传输技术。无法确保一个系统使用的所有设备都拥有相同的硬件与软件结构。

(2) 不稳定性。在大多数情况下,常规软件系统的宿主环境都维持在健康的状态下;但在移动环境下,不稳定的状态却是常态。网络可能被频繁切断,电力支持可能中断,系统使用的设备随时都可能被关闭。当人们在移动环境下使用移动网络设备时,通信带宽也是动态改变的。所有这些都迫使移动软件不能长期联网运行,而且随时都要做好出错的准备。

(3) 不对称性。固定节点与移动设备共存在一个系统中,但两者拥有不同的性能,这是移动设备不能担任服务器角色的根本原因。在系统设计中,主要注意力应放在如何避免让移动设备负担过大的工作负载上。

(4) 资源限制。移动设备与桌面工作站或者服务器相比,在计算速度、内存容量、电力支持、显示能力方面都有较大的差距。这说明了为什么当面对异构问题时不能采用一揽子的解决方案。

由于这些因素,当前支持非移动系统的方法在移动环境中失去其效果,而 MEECS 的目标是解决这一问题。MEECS 引入了 Agent 技术来避免人们对上述问题的过分干涉。如图 4-10 所示,MEECS 共分为 3 个部分。

MEECS 的核心部分就在于 Agent 路由,包含一族独立的 Server Agent。这些 Agent 并不直接在移动设备上执行,是在平台上实现 Agent 路由。想要使用该路由功能的移动用户必须下载 UI Agent(使用 GUI MIDlet 来实现),并且告知 UI Agent 他们需要什么(例如动态股票报表)。之后 UI Agent 向 Agent 路由上的 Agent 发送该请求,而 Agent 路由上的 Agent 了解服务供应商的位置。被选择的 Server Agent 与服务供应商连接,并最终返回结

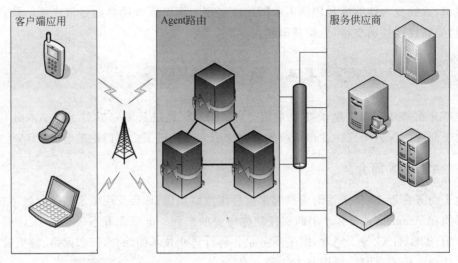

图 4-10   MEECS 概览

果显示给用户。

4.4.2   将 SADPBA 应用到 MEECS

本节简要介绍基于 SADPBA 的 MEECS 设计过程,并描述如何通过全面的需求考虑以及相关技术与研究来决定 MEECS 的体系结构。

本设计使用用例文档来记录项目的目标。首先将系统中的角色分为 3 类:使用移动设备的客户端用户、Agent 路由器的管理员和提供服务的供应商。

1. 需求分析

客户端用户的需求十分简单,他们希望能够使用服务,并且能够通过发送请求寻找和选择服务。必须考虑不同设备的显示异构问题,这引发了另一个研究项目——在有限移动环境(FIML)下的语言推动接口表现(Wang,2003)。简单地说,FIML 是一种专门用于不同移动环境下图形显示的标记性语言。本节不深入介绍该语言。你所需要了解的是该语言的需求分析与行为表述。图 4-11 为客户端用户用例图。

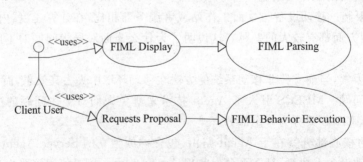

图 4-11   客户端用户用例图

管理员的任务是维护 Agent 路由器的映射记录,每一条记录包含一个客户与其使用的一项服务的信息。因此,引入了管理员 Agent 的概念,用于执行管理员职责涉及的独立构件,例如注册或注销一个客户端用户,找到适合的服务商,清除频道并保证用户与服务之间的交互。除了功能性需求之外,性能与可用性考虑也必须在这里找到解决方案。在下面关于体系结构设计的内容中可以看到这些需求是如何实现的。

供应商的职责较少。对于这个系统来说,他们只需要按照一定的规范实现自己的服务,使服务能够被 Agent 识别和使用即可。这部分比较简单,并不是 MEECS 的关键部分。

归纳上述各点,可以得到用例包的关系图,如图 4-12 所示,作为体系结构设计阶段的起点。

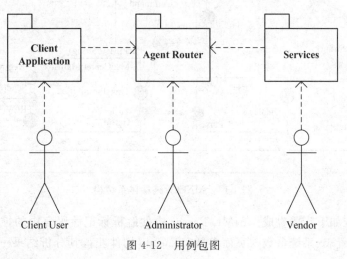

图 4-12　用例包图

2. 体系结构设计

在体系结构设计阶段,将整个系统分解为 3 个子系统。客户端(称作终端构件)关注表现层功能。Agent 路由器被设计为 MEECP。

终端的体系结构如图 4-13 所示。

终端包含以下构件:

- Facade:负责用户接口的组织与显示。更明确地说,控制、文本框、文本显示、按钮、图片等都由这个构件生成与维护。
- Command:解析 FIML 接口的行为标记,生成命令对象并且负责它们的执行。
- Parser:解析 FIML 标记,并且抽取嵌入其中的数据,为进一步的操作(如命令执行、接口显示)做准备。
- RMS:在移动终端中永久地存储数据,支持记录查询、插入、删除与更新等操作。RMS(记录管理存储器)最初是 J2ME 提供的用于永久存储记录的工具。本设计对其进行扩展以使其能够方便地用于系统。
- MsgCenter:这个后台构件负责消息通信,包括用户创建的消息对象之间的双向传送、网络间的字节流传输、消息的发送与接收。在移动环境下,网络中断是经常发生的问题。基于此考虑,MsgCenter 被设计成邮箱的工作方式或者设计为异步传输,允许连接中断和恢复。MsgCenter 是通过网络连接终端的唯一端口。

客户端体系结构支持 3 个过程:生成灵活的用户接口、行为执行与消息处理。

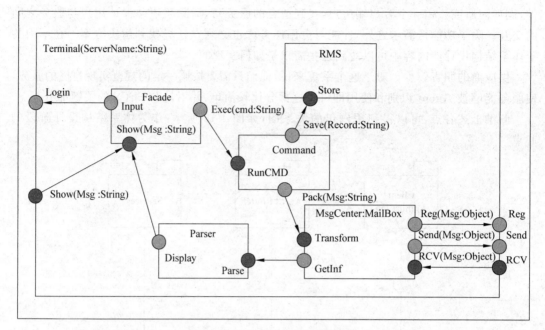

图 4-13　MEECS 终端体系结构

　　用户接口依如下步骤生成。FIML Parser 构件解析标记性语言中的控制描述,然后扩展变量,取代配置表、系统参数与页面参数。Facade 构件获得其分析结果——控制描述,最终修正显示区域。

　　行为执行从用户交互开始。一旦用户引发了一些行为,它的描述就被注入 Command 构件中。首先替换描述中的标量,并抽取行为的元素。命令序列接收命令并维护该命令,直到命令执行线程启动并且获取命令用于执行。

　　在行为执行的过程中,如果消息送至 MEECP,MsgCenter 构件就被激活了。它维护两个队列,一个用于存放接收的消息,另一个用于存放将要发送的消息。为了处理这个任务,MEECP 采用了两个独立的线程。

　　MEECP 构件负责任务注册、终端注册、用户信息管理与相应反馈。它有 3 个端口:Reg、Send 和 Rcv。Reg 是负责终端注册与注销的端口。每个终端期待获取 MEECS 中的服务,由 Reg 记录其标识与属性。Send 与 Rcv 是负责消息交互的端口。服务的注册是通过消息处理来完成的。MEECP 有 5 个顶层构件:Bus、Super Server Agent、Administrator Agent、Broker Agent 和 Function Agent。其中 Bus 是由 MsgCenter(与终端中的相似)、Agent 管理系统(AMS)和目录服务器(DF)组成的。MEECP 的体系结构如图 4-14 所示。

　　为了解决 Agent 间的任务分配与通信效率的问题,MEECP 引入了 Agent 分层管理体系结构。它按责任分作 5 层,如图 4-15 所示。

　　公共实体层由 Agent 管理系统与目录功能支持,以便保存基本 Agent 信息,包括标识符、状态、时间戳与绑定服务。外来消息由本层处理,因此,MEECP 的管理员通过过滤无用消息来加强管理。

　　管理控制层控制所有部署在平台上的 Agent。需要注意的是,它本身同样是一个 Agent,称作 Super Server Agent。从功能角度上看,Super Server Agent 并不提供终端所需

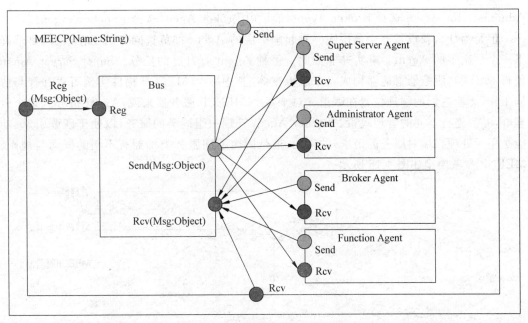

图 4-14　MEECP 的体系结构

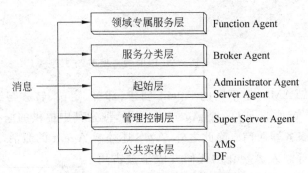

图 4-15　Agent 分层管理体系结构

要的服务,但它负责启动任务分配。

起始层完成将终端与选择的 Function Agent 相连接的工作。在这一层中,Administrator Agent 与 Server Agent 共同合作来平衡数个 Agent 的负载。

服务分类层用于服务的分类。它保存相关注册服务的集合,并且根据附着在终端上的属性来选择提供给终端的服务。

领域专属服务层提供最终的服务代理。在所有的注册步骤之后,终端与其绑定服务通过这种服务代理联系起来。当然,可以在 Agent 里实现该功能,这样可以避免服务对象的负担。然而,过分依赖 Agent 的实现会增加 MEECP 的负载并且影响其对中断请求的响应。

之所以建立这样一个分层结构是为了降低 Agent 任务分配不均的概率。一方面,终端可以通过简单的方式实现,因为通信的另一端也是一个 Agent(无论是哪种 Agent,它们都拥有同样的访问接口与通信协议)。另一方面,MEECP 指引终端到达其目的地,也就是说 Super Server Agent 选择一个 Server Agent, Server Agent 选择 Administrator Agent,

Administrator Agent 选择 Broker Agent,最后由 Broker Agent 选择 Function Agent。

但是为什么要设置 5 个分层呢? 看起来每层的 Agent 都负责同样的工作,也就是选择下一个层次中的 Agent。事实并非如此。每种 Agent 有自己的任务。Super Server Agent 使得 MEECP 服务器群能够构成一个逻辑整体,其中数个 MEECP 构件实例可以并存与协同工作,无论它们的物理位置在哪里。对于每个 MEECP 服务器来说,Agent 被分入多个管理群,并且施行不同的管理政策。Broker Agent 管理一组同类的服务,以便于匹配引擎(功能是用于处理终端对服务的请求)的实现,这是因为不同服务类别拥有不同的概念与规则。MEECP 参考模型如图 4-16 所示。

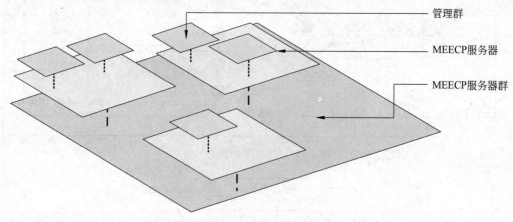

图 4-16   MEECP 参考模型

Agent 管理系统(AMS)是不同的 Agent 创建、部署、定位、转移与通信的框架。有了 AMS 的帮助,Agent 就能够进入一个 Agent 管理群,搜索其中提供的服务。甚至还能与其他群组的 Agent 或服务器通信。除此之外,AMS 还控制 Agent 的激活。AMS 会从线程池分配一个线程来执行嵌入 Agent 的代码并收集被占用的资源(如果它的引用计数为零)。跨 MEECP 实例的消息通信模型如图 4-17 所示。

目录功能(DF)是一张表,用于维护终端和代理服务的信息。除了这两个实体各自的信息之外,DF 还记录了它们的绑定关系。例如,当一个终端完成它的注册之后,与它通信的 Super Server Agent、Server Agent、Administrator Agent、Broker Agent 与 Function Agent 都会被纳入该条记录中。DF 使用基于数据库的事务来保证记录的原子性与一致性。

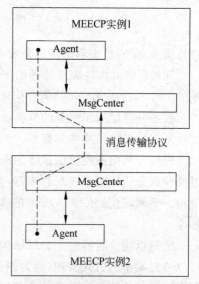

图 4-17   跨 MEECP 实例的
消息通信模型

3. 系统设计

到此即将体系结构转化为实现的模型,这里使用 UML 来绘制系统草图,而系统采用 Java 代码编写。图 4-18 是 MEECS 的包图。图 4-19 是 Administrator Agent 类图,在这里省略了类之间的关系。不需要在实现细节上投入过多关注,但要弄清需求是如何转化为实现的。

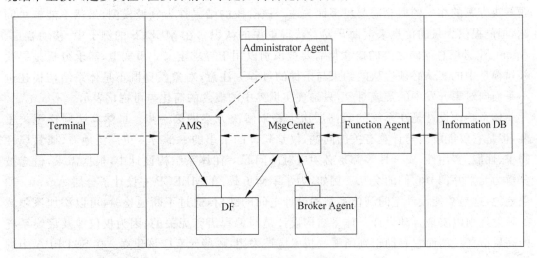

图 4-18　MEECS 包图

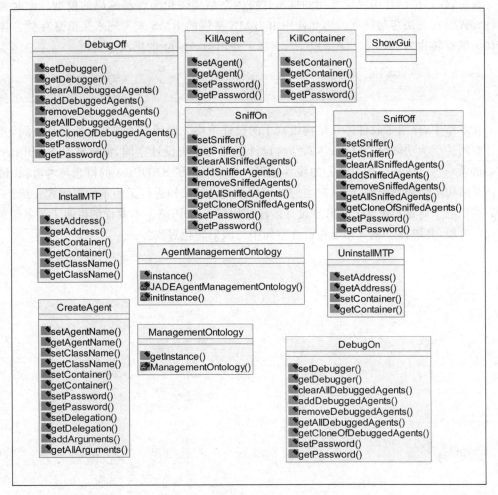

图 4-19　Administrator Agent 类图

在一个领域中,在进行需求分析时,必须重点考虑抽取与描述该领域的专属概念。与问题解决方案的相关的概念需要更多地关注。该阶段的结果称为领域模型,虽然不能解决问题,但能提供大量的信息来帮助开发者获得更深的认识。在 MEECS 的例子中,移动客户、Agent、注册信息存储之类的概念都需要被识别以用于寻求定义。事实上,需求分析是寻找领域模型中的实体必须遵从的约束与条件的过程。注意,对象模型既不是体系结构描述也不是面向对象开发中的类或对象,只是现实世界中的概念的简化与可视化表示。

体系结构设计是在系统的较高层次上获取解决方案的第一步。虽然算法同样至关重要,但是它仅能解决与计算有关的问题,仅是软件的很小的一部分。更广泛地看,质量属性需求、性能、实用性、安全性等都是必须应对的问题。在体系结构设计中,根据需求,概念被分解为元素并调节它们的交互。例如,为了平衡负载,在 MEECP 中设计了分层 Agent。抽象地说,这是功能设计空间到体系结构设计空间的映射,通过不断地检验,可以添加该领域的映射规则以实现自动设计。体系结构设计是与编程语言无关的,因为仅仅涉及最终系统的高层信息。然而它有助于判断哪些技术应该采用,哪些元素应该建立。在 SADPBA 中进行软件体系结构设计时通过多次迭代来增量式地改进体系结构。

最后,在系统设计中决定使用的技术并将体系结构转化为容易编码的模型。此时需要关注编程语言的诀窍与特征。例如使用由 J2ME 提供的 RMS 来实现永久信息存储。体系结构的端口转化为 Java 接口中的方法,实现了通用的 Agent 的层次级别树。

4.5 小   结

在本章中,介绍了软件体系结构级别上的设计策略。设计行为被抽象成设计空间,并将设计空间扩展为功能设计空间、体系结构设计空间与系统设计空间,而这就是 SADPBA 的核心概念——以体系结构为中心的设计过程。本章介绍了 SADPBA 的概念与术语,并讨论了体系结构生命周期模型,同时对当前常用的系统设计架构进行了简单的案例式介绍。

移动电子商务系统 MEECS 在设计阶段使用了 SADPBA。本章详细说明了该系统的 3 个设计阶段,并解释了项目元素在设计空间中的映射转化过程。

第5章 软件体系结构集成开发环境

5.1 软件体系结构集成开发环境的作用

5.1.1 软件体系结构集成开发环境的优点

第3章提到了使用形式化方法描述软件体系结构,但是仅仅依靠形式化方法,很难适应软件进一步发展的需要。近年来,越来越多的研究者注重在特定领域对体系结构开发工具进行研究,从形式化方法到体系结构集成开发环境的转变是软件体系结构发展的趋势。而为了支持基于体系结构的发展,研究者也更倾向于功能强大的辅助开发工具——软件体系结构集成开发环境。

与形式化描述方法相比,利用软件体系结构集成开发环境研究软件体系结构具有以下几个优点:

(1)集成开发环境使开发者摆脱了繁杂的语法、语义、标识符号和公式的困扰,可以集中精力设计系统的结构。

(2)对于规模庞大、结构复杂的软件系统,资源的有效管理和利用极其重要。集成开发环境使用文件系统有效地管理和支配文件和文件夹等资源,用文档支持系统开发和维护,使项目跟踪和控制变成可能,有效地提高了软件生产率,降低了开发和维护成本,保证了软件产品的质量。

(3)集成开发环境把开发过程中所需的各项功能集合在一起,实现了体系结构分析、设计、建模、验证的自动化,这是形式化方法无法取代的。此外,它还提供了友好的图形用户界面和可视化操作,使开发过程和结果形象化。

上述优点是从开发者的角度阐述的。另一方面,从用户角度出发,集成开发环境交付给用户一个清晰明确、易于理解的软件设计产品。形象化的结果不仅是系统相关人员相互沟通交流的工具和达成共识的基础,也是他们学习和理解软件体系结构的助手。

总之,体系结构集成开发环境的出现适应了软件体系结构的发展。

5.1.2 软件体系结构集成开发环境的作用

几乎每种体系结构都有相应的原型支持工具,支持工具根据体系结构的不同而侧重不同应用功能,如 UniCon 和 Aesop 等体系结构支持环境、C2 的支持环境 ArchStudio、支持主动连接件的 Tracer 工具。另外,还出现了很多支持体系结构的分析工具,如支持静态分析的工具、支持类型检查的工具、支持体系结构层依赖分析的工具、支持体系结构动态特性仿真的工具、体系结构性能仿真的工具等(Sun,2001)。本节将探讨集成开发环境有哪些具体功能。

集成开发环境是一个集编辑、编译、运行计算机程序于一体的工具。体系结构集成开发环境基于体系结构形式化描述，从系统框架的角度关注软件开发。体系结构开发工具是体系结构研究和分析的工具，给软件系统提供了形式化和可视化的描述。它不但提供了图形用户界面、文本编辑器、图形编辑器等可视化工具，还集成了编译器、解析器、校验器、仿真器等工具；不但可以针对每个系统元素进行分析，还支持从较高的构件层次分析和设计系统，这样可以有效地支持构件重用。具体来说，体系结构集成开发环境的功能可以分为5类：辅助体系结构建模，支持层次结构的描述，提供自动验证机制，提供图形和文本操作环境，支持多视图。

1. 辅助体系结构建模

建立体系结构模型是体系结构集成开发环境最重要的功能之一。集成开发环境的出现增加了软件体系结构描述方法的多样性，摒弃了描述能力低的非形式化方法，摆脱了拥有繁杂语法、语义规则的形式化方法。开发者只需经过简单的操作就可以完成以前需耗费大量时间和精力的工作。形式化时期建模是将软件系统分解为相应的组成成分，如构件、连接器等，并用形式化方法严格地描述这些组成成分及它们之间的关系，然后通过推理验证结果是否符合需求，最后提供量化的分析结果。而集成开发环境提供了一套支持自动建模的机制完成体系结构模型分析、设计、建立、验证等过程。用户根据不同的实际需求、应用环境和体系结构等因素选择不同的开发工具。

2. 支持层次结构的描述

随着软件系统规模越来越大，越来越复杂，简单体系结构风格无法表达结构复杂的系统。这时就需要层次结构的支持，因此开发工具也需要提供层次机制。图5-1描述了一个简单的具有层次结构的客户/服务器系统。

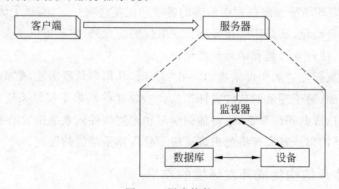

图 5-1　层次构件

系统由客户端和服务器两个构件组成，客户端可以向服务器传输信息。服务器是一个包含了3个构件的复杂元素，内部构件相互关联，形成了一个具有独立功能的子系统，子系统通过接口与外界交互。体系结构集成开发环境提供了子类型和子体系结构等机制来实现层次结构。用户还可以根据需要自定义类型，只需将这种类型实例化为具体的子系统即可。类似于构件，连接器也可以通过定义新类型表达更复杂的信息。

3. 提供自动验证机制

几乎所有的体系结构集成开发环境都提供了体系结构验证的功能。体系结构描述语言解析器和编译器是集成开发环境中必不可少的模块。除此以外,不同的集成开发环境根据不同的要求会支持特定的检验机制:Wright 提供模型兼容性检测器来测试构件和连接器死锁等属性,它通过一组静态检查来判断系统结构规模说明的一致性和完整性,同时还支持针对某一特定体系结构风格进行检查;C2 风格通过约束构件和连接器的结构和组织方式来检查一致性和完整性;SADL 利用体系结构求精模式的概念保证使用求精模式的实例求精过程的每一步的正确性,采用这种方式能够有效地减少体系结构设计的错误;ArchStudio 中的 Archlight 不但支持系统的一致性和完整性检查,还支持软件产品线的检测。

集成开发环境的测试方式可分为主动型和被动型两种(Medvidovic,2000)。主动型是指在错误出现之前采取预防措施,是保证系统不出现错误状态的动态策略。它根据系统当前的状态选择恰当的设计决策,以保证系统正常运行。例如,在开发过程中阻止开发者选择接口不匹配的构件;集成开发环境不允许不完整的体系结构调用分析工具。被动型是指允许错误暂时存在,但最终要保证系统的正确性。被动型有两种执行方式:一种方式是允许预先保留提示错误,稍后再做修改;另一种方式是必须强制改正错误后系统才能继续运行。例如在 MetaH 的图形编辑器中,启动“应用”按钮之前必须保证系统是正确的。

4. 提供图形和文本操作环境

体系结构集成开发环境是开发者研究体系结构的可视化工具和展示平台,它具有友好的图形用户界面和便捷的操作环境。体现在以下 4 个方面:

(1) 集成开发环境提供了包含多种界面元素的图形用户界面,例如工具栏、菜单栏、导航器视图、大纲视图等。工具栏显示了常用命令和操作;视图以列表或者树形结构的形式对信息进行显示和管理。

(2) 集成开发环境提供了图形化的编辑器,它用形象的图形符号代表含义丰富的系统元素,用户只需选择需要的图形符号,设置元素的属性和行为并建立元素之间的关联,就可以描绘系统了。例如,Darwin 系统提供基本图元代表体系结构的基本元素,例如空心矩形表示构件,直线表示关联,圆圈表示接口。每个图元都有自己的属性页,通过编辑构件、关联和接口的属性页来设置体系结构的属性值。

(3) 集成开发环境利用文本编辑器帮助开发者记录和更新体系结构配置和规格说明。通常,集成开发环境会根据模型描述的系统结构自动生成配置文档。当模型被修改时,它的文本描述也会发生相应的变化,这种同步机制保证了系统的一致性和完整性。

(4) 集成开发环境还支持系统运行状态和系统检测信息的实时记录,这些信息对分析、改进、维护系统都很有价值。

5. 支持多视图

多视图作为一种描述软件体系结构的重要途径,是近年来软件体系结构研究领域的重要方向之一。随着软件系统规模不断增大,多视图变得更为重要。每个视图都反映了一组系统相关人员关注的系统的特定方面。多视图体现了关注点分离的思想,把体系结构描述语言和多视图结合起来描述系统的体系结构,能使系统更易于理解,方便系统相关人员相互交流,还有利于系统的一致性检测以及系统质量属性的评估。图形视图和文本视图是两种常见的视图。图形视图是指用图形图像的形式将系统的某个侧面表达出来的结果。它是一个抽象概念,不是指具体的哪一种视图。逻辑视图、物理视图、开发视图等都属于图形视图。同样,文本视图是指用文字形式记录系统信息的视图。此外,还存在很多特殊的体系结构集成开发环境所特有的视图,例如 Darwin 系统中的分层系统视图、ArchiStudio 的文件管理视图、Aesop 支持特定风格形象化的视图等。

5.2 体系结构 IDE 原型

现阶段出现了越来越多的体系结构集成开发环境来满足种类繁多的体系结构和灵活多变的需求。尽管这些集成开发环境针对不同的应用领域,适用于不同的体系结构,但是它们都依赖相似的核心框架和实现机制。把这些本质的东西抽象出来,就可以总结出一个体系结构集成开发环境原型。该原型只是一个通用的框架,并不能执行任何实际的操作。它可以帮助开发人员深入理解开发工具的结构和工作原理。下面结合 XArch 系统①来介绍原型。

从集成开发环境的工作机制看,原型是三层结构的系统,如图 5-2 所示。最上层为用户界面层,是系统和外界交互的接口;中间层为模型层,是系统的核心部分,系统重要的功能都被封装在该层,该层通过接口向用户界面层传输数据,用户界面层要依赖该层提供的服务才能正常运行;底层为基础层,覆盖了系统运行所必需的基本条件和环境,是系统正常运行的基础保障。此外,模型层和用户界面层的正常运行还需要映射模块的有效支持,映射文件将指导和约束这两层的行为。

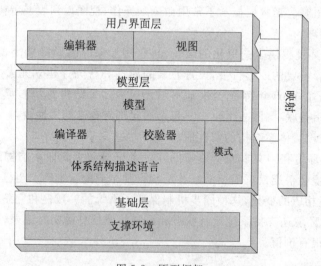

图 5-2 原型框架

---

① XArch 系统：eXtensible Architecture Research System,扩展体系结构研究系统。

5.2.1 用户界面层

用户界面层是用户和系统交互的唯一渠道,用户需要的操作都被集成到这一层。这些操作可以通过编辑器和视图来实现。编辑器是开发环境中的可视构件,它通常用于编辑或浏览资源,允许用户打开、编辑、保存处理对象,类似其他的文件系统应用工具,如 Microsoft Word,编辑器执行的操作遵循"打开-保存-关闭"这一生命周期模型。同一时刻工作台窗口允许一个编辑器类型的多个实例存在。视图也是开发环境中的可视构件,它通常用来浏览分层信息,打开编辑器或显示当前活动编辑器的属性。与编辑器不同的是,同一时刻只允许特定视图类型的一个实例在工作台中存在。编辑器和视图可以是活动或者不活动的,但任何时刻只允许一个视图或编辑器是活动的。

XArch 系统的工作台是一个独立的应用窗口,包含了一系列视图和编辑器。工作台基于富客户端平台(Rich Client Platform),它最大的特点是支持用户建立和扩展自己的客户应用程序。如果现有的编辑器不能满足需求,用户可以灵活地在接口上扩展新的功能。

图 5-3 显示了 XArch 系统的部分编辑器和视图。左侧的系统资源管理器视图将系统所有的信息以树形结构显示出来;右侧的属性视图显示了考察对象的属性和属性值;下面是记录系统重要状态的日志视图。工作台中间最大的区域是编辑器,是对象主要的处理场所。为了满足系统相关人员不同的需求,系统支持多视图。系统用标签对多个视图进行区分和管理,用户可通过选择标签在不同视图间转换。

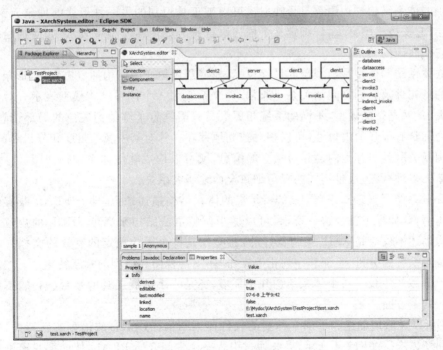

图 5-3 XArch 系统

5.2.2 模型层

模型层是系统的核心层,系统的大部分功能都在这一层定义和实现,它主要的任务是辅助体系结构集成开发环境建立体系结构模型。

体系结构描述语言文档是系统的输入源。有的体系结构集成开发环境对描述语言的语法有限制或约束，这就需要修改语言的语法与其兼容。输入的体系结构文档是否合法有效，是由专门的工具来检验的。此处的编译器不同于往常的把高级程序设计语言转化为低级语言（汇编语言或机器语言）的编译器，它是一个将体系结构描述转化为体系结构模型的工具。为实现此功能，编译器一般要完成下列操作：词法分析、解析、语义分析、映射、模型构造。词法分析是按照语言的词法规则，扫描源文件的字符串，识别每一个单词，并将其表示成所谓的机内 token 形式，即构成一个 token 序列；解析过程也叫语法分析，是指根据语法规则将 token 序列分解成各类语法短语，确定整个输入串是否构成一个语法上正确的程序，它是一个检查源文件是否符合语法规范的过程；语义分析过程将语义信息附加给语法分析的结果，并根据规则执行语义检查；映射是根据特定的规则（如映射文档）将体系结构描述语言符号转换成对应的模型元素的过程；模型构造紧跟着映射过程，它把映射得到的构件、连接器、接口等模型元素按语义和配置说明构造成一个有机整体。在编译器工作的过程中会有一些隐式约束的限制，例如类型信息、构件属性、模块间的关系等；校验器是系统最主要的检查测试工具，采用显式检验机制检查语法和语义、类型不一致性、系统描述二义性、死锁等错误，以保证程序正常运行；模式是一组约束文档结构和数据结构的规则，它是判断文档、数据是否有效的标准；映射模块是抽象了体系结构描述语言元素和属性的一组规则，这组规则在模型层和用户界面层担任了不同的角色。在模型层，它根据映射规则和辅助信息，将开发环境无法识别的体系结构描述语言符号映射成可以被工具识别的另一种形式的抽象元素；在用户界面层，它支持模型显示，详细定义了描述语言符号如何在模型中表示，如何描绘模型元素以及它们之间的关系。

建立体系结构模型是模型层的最终目标，模型层用树或图结构抽象出系统，形象地描述了系统的各构件及它们之间的关系。通常，一个系统用一个体系结构模型表示。对于一个规模庞大、关系复杂的模型，不同的系统相关人员只需侧重了解他们关注的局部信息，而这些信息之间具有很强的内聚性，可以相对独立地存在。针对某一观察角度和分析目的，提取一系列相互关联且与其他内容相对独立的信息，就可以构成软件体系结构视图。一个模型可以构造出多种视图，通过不同的视角细致全面地研究系统。

XArch 系统只处理基于 XML 的可扩展的体系结构描述语言，即与 FEAL 兼容的体系结构描述语言，如果不符合这一要求，可以适当调整语法结构来满足 FEAL 的规范。软件体系结构描述不仅应是 XML 结构良好的，还必须是符合模式规定的有效的文档。该系统不但支持对系统的分析、验证和序列化等操作，还支持视图和模型的相互转化。

XArch 系统不仅是一个体系结构开发环境，还是一个扩展工具的平台。它的扩展性主要体现在两个方面：

（1）可以灵活地创建和增加一种新的软件体系结构描述语言或语言的新特性，以满足新功能和新需求。如图5-4所示，系统通过引入一个中间介质 FEAL，使模型脱离了与体系结构描述语言的直接联系，从而拓展了体系结构描述语言符号到模型元素固定的对应关系。体系结构描述语言的元素首先根据映射规则被映射为 FEAL 元素（FEC）的形式，FEC 再对应到相应的模型的构件。因此，只要体系结构描述语言符号到 FEC 的映射是有效的，那么无论采用哪种体系结构描述语言，都可以构造对应的体系结构模型。当新的体系结构描述语言或新的语言特性出现时,只需修改映射规则就能有效地支持新语言或新特性。

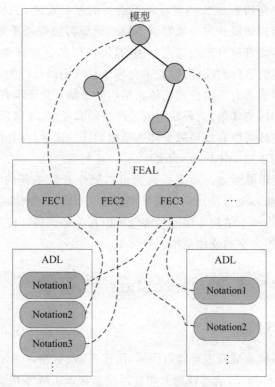

图 5-4　ADL、FEAL 与模型的关系

(2) XArch 系统提供了一系列可扩展的可视化编辑接口,支持定义新界面元素。

5.2.3　基础层

　　基础层是系统的基本保障,涵盖了系统运行所需的软硬件支撑环境,它还对系统运行时所用的资源进行管理和调度。通常,普通的简单配置就可以满足系统运行需求,但是有的体系结构集成开发环境需要更多的支持环境。例如,ArchStudio 5 作为 Eclipse 的插件,必须在 Java 和 Eclipse 环境下运行。

5.2.4　体系结构集成开发环境设计策略

　　目前,集成开发环境都很注重体系结构的可视化和分析,有的也在体系结构求精、实现和动态性上具有强大的功能。体系结构开发环境原型提供了一个可供参考的概念框架,它的设计和实现需要开发人员的集体努力。下面是体系结构集成开发环境设计的 3 条策略。

　　(1) 体系结构集成开发环境的设计必须以目标为导向。集成开发环境的开发遵循软件开发的生命周期,需求分析是必须经历而且非常重要的阶段。开发者只有明确了实际需求,才能准确无误地设计。无论是软件本身还是最终用户都有很多因素需要确认。例如,集成开发环境可以执行什么操作,怎么执行,它的结构是什么,哪一种体系结构描述语言和体系结构风格最适合它,哪些用户适合使用该系统,怎样解决系统的改进和升级,这些问题给设计提供了指导和方向。

（2）为了设计一个支持高度扩展的体系结构集成开发环境，必须区分通用和专用的系统模块。通用模块部分是所有集成开发环境都必备的基础设施，例如支撑环境、用户界面等。但是不同的体系结构集成开发环境针对不同的领域需要解决千差万别的问题，因此每种体系结构集成开发环境都有自己的特点。例如，Rapide 的开发环境建立一个可执行的仿真系统并提供检查和过滤事件的功能，以此来允许体系结构执行行为的可视化；SADL 的支持工具支持多层次抽象和具有可组合性的体系结构的求精。它要求在抽象和具体的体系结构之间建立名字映射和风格映射，两种映射通过严格的验证后，才能保证两个体系结构在求精意义上的正确性。这样可以有效地减少体系结构设计的错误，并且能够广泛、系统地实现对设计和正确性证明的重用（Medvidovic，2000）。

（3）结构集成开发环境原型。原型框架为可扩展性开发工具的设计提供了良好的接口。例如，XArch 系统可以通过添加语言符号或者定义 FEAL 兼容的体系结构描述语言来扩展现有的功能。这样，体系结构专用的功能就可以作为动态插件应用到集成开发环境中，增强开发工具的功能，扩大它的使用范围。

5.3　ArchStudio 5 系统

5.3.1　ArchStudio 5 简介

当前流行的体系结构集成开发环境有很多，限于篇幅，不能一一介绍。本书选择其中一个典型代表——ArchStudio 5，通过详细介绍该系统来深入了解体系结构集成开发环境。

1. 软件体系结构集成开发环境的发展

自从第一个支持 BASIC 的集成开发环境出现以来，集成开发环境的发展就一直没有停止。它已经从最初仅在控制台和终端做一些简单的系统开发发展到现在的可以完成大型系统开发的独立程序。它不再是一个简简单单的命令行工具，而是提供了系统设计、修改、编译、部署、验证、实施和评估等多种功能的综合性工具。集成开发环境的发展经历了 3 个阶段：第一阶段是以存储为中心的集成开发环境，所有的工具都围绕一个共享的数据库为中心工作。Ada 的开发环境就是这种类型的原型；Interlisp 是一个依赖共享解析树工作的实例；带版本号的文件系统是这种工具的变体，例如著名的修订控制系统（Revision Control System）。20 世纪 80 年代进入了以进程为中心的第二阶段，着重考虑开发进程和相关的工作流。例如 Marvel 帮助开发者自动执行基本程序并协同工具的扩展开发工作。目前，以体系结构为中心的第三代集成开发环境影响着软件开发的整个生命周期。典型代表是 ArchStudio，它不但支持体系结构版本存储和程序自动化，还提供体系结构设计、评估、实施和编辑等功能。这一阶段的支持工具需要一个开放的网络环境来展示整个产品。基于体系结构的集成开发环境将成为体系结构发展领域的主流（Rohit Khare，2001）。

2. ArchStudio 5 的作用

ArchStudio 5 是美国加利福尼亚大学欧文分校的软件研究实验室开发的面向体系结构的基于 xADL 3.0 的开源集成开发环境。xADL 3.0 是基于 XML 模式定义的体系结构描述语言(Dashofy,2005)。它除了具备普通的体系结构建模功能,还提供了对系统运行时刻和设计时刻的元素的建模支持,类似版本、选项和变量等更高级的配置管理观念,以及对软件产品线的体系结构的建模支持。此外,xADL 3.0 还利用 XML 的可扩展性简化了新的软件体系结构描述语言的设计及其相应工具的开发过程。xADL 3.0 体系结构是符合 xADL 3.0 模式定义的简单的 XML 文档。

ArchStudio 5 在前一版的基础上添加了新的特性和功能,在可扩展性、系统实施和工程性上有新的发展。ArchStudio 5 的作用主要体现在基本功能和扩展功能两方面。它不但实现了建模、可视化、检测和系统实施等基本功能,还能很好地支持这些功能的扩展。

(1) 建模。作为软件体系结构开发辅助工具,ArchStudio 5 最主要的功能就是帮助用户用文档或者图形方式表达设计思想。模型像建筑蓝图一样从较高的角度把系统抽象成一个框架,抽象的结果将以 XML 的形式存储和操作。用户可以利用系统多个视角对该模型进行考察和研究。此外,ArchStudio 5 还支持体系结构分层建模,软件产品线建模。而且可以时刻监视变化的体系结构。

(2) 可视化:ArchStudio 5 提供了多种可视化的构件,例如视图和编辑器。视图和编辑器用文本或图形方式使体系结构描述形象化,例如 Archipelago、ArchEdit 等工具,同时也给系统相关者提供了交互和理解的平台。

(3) 检测。ArchStudio 5 集成了功能强大的体系结构分析和测试工具 Schematron。它通过运行一系列预定义的或用户定义的测试来检查系统。Archlight 根据标准自动测试体系结构描述的正确性,一致性和完整性等。检查出来的错误会显示出来,同时帮助用户定位出错的地方并提供修改途径和方法。

(4) 实施。它将体系结构运用到实施的系统中。ArchStudio 使用自己的体系结构设计思想和方法来实现自身。ArchStudio 的体系结构是用 xADL 3.0 详细描述的,这些文件都是实施的一部分。一旦 ArchStudio 在机器上运行,它的体系结构描述将被解析,这些信息将被实例化并连接到预定义的构件和连接器上。

除此以外,ArchStudio 5 对上述功能提供了良好的扩展机制。它基于 xADL 3.0,xADL 3.0 是模块化的,而不是一个独立的整体。它没有将所有词法和语法一起定义,而是采用根据 XML 模式分解模块的方式。如图 5-5 所示,每个模块相互分离,侧重实现系统的某一功能,4 个模块都与中间的模块交互,5 个模块共同组成了一个有机的系统。例如,可将

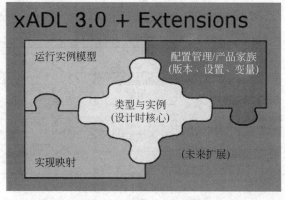

图 5-5　xADL 3.0 结构

构件和连接器分解为多个相互关联的模块。目前,模块技术已经不但能处理构件和连接器等低层次的构件,还能处理软件产品线、实施映射、体系结构状态。ArchStudio 5 根据模式自动生成一个数据绑定库,方便提供工具共享功能。如图 5-6(Dashofy,2007)所示,用户就可以扩展 xADL 语言的新特性并自动生成支持新特性交互的库。总之,ArchStudio 在 xADL 3.0的支持下允许开发者定义新的语义和规则去获取更多的数据信息,来满足新的需求。

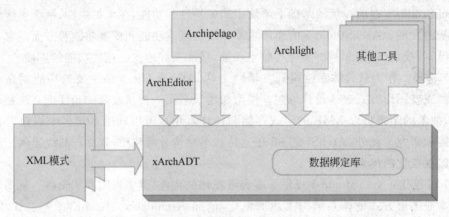

图 5-6　ArchStudio 5 的工具

（1）可扩展的建模。开发 ArchStudio 5 的目标就是要实现体系结构建模的可扩展性。它基于第一种可扩展的体系结构描述语言 xADL 3.0,利用添加新的 XML 模式来支持模型扩展。

（2）可扩展的可视化。可视化编辑器利用可扩展的插件机制添加对新体系结构描述语言元素进行编辑的功能。

（3）可扩展的检测。用户可以在 Schematron 中设计新的测试,也可以集成新的分析引擎来满足高要求的检验。在 ArchStudio 5 中,所有的检测工具都作为 Archlight 插件使用,因此用户可以通过添加插件完成新的测试。Archlight 集成了功能强大的 Schematron XML 分析引擎,别的测试引擎也可以无缝地集成到 Archlight 中,如图 5-7 所示。

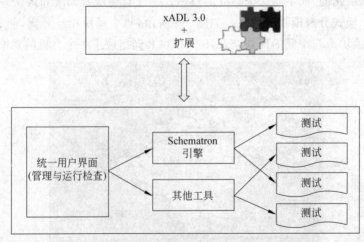

图 5-7　可扩展的检测工具

（4）可扩展的实施。用户可以灵活地把体系结构与 Myx 框架绑定起来。Myx 是在 ArchStudio 5 之上建立的体系结构风格。此风格适合开发高性能的灵活的集成开发环境。《Myx 白皮书》（*Myx Whitepaper*）定义了一套构件和连接器的构建规则，提供了定义构件同步和异步交互的模式，同时还规定了哪些构件可以相互约束，确定了构件间直接或者分层的关系。在 Myx 风格的约束下，构件之间的相对独立有利于构件重用，构件只能通过显示接口与外界传递消息。因此不需对构件重新编码就可以在不同配置的构件间建立联系。此外，动态代理和事件处理机制支持在运行时刻控制连接状态。

5.3.2　安装 ArchStudio 5

1. 硬件配置需求

硬件配置取决于具体的实际应用需求，例如程序规模、程序预期的运行时间等。对于 ArchStudio 5 来说，可使用 x86 体系结构兼容的计算机、Pentium Ⅲ 处理器、128MB 内存以上的配置即可。

2. 软件配置需求

ArchStudio 5 是开源开发工具 Eclipse 的插件。它可以在任何支持 Eclipse 的系统上运行。因此，必须有 JRE 1.7 或者更高版本以及 Eclipse 4.3 或者更高版本的支持。

3. 安装步骤

安装过程只需按照安装向导进行，具体的步骤如下：
（1）在 Eclipse 菜单栏上选择 Help→Install New Software 命令。
（2）在弹出窗口的 Work with 栏输入 http：//www.isr.uci.edu/projects/archstudio-5/updatesite-4.3 并按回车键。
（3）在下方出现的软件中选择 ArchStudio，然后单击 Next 按钮。
（4）同意安装协议，并单击 Finish 按钮开始安装。

接下来等待 Eclipse 下载 ArchStudio 5 和相关工具。最后在弹出的确认下载对话框中确认信息，完成安装。重新启动 Eclipse 后，在 Eclipse 的菜单栏上选择 Window→Open perspective→other→ArchStudio，确认后就可以开始使用 ArchStudio 5 了。ArchStudio 5 的界面如图 5-8 所示。

5.3.3　ArchStudio 5 概况

根据分工不同，把 ArchStudio 5 分为两部分：一是管理项目、文件夹、文件等的资源管理器，二是完成绝大部分操作的工作台。

1. 资源管理器

工作台的资源有 3 种基本类型：项目、文件夹和文件。文件与文件系统中的文件类似；文件夹与文件系统中的目录类似，文件夹包含在项目或其他文件夹中，文件夹也可包含文件和其他子文件夹；项目包含文件夹和文件，与文件夹相似，项目映射为文件系统中的目录。

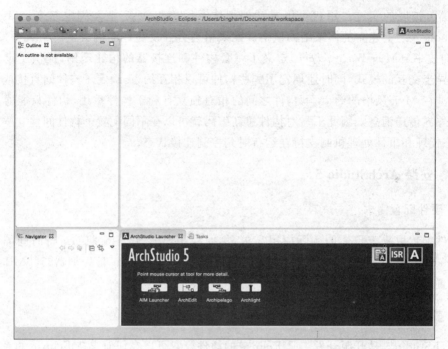

图 5-8　ArchStudio 5

创建项目时,系统会为项目在文件系统中指定一个存放位置。安装了 Eclipse 之后,在安装目录下会创建一个 workspace 文件夹,每当 Eclipse 新生成一个项目时,默认情况下会在 workspace 中产生和项目同名的文件夹,该文件夹将存放该项目所用到的全部文件。可以使用 Windows 资源管理器直接访问或维护这些文件。

2. ArchStudio 5 的工作台

ArchStudio 5 的工作台通过创建、管理和导航资源提供公共范例来支持无缝的工具集成,它可以被划分为 3 个模块:视图、编辑器、菜单和工具条。

1) 视图

ArchStudio 5 的工作窗口有 4 个主要窗格,它们拥有特定的属性,代表了不同的视图。主要的视图有导航器视图、大纲视图和 ArchStudio 5 视图。

(1) 导航器视图。导航器视图是系统资源的导航,以层次结构形象地显示了项目、文件夹、文件以及它们之间的关系,如图 5-9 所示。用户可以选择某个文档,对其进行查看、编辑或管理等操作,同时也可以选择多个对象进行集合操作。

(2) 大纲视图。大纲视图以树形结构显示了在导航器视图中被选择的系统的内容,如图 5-10 所示。该视图按体系结构实例、类型、架构、测试等内容对系统信息进行分类和管理。

(3) ArchStudio 5 视图。ArchStudio 5 视图,如图 5-11 所示。标签栏和显示区域将窗格分为两部分。标签栏将 3 种 ArchStudio 5 视图有效地集合在一起:ArchStudio 5 Launcher、File Tracker View、Archlight Issues 和 Tasks。显示区域将活动视图的具体内容和信息展示出来。

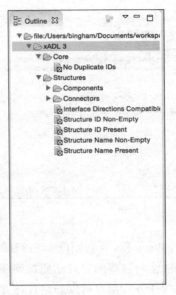

图 5-9　导航器视图　　　　　　　　　　图 5-10　大纲视图

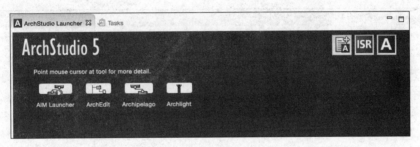

图 5-11　ArchStudio 5 视图

① ArchStudio 5 Launcher。此视图的主要任务是按用户指定或文档预置的方式打开文档并激活相应的工具。它不执行任何编辑、运行或者检查工作,只是帮助文件导航到需要的操作环境中。任何对文档的操作都委托给编辑器。在窗口的右上角有 3 个快捷按钮,给用户操作提供了便利。第一个按钮上面有文档图标,用于创建一个新的体系结构描述文档;第二个按钮是链接 ISR 网站的快捷方式;第三个按钮是访问 ArchStudio 5 网站的快捷方式。左边 ArchStudio 5 图标下面排列了一组编辑器:ArchEdit、ArchIpelago、Archlight。有两种方式选择编辑器来处理文档:用户可以将被处理的文档从导航器视图拖到相应的编辑器上;也可以先单击编辑器,再选择要处理的文档。

② Archlight Issues。ArchStudio 5 使用 Schematron 作为体系结构分析测试工具,测试的结果和相关信息将在 Archlight Issues 视图中显示,如图 5-12 所示。该视图的第一列是错误图标。第二列简要说明了检测出的语法错误、语义错误、不一致等信息。若用户希望更详细地了解和追踪错误,可以右击提示信息,在弹出的信息窗口中有更详细的描述。ArchStudio 5 提供了两种处理错误的方式:ArchEdit 视图和 ArchIpelago 视图。第三列显示了检查工具的名称。Schematron 支持定义 XML 格式的 xADL 文档的约束管理,运行时它将过滤第二列的错误。

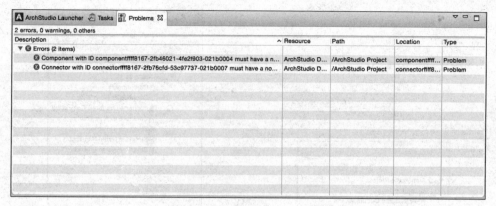

图 5-12　Archlight Issues

③ Tasks。Tasks 视图(图 5-13)标记了系统生成的错误、警告和问题,当 ArchStudio 5 发生错误时会将这些内容自动添加到 Tasks 视图中。通过 Tasks 视图,可以查看与特定文件相关联的任务。用户可以新增任务并设置它们的优先级。视图将要执行的任务、所用的资源、路径和位置等信息简要描述出来,它是管理系统任务的简洁方式。

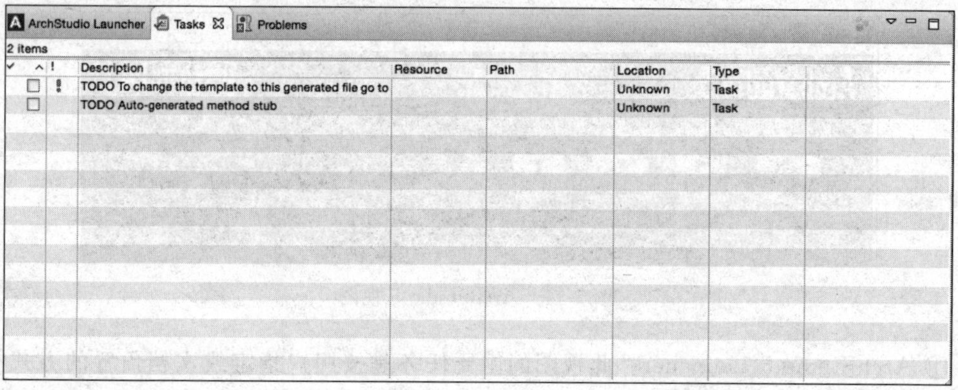

图 5-13　Tasks

2) 编辑器

(1) ArchEdit。ArchEdit 是语法驱动的编辑器,将体系结构用树形结构非代码的方式描述出来。系统遵循 xADL 模式并提供了建模框架。这些现成的建模元素被封装在模块中,对开发人员隐藏了具体的实现细节。虽然有固定的框架,但是它也能灵活地支持新元素。ArchEdit 不关心元素的语义,只是按照 XML 模式建立行为和接口。因此,除非有新的模式添加进来,否则它不会轻易改变。同时它也能支持新模式的自动化。

(2) ArchIpelago。ArchIpelago 是语义驱动的编辑器,像 Rational Rose 一样可以用方框和箭头将信息描绘出来。与 Rational Rose 不同的是,ArchIpelago 中的每一个图形元素都赋予了丰富的含义,元素和元素间的关系必须满足一些规范和约束,所有元素有机地组合,形成一个整体。

ArchIpelago 编辑器提供了简单快捷的操作方式,双击大纲视图中树形结构的节点,在右边的编辑器中就会以图形方式显示该元素。右击编辑器的空白处可以创建新的图形元素,也可以对选中的元素进行属性编辑和修改。窗格中的图形可以通过滚动条进行缩放。
ArchIpelago 还可以与 ArchEdit 或其他编辑器结合使用。例如,用 ArchIpelago 描绘的体
系结构可以用 ArchEdit 对其求精;ArchEdit 可以对某些 ArchIpelago 不能直接支持的模式
元素进行操作;在 ArchEdit 中创建的元素都会在 ArchIpelago 编辑器中用图形形象地表示
出来,其中的每个细微的修改都能马上在 ArchEdit 中反映出来。

(3) Archlight。Archlight 是 ArchStudio 5 的分析工具,提供了一个选择和运行测试体
系结构描述的统一用户界面和一套完整的测试方法。所有的测试将以树形结构在大纲视图
中显示出来,树的每个节点都代表了一个测试。由于体系结构和体系结构风格的多样性以
及开发阶段的不同,因此有时并不需要对整个系统的所有细节进行检测。Archlight 提供了
一种可供选择的局部测试机制,用户可以根据具体需要定制测试方案并限制范围。为支持
这种机制的运行,系统提供了 3 种测试状态,用户只需选择不同的状态就可以方便地更改测
试方案,如图 5-14 所示。

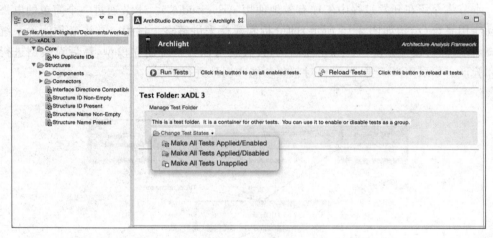

图 5-14　Archlight

① 应用/可使用的测试。这种测试是可使用的,当测试应用到文档中时,用户希望文档
通过测试。当所有的测试运行时,这种测试将对文档进行检测。

② 应用/不可使用的测试。这种测试是可使用的,当测试应用到文档中时,用户希望文
档通过测试。与第一种不同的是,除非该文档没有其他测试运行,否则这种测试不能使用,
鉴定出来的问题直到测试被重新授权才会报告。

③ 不可应用的测试。这种测试不允许被应用到文档中。意味着用户不希望文档通过
此测试,就算当别的测试都运行,这种测试也不会起作用。

测试是否有效取决于测试的工具和测试的状态,文档属于哪一种测试状态直接决定了
测试的效果。每种测试工具都希望执行一个或多个测试,每个文档都存储了一系列应用和
不可使用的测试。系统为每个测试分配了一个唯一的字符串标识符,用 UID 表示。由测试
开发人员创建和管理的标识符对 Archlight 用户是不可见的。测试由标识符唯一标记,即
使测试的名称、目的或者位置在树形结构中发生变化,标识符也不会改变。每个文档都存储
了每次测试的标识符和测试的状态,如果出现了无效的测试、没有工具支持的测试或者标识
符无法识别的测试,那么这些测试将被列入未知测试中,并且不被执行。但是未知测试仍然

与文档保持关联，除非把它们的状态改为不可应用的测试。

3）菜单栏和工具栏

除了视图和编辑器以外，菜单栏、工具栏和其他快捷工具也给用户提供了操作便利。类似视图和编辑器，工作台的菜单栏和工具栏也会根据当前窗口的属性和任务发生变化。

菜单栏包含了集成开发环境中几乎所有的命令，它为用户提供了文档操作、安装脚本程序的编译、调试、窗口操作等一系列的功能。菜单栏位于工作台的顶部、标题的下面。用户可以选择菜单或子菜单完成大部分操作。在菜单下是工具栏，由于工具栏比菜单操作更为便捷，故将一些常用菜单命令也同时安排在工具栏上。除了工作台的菜单栏和工具栏，某些视图和编辑器也有它们专用的菜单。菜单栏和工具栏为用户提供了一个方便、快速的操作方法。

5.3.4　ArchStudio 5 的使用

本节将介绍在开发过程中怎样有效地使用 ArchStudio 5。本节通过一个简单的电视机驱动应用系统（结构如图 5-15 所示）的分析和建模来讲解整个过程。首先必须明确系统的用户需求，然后设计系统构件和拓扑结构，接着就可以为系统建立模型，最后对模型进行测试和验证。如果用户需要，还可以对某些功能和属性进行扩展。

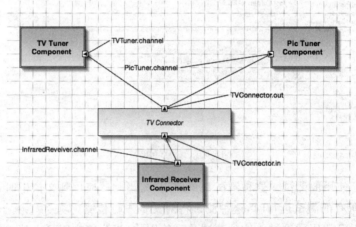

图 5-15　电视机驱动应用系统的体系结构

电视机驱动应用系统的基本需求如下：

- 系统有两个调谐器程序：电视调谐器和图像调谐器，它们都有用户交互界面，可以传送和接收信息和数据。
- 系统有一个驱动程序，可以从远程控制器接收信号并驱动红外接收探测器。
- 上面 3 个程序之间的交互需要一个中间媒介，通过它可以使红外接收探测器同时给两个调谐器发送信号。

清楚了实际需求之后，下面开始分析系统的体系结构。选择适当的体系结构风格成为最重要的任务之一。由于该系统只涉及简单信息的发送和接收，用 C2 风格①比较合适。C2

---

① C2 风格是指通过连接件绑定在一起的，按照一组规则运作的并行构件网络。

风格对系统元素的组建方式和行为有明确的限制和约束。此系统包括电视调谐器、图像调谐器、红外接收器 3 个构件实例和一个电视连接器实例。按照 C2 风格的系统组织规则，每个构件和连接器都有一个限制交互方式的顶端和底端。构件的顶端应连接到某连接器的底端，构件的底端则应连接到某连接器的顶端，而构件之间不允许直接连接；一个连接器可以和任意数目的构件和连接器连接。选择了体系结构风格后，就可以利用 ArchStudio 5 为系统建模了。首先要创建一个新的 ArchStudio 工程，然后按照向导添加一个体系结构描述文档。下面是该过程的详细步骤：

(1) 在菜单栏中选择 File→New 命令，或者右击导航器视图，在弹出的快捷菜单中选择 Project 命令。

(2) 在 New Project 对话框中选择 general project 并为它命名，然后单击 Finish 按钮。

(3) 在菜单栏中选择 File→New→Other，或者右击导航器视图，在弹出的快捷菜单中选择 ArchStudio Architecture Description 命令。

(4) 在 New Architecture Description 对话框中，选择相应的工程并给新文档命名，最后单击 Finish 按钮。

现在可以开始为系统体系结构建模了。用 ArchEdit 打开创建的新文件，发现大纲视图中有一个名为 XADL 的空文件夹。右击该文件夹，可以看见系统提供了一些符合 XML 模式的建模符号：ArchTypes、ArchInstances、ArchStructures、ArchVersions 等。用户可以根据需要添加或删除这些符号来描绘系统。设计 ArchTypes 时要考虑构件、连接器和接口 3 种类型。每种体系结构类型都有一个唯一的标识符、文字描述和一组签名。签名是为接口定义的，两个相同类型的构件或连接器应该有相同的接口，构件和连接器的接口应该用相同的接口类型作为签名。此电视机系统中，3 个构件实例分为两种类型：调谐器类型和红外接收器类型。将电视连接器定义为连接器类型。由于每个构件和连接器都有顶端和底端，所以必须将接口类型的顶端和底端区分开。设计 ArchStructures 时需要从多个角度考察，结构和类型模式、实例模式提供了下面的属性支持它的设计（Dashofy，2005）。

- 构件：每个构件都有唯一的标识符和简单的文字描述，构件有自己的构件类型和接口，不同的构件可以共享同一种类型。
- 连接器：每个连接器也有唯一的标识符、文字描述、接口和自己的类型。
- 接口：在这两种模式中，接口有唯一的标识符、文字描述和特定的方向。
- 连接：在体系结构符号中，连接表示接口之间的关联，每个连接都有两个端点用于绑定接口。
- 子体系结构：构件和连接器都可以集成为一个复杂的整体，构件和连接器在构建了内部联系并封装功能后成为一个功能独立的单元体。
- 通用集合：一组相似的体系结构描述元素的集合。在这两种模式中，一个集合没有任何语义，可以用扩展的模式来描述有特殊含义的集合。

用 TV 调谐器构件来说明如何设计 ArchStructures。构件建模需要考虑标识符、描述、接口、类型等属性。电视调谐器属于调谐器类型，它的接口是底端接口，接口的签名必须与它的构件类型的签名一致。类型实例化是一个极容易被忽视的步骤，只需将元素所属的类型绑定到具体的类型上即可。由于定义了构件和连接器类型，当类型的属性发生变化时，该类型的所有实例都会自动更新。其余的体系结构元素都可以按照电视调谐器构件的设计方式操作。利用 ArchStudio 5 使复杂的设计变得简单,用户只需将设计思想利用 ArchStudio 5 提供的框架实现即可。具体的实现可以依据下面的步骤完成:

(1) 用 ArchEdit 打开文档,在大纲视图中,给根节点 XArch 添加第一层孩子节点,为了简化系统,只添加 ArchTypes 和 ArchStructures 两类属性。

(2) 按照前面的分析,分别对 ArchStructures 和 ArchTypes 进行设计。在 ArchStructures 中设计电视调谐器、图形调谐器、红外接收器、电视连接器、电视调谐器与电视连接器的连接、图形调谐器与电视连接器的连接以及红外接收器与电视连接器的连接。在 ArchTypes 中进行类型设计,系统包括两种构件类型——调谐器和红外接收器类型,一种连接器类型——电视连接器类型,以及一种接口类型——信道类型。

(3) 为上面的元素添加必要的属性并设置元素之间的关联。用连接将可兼容的接口关联起来。例如,将输入接口和输出接口匹配,若将输入接口与输入接口、输出接口与输出接口关联,系统则会提示错误。一旦用户确定了系统的拓扑结构,一个名为 RendingHints 3 的文件夹就会自动生成,里面包含了所有有关联的元素的信息。

最后一个不可忽视的步骤是检测模型。该体系结构模型是否满足完整性、类型的一致性、接口的连接是否正确、两个元素是否有相同的标识等问题都需要检测。ArchStudio 5 提供了一个有效的检测工具 Archlight。用 Archlight 打开被检测的文档,选择检测类型,执行检测,完成测试任务后,系统会给用户提供测试报告。用户根据报告中的信息可以快速定位和改正错误。此外,它还支持体系结构实时修改和动态载入。假设在电视机驱动系统中,Archlight 检测出来的错误如图 5-16 所示,应该如何修改呢?

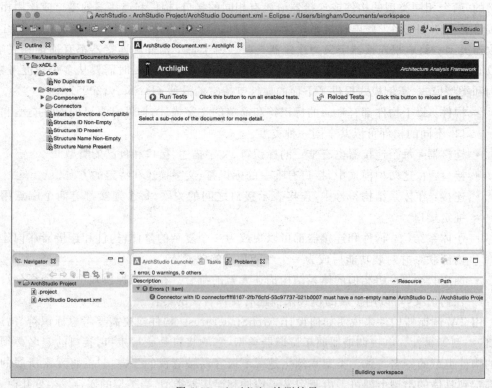

图 5-16　Archlight 检测结果

首先,用户需要获取一份更详尽的错误报告。右击系统提示的错误信息,会在弹出的信息窗口对错误有更详细的描述。该错误在信息提示窗口中提示为:Connector with ID connectorffff8167-2fb76cfd-53c97737-021b0007 must have a non-empty name。由于此问题涉及连接器,可以选择连接器为切入点进一步追溯问题。这里提供了两条解决途径:ArchEdit 视图和 ArchIpelago 视图,用户可以选择最佳方式。

如果选择 ArchEdit,用户会被系统智能地导航到出错的元素(图 5-17);如果采用 Archlight,系统会动态地将有错误的元素显示出来并用红色标记(图 5-18)。这样,用户就可以直观、便捷地定位错误。

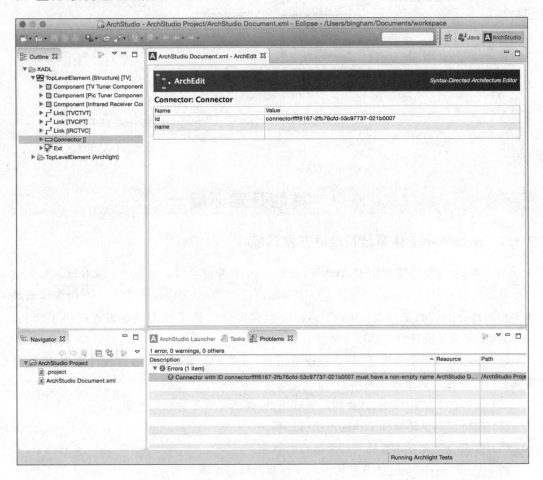

图 5-17　ArchEdit 检测结果

一旦用户运行了检测程序,系统就会自动添加一个 ArchAnalysis 文件夹,里面的文档详细记录了所有检测的信息和细节。模型通过检测后,用户就可以通过视图和编辑器研究它了。例如,利用 ArchIpelago 将系统以图形的形式显示出来。如果用户需要,还可以对该系统进行功能扩展。

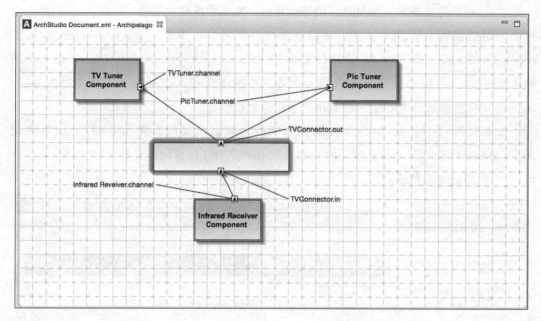

图 5-18　ArchIpelago 检测结果

5.4　其他开发环境

5.4.1　ArchWare：体系结构改进开发环境

ArchWare 开发环境产生于 ArchWare European 开源项目。它是为了应对软件系统整个生命周期要面对的不断适应变化这一需求而产生的。ArchWare 开发了一个包含体系结构中心语言及工具的整合集，为基于运行时框架的软件系统模型驱动工程提供了便利。ArchWare 集成开发环境包括以下特性：

（1）创新的体系结构描述、分析和改进语言，可用来准确描述可升级软件系统，以此来验证它们的特性并表达修改需求。

（2）支持体系结构描述、分析和改进的工具，甚至可以支持代码生成。

（3）支持模型驱动软件工程的可执行过程。

（4）提供一个含有虚拟机的持续运行时框架。

图 5-19 是 ArchWare 体系结构中心模型驱动软件工程。

5.4.2　自适应软件体系结构开发环境

自适应软件通常要求很强的可靠性、适应性与可用性。这种自适应软件的体系结构开发环境在 *An architecture-based approach to self-adaptive software*（Oreizy，1999）中被提出，如图 5-20 所示。这种开发环境必须满足自适应软件的两个必须同时进行的进程：一是系统升级，以应对不断的需求变化；二是系统自适应，即循环检测软件运行环境变化并计划、部署应对方案。

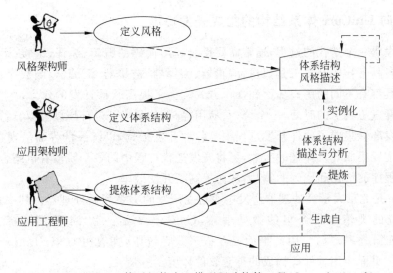

图 5-19 ArchWare 体系机构中心模型驱动软件工程(Oquendo,2004b)

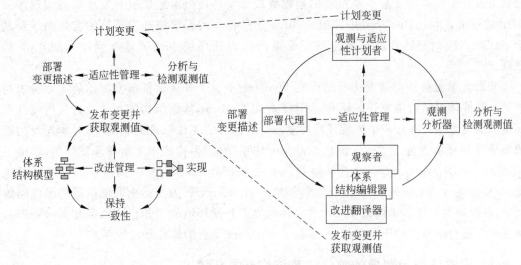

图 5-20 适应性进化的高层体系结构(Oreizy,1999)

从图 5-20 中可以看到,对于自适应软件来讲,适应性管理与计划管理是两个主要任务,应用改变并获取观测值是两个管理之间的桥梁。适应性管理通过计划变更、部署变化描述、应用改进并获取观测值、分析并检测观测值这 4 个步骤形成循环。部署代理负责变化描述的部署,通过观测值、体系结构编辑器以及改进翻译器的协作,变更得以被应用,并且可以收集到变更应用后各项指标的变化,而这些变化的观测值则用于后面观测分析器的输入。分析结果作为报告递交变更策划者,重新开始新的一轮适应性管理。

当变更被应用时,也就激活了体系结构模型的相对改变,但这些改变不能是翻天覆地的,需要保持一致性。然后在此基础上对变更进行编码实现。值得注意的是,改进管理中的这 4 个步骤并没有严格的执行顺序,它们相互之间都是可以交叉进行的。

此方案只是针对自适应软件的一种体系结构设计方法。

5.4.3 面向 UniCore 体系结构的集成开发环境

软件开发是一个迭代的过程,通常需要反复经历代码的编辑、编译、链接、运行和调试。其间将使用各种各样的开发工具,包括编辑器、编译器、链接器、汇编器、函数库、调试器等。每种开发工具都有不同的用户界面和操作方式。为了提高软件开发的效率,尽量减少开发人员花费在开发工具上的时间,一个统一、易用、高效的集成开发环境就显得日益重要。

集成开发环境集成了软件开发过程中的各种开发工具,以统一的界面呈现在开发人员面前。通过配置集成开发环境的参数,可将开发迭代过程中的各个阶段有机结合,使开发人员更加关注程序的结构和代码的编写,从而提高了开发效率。

UniCore 是北京大学微处理器研发中心自主研发的一系列微处理器。其中,UniCore-2 是一款 32 位的类精简指令集的微处理器,UniCore-3 是一款 64 位的超标量处理器。UniCore 系列微处理器已应用于桌面以及嵌入式系统中,拥有由 GNU/Linux 操作系统、GNU 工具链、桌面应用软件等构成的整套软件环境。

UniCore 平台集成开发环境的方案设计考量了本地集成开发环境、基于网络或串口的远程集成开发环境以及基于模拟器的远程集成开发环境。本地集成开发环境的实现涉及 GDB 的移植、OpenJDK/Zero 的移植、Eclipse 的移植。远程集成开发环境的实现则涉及基于 GDBServer 的调试环境移植与基于模拟器的调试环境中调试监听程序 GDBStub 的实现。

北京大学微处理器研发中心结合在 UniCore 平台上开展软件研发工作的实际需求与常见的软件体系结构集成开发环境,设计了面向 UniCore 体系结构的本地及远程集成开发环境的实现方案。在分析了集成开发环境各组成部分的工作原理的基础上,对本地及远程的集成开发环境进行了实现。面向 UniCore 体系结构,为构建本地集成开发环境,移植了 GDB、OpenJDK/Zero、Eclipse,并采用 Java 预先编译技术对 Eclipse 的启动速度进行了优化;为支持嵌入式系统的远程开发调试,移植了 GDBServer;为支持面向模拟器的源代码级调试,在模拟器中添加了调试模块。这一针对集成开发环境的工作已应用到北大微处理器研发中心及合作单位的研发工作中,提高了 UniCore 平台的软件开发效率。

5.4.4 图文法规则制导的软件体系结构开发环境

软件体系结构正从单纯的系统高层设计蓝图转变为对软件系统开发运行、演化维护等各阶段的指导性要素。提供一个可视化工具是一个较为重要的技术问题。当前支持体系结构开发的可视化工具多数基于元模型构建,通过概念声明,向使用者提供基本增、删、改命令以进行模型开发。然而,这些工具尚存在较多不足,包括:对用户要求较高,构造过程烦琐,直观性较差,正确性难以保证,仅支持静态结构表达而忽略动态重配置等功能的支持。

采用图文法作为解决这些问题的技术关键,利用其直观、自然并具有较为完善的理论支持的优点,满足用户的软件体系结构建模和分析的需要,以图文法规则刻画模型的构建与演化行为,支持图文法规则制导的体系结构模型创建和动态演化。将上述技术与主流的可视化开发平台有机结合,设计并实现了一个可视化的软件体系结构开发环境,并将其应用于基于软件体系结构的软件协同系统的开发与演化管理。具体而言:

(1) 这是一个通用的图文法规则制导的可视化开发工具框架。该框架给出了一种应用图文法规则进行模型开发制导的基本方法,包括可视化编辑器、适配器、图转换引擎和规则库,通过适配器将图模型与可视化模型相映射,在引擎作用下通过图规则对上层可视化模型进行约束,从而实现图文法制导的模型开发,并且通过定义不同映射规则和编辑器模型来支持其在不同领域中的应用。

(2) 基于上述框架设计并实现了面向体系结构的可视化开发工具。基于 GEF、AGG 等技术,研究了面向软件体系结构的图文法规则定义、AGG 图引擎驱动、AGGGraph 与 GEF 模型映射等具体技术,以支持语法制导的方式进行体系结构模型实例的开发。除此之外,它还支持复合连接子和体系结构模型的多视图展示。

(3) 此工具已得到应用,在水利方面开发了黄河下游工情险情防汛会商系统。通过上述工具开发水情会商系统的软件体系结构模型,并与运行系统结合,支持软件体系结构在开发后的部署过程和运行时刻的动态演化,为此类应用在系统动态性、适应性上的需求提供了支撑,取得了良好的应用效果,验证了前述开发环境的实际价值。

另外一个基于图文法制导的软件体系结构开发环境是 Artemis-GADE(graph grammar-directed architecture development environment)。这也是一个可视化编辑环境生成机制。对于给定的软件体系结构风格的图文法描述,可以自动生成相应的图文法制导的体系结构编辑工具。与常见的基于 Meta-Model 的开发环境相比,这种图文法制导的开发方式更多地利用了相应软件体系结构风格的内在语义,从而提高了环境的易用性和可靠性。尽管 Artemis-GADE 只是一个原型系统,但初步验证了上述途径的可行性。图 5-21 是 Artemis-GADE 的体系结构。

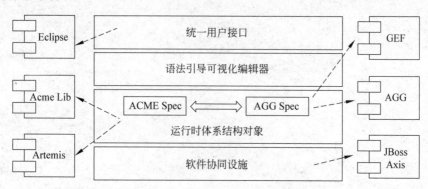

图 5-21　Artemis-GADE 的体系结构(Xing,2010)

5.5　小　　结

本章围绕集成开发环境对于系统架构发展的重要性展开,介绍了软件体系结构开发过程的辅助工具——体系结构集成开发环境,在系统设计思想和系统实现之间搭起了一座桥梁。为了给读者一个全面完整的介绍,本章先介绍了体系结构集成开发环境的发展,然后详细介绍了 ArchStudio 5 系统。目前流行的体系结构集成开发环境大致可分为专用型和通用型两类。大多数属于专用型,这类工具针对某种单一的体系结构开发,特别注重某一种功能。随着需求和环境的不断变化,涌现了越来越多的专用型集成开发环境。尽管这些工具针对不同的领域,解决不同的问题,但是它们的核心框架和基本思想是一致的,因此在 5.2

节介绍了体系结构集成开发环境的原型,为用户深入理解开发工具的工作机理和创建新的开发工具提供了良好的条件。通用型集成开发环境以提供一个适合多种体系结构,满足多领域需求的体系结构开发工具为发展目标。目前已经出现了 ArchStudio 这样的具有高度可扩展性的工具,但是在探索过程中还会有很多困难和挑战。最后还介绍了几种针对特定类型软件的开发方法或集成环境,其中有针对自适应软件的,也有针对 UniCore 这种硬件核心的。可见,想要形成软件体系结构的通用开发环境还是比较困难的,目前更多的是针对某一小的特殊领域的软件体系结构开发方法。相对而言,目前开发环境的应用并不如软件体系结构描述语言受欢迎,UML 甚至是非标准化的图文交流方式在开发团队中的使用更加广泛。要形成广泛的、普遍的通用软件体系结构集成开发环境,以及形成半自动甚至全自动的代码生成机制,还有很长的路要走。

在体系结构集成开发环境出现以前,开发人员只能利用非形式化或形式化方法描述软件的体系结构,缺乏有效的体系结构分析、设计、仿真、验证等支持工具;同时,这种方式表达的结果也不够形象和灵活。体系结构集成开发环境的出现解决了这一系列问题。它提高了软件体系结构的生产效率,降低了开发和维护成本。随着软件体系结构的发展,面向体系结构的研究方法决定了以体系结构为中心的开发工具将成为未来发展的趋势。

第6章 软件体系结构评估

一个软件系统的体系结构设计得好还是坏,要看这个软件系统的运行状态是不是符合人们的预期。其中有两个问题:一是人们如何更具体地衡量软件系统的好或坏;二是如果直到最后才发现体系结构有问题,那么修复的代价会不会太大,能不能在中期甚至前期就通过某种方法来挖掘出问题。这就需要对软件体系结构进行评估,然而软件系统结构复杂,各种目标交织甚至矛盾,找到评估的方案绝非易事。目前,你仍无法坐在工作台前,将需求列表和体系结构描述输入计算机,并得到不错的评估结果。评估完全自动化距离人们的期待还很远。这也是架构师几乎是每个开发团队里的领导者,并站在技术职业金字塔顶端的原因。通用的评估手段也没有,试图提供万灵药的评估方式最终只能由于其过于"通用"而无法实际使用。相反,更合适的思路是,收集前人的智慧结晶,总结出与特定开发无关的原则和步骤,然后将这些原则和步骤创造性地进行改进和调整,再应用到项目中。

本章带领大家初步学习体系结构评估,包括评估的基础知识,几种评估过程的介绍和比较。但是任何希望真正使用它们的人绝对不要直接照搬。这是由于为了保证对评估本身的理解,本章仅仅涉及了那些与评估阶段、步骤和技术相关的体系结构可重用元素。

6.1 软件体系结构评估概述

6.1.1 质量属性

在介绍评估之前,必须澄清评估过程的目标——预测软件的质量。更精确地说,评估的目的是通过分析体系结构来识别设计的潜在风险并确认是否质量需求都得到满足(Li, 1993)。

那么什么又是质量?假如你买电视机,你会留意其表面有没有瑕疵,按钮是不是快速正确地响应,色彩是不是看起来舒服,还有使用过度会不会影响其寿命。一般说来,有 3 个方面值得注意。首先,质量是影响你体验的属性的组合。在此,要注意的重要一点是,功能性只不过是整体质量的一个非决定性因素——想在商店找一个什么图像都不显示的电视机还挺困难呢! 其次,许多属性不能被定量化测量,这意味着对属性进行基于计算公式的描述和比较是不现实的。中国有句谚语"仁者见仁,智者见智",还是电视机的例子,喜欢色彩绚丽的顾客和中意自然色的买主都大有人在。最后,不同情况下或者不同事物的各种质量属性的优先级也不一样。电视机掉在地上就摔坏是正常的,但是手机呢? 总之,对这些重要而又互相冲突的属性,厂家必须做出折中。

在软件工程中,质量属性通常被认为是那些可以说明软件整体性质的特征。IEEE 1061—1998 中把软件的质量定义为"软件在多大程度上拥有被期望的属性组合"。ISO/IEC 9216 也给出了一个质量模型。下面介绍常用的质量属性。

(1) 可修改性。度量软件系统变化的成本,它是由变化范围、变化需要的工作量以及变化带来的商业成本进行度量的。变化包括功能扩展、容量扩展(如增加并发访问数)、特性删减、数据结构更新(如对数据库的模式增加一个字段)、通信协议调整、平台移植等。很多研究关注部署阶段的修改,通常有代码级、生成级(如使用另外的生成选项)和配置级。可修改性有时也称为柔性或者可维护性。另外,有时可移植性会被看作一个独立的质量属性。

(2) 可用性。指软件在发生错误、异常或者失败时是如何反应的。这里需要区分 3 个概念:错误是指软件由于内部的原因而停止工作,它是容易恢复的(如服务器在达到最大访问连接数时会拒绝访问);异常意味着输入和期望的不同;失败是指系统不能进行无损恢复(损失是指数据丢失或者硬件损坏等情况)。一般来讲,软件的可用性可以用正常工作的概率来度量,公式如下:

$$可用性 = \frac{平均工作时间}{平均工作时间 + 平均修复时间}$$

由此公式人们常常可以说某软件有 99.99% 的可用性。不过在实践中,架构师无法根据这个过于粗略的计算来决定设计,因为不同的错误、异常和失败需要不同的恢复方案。可用性有时也称作可靠性。

(3) 性能。表征软件系统的响应速度或者由响应速度决定的其他度量。在军事、控制系统和商务信息系统中这个属性至关重要。例如,可以定义需求"系统必须在特定事件发生后 3s 内给出答案"或者"服务器必须能每秒处理 1000 个请求"。性能和可修改性、安全性有竞争的关系,这是需要做很多权衡的地方。有些人也把性能叫作效率。

(4) 可测试性。表明软件系统在多大程度上容易被测试检查出缺陷。好的体系结构应该考虑到测试的需要。由于对已经开发完的系统进行测试代价很高昂,如果能在体系结构级别考虑到测试(从而使测试容易进行)就会有相当的回报。当前体系结构领域的一个热点就是基于软件体系结构的测试。一个常见的认识误区就是体系结构评估和体系结构测试两个概念的混淆。实际上,评估处理的问题是对可选的体系结构进行评价和比较,而基于体系结构的测试是试图使体系结构有助于提高测试效果。对可测试性的常见的度量是测试的效果和效率,例如"3 天之内对模块 A 的 65% 的执行路径进行了测试"。

(5) 易用性。表征用户利用软件完成任务时的感受、体验和效率。简而言之,就是用户操作软件的方便程度。初学体系结构的人总是认为体系结构不应受其影响,并坚持美工或 UI 设计者负责保证易用性。事实表明,许多增强易用性的特性都需要体系结构来支持,如重复/撤销(Undo-Redo),还有当前流行的 Ajax。

(6) 安全性。代表软件对未授权和非法操作的防卫能力。在任何环境、任何情况下攻击都不可避免,从系统设计者到最终用户都非常关心此类问题。实现时,安全相关的代码常常分散交织在需要安全保证的组件和连接器中,对体系结构设计来说这很有挑战性。

软件质量的评价指标当然远不止这些,针对不同领域的软件所适用的体系结构不同,性能要求也大相径庭。但以上几点是软件体系结构设计当中普遍需要关注的质量属性。除此之外,软件架构师在进行软件架构设计的同时,还需要考虑到工程稳定性。这就像是建筑师在设计楼房时一样,需要楼体有极强的稳定性才能屹立不倒。软件体系结构必须能抵御外部环境变化、需求变更、内部死锁等问题并及时规避或处理,有效阻止各种非法访问等安全性入侵问题。一座大厦不能一经风雨就摇摇晃晃。另外还要考虑工程应用效果,它是软件是否满足需求目标、体系结构设计是否恰当的检验标准。良好的软件体系结构是取得良好工程效果的前提与有效保障。

在一本关于体系结构的书中谈质量属性是因为前者是后者实现的基础。尽管人们承认，就像有些人所认为的：好的体系结构并不一定就能得到好的最终产品，还要依靠详细设计和实现过程的努力才行。但是质量差的体系结构必然带来一个糟糕的系统。不对安全性进行提前规划是不可能设计出安全性高的程序的。质量属性的妙处就在于将软件质量和体系结构联系起来，因为关于二者之间的联系有大量的体系结构策略被总结出来，并且得到了广泛的使用。文献(Bass,2003)的第 5 章对此有深入、广泛的讨论。

6.1.2　评估的必要性

Barry Boehm 说："匆忙之中选择某个体系结构，闲暇之时就会深深懊悔。"糟糕的体系结构实际上宣判了项目的死刑。评估的必要性有 3 点。

（1）在第 1 章曾经提到体系结构描述是最早的工作，有了它，评估和分析才得以进行。对同样一个问题，在此阶段纠正所带来的花费和在测试或部署阶段纠正导致的开销不在一个数量级。毕竟在体系结构视图上一个符号的改动比后期大规模的代码改动工作量要小得多，这样，巨大的额外开销就避免了。有了对体系结构的完整描述，退一步讲，即使是部分描述，也能模拟系统运行时的行为，对一些设计思想进行探讨，并推断体系结构应用于系统时的潜在影响。而所有这些工作只需要整个项目周期中的几天时间。

（2）评估是挖掘隐性需求并将其补充到设计中的最后机会。由于缺乏充分的交流和不能对软件项目透彻理解，许多涉众并不知道自己到底想要什么。在需求获取阶段，他们会列出自认为最重要的几项要求。但是评估之后，这些观点可能会变动很大。有些起初受到重视的方面可能并不是那么重要，而另一些本来看上去无关紧要的东西却需要花更多精力来处理。涉众会感受到群体力量的强大，同时对自己的参与带来的正面影响也很振奋。而架构师会在此阶段的活动中了解涉众的各种想法，调整初始设计以做权衡（也可能是对候选体系结构的对比和选择）。对他来讲，这也是对待建系统加深理解的好机会。总之，体系结构评估清除了涉众的沟通障碍。最直接的结果就是得到各方满意的系统蓝图，而这至少意味着项目成功的一半。

（3）体系结构是开发过程的中心，它决定了团队组织、任务分配、配置管理、文档组织、管理策略，当然还有开发进程安排。不良体系结构往往带来一塌糊涂的效果，因为它在使用过程中必须不断修改来适应新的考量，或者弥补那些在开发早期阶段没考虑到的缺陷。花费在这些修改上的大量成本所带来的不良后果在上文已经阐述过了。更糟糕的是，团队会面临项目失控的可怕境遇：改了老缺陷又带来了更多的新缺陷；过时的体系结构会破坏现有的开发团队结构，而这又进一步干扰了开发工作；客户、管理层和开发者都急切地盼望着噩梦结束，但谁都不知道这样的日子何时到来。而急躁又打击了每个人的士气，大家在泥沼中越陷越深。要是这些发生之前充分分析一下体系结构该多好啊！

个人认为，体系结构要想付诸实践，就必须被评估。实际上很多的体系结构模型就是为了评估而建立的。也许有一些专家仅仅关心体系结构的完善描述，却并不在意评估。但是谁愿意在比赛时仅靠猜测就投下大笔财富呢。人们是在做生意，而不是赌博，仅靠猜测无异于自取灭亡。言而总之，需要对软件体系结构进行评估。

6.1.3 评估方法分类

根据前面的讨论已经明确,体系结构评估是判断一个初始体系结构或者一系列候选体系结构是否满足预定质量属性(这些属性在需求获取和体系结构评估阶段收集)的过程。鉴于质量属性并不像长度或重量那样有统一规范的尺度,评估绝非易事。因此在评估前,必须清晰地定义软件质量属性的测量究竟是什么,以此来确保测量能够表达软件满足需求的能力。

在体系结构层次上有两类评估技术:询问和测量。询问是对定性的属性进行提问,它可扩展到几乎所有的质量属性,主要包括场景、调查表、检查列表。调查表是通用的、可运用于所有软件体系结构的一组问题;而检查列表则是对同属一个领域的多个系统进行评估,积累了大量经验后所得出的一组详细的问题。两种技术都是事先准备好的,由评估人员用于搞清楚软件开发中反复出现的问题。而场景比起上述两种技术,能更具体地描述问题。测量是定量地度量,这需要对度量对象定义精确的数量标度。只有响应时间、网络通过率等容易进行定量度量的质量属性能用于测量,并且需要采用某种工具对体系结构进行度量。它主要用于解答具体质量属性的具体问题,并限于特定的软件体系结构,因此它不像询问技术那样广泛适用。另外,测量技术还要求所评估的软件体系结构已经有了设计或实现的产品,这也与询问技术不同。测量技术通常包括指标、模拟、原型和经验。一般主要依靠询问的方式进行评估,以测量法作为补充。最著名的体系结构评估方法均是基于场景的。

1. 基于场景的评估方法

软件体系结构评估中,评估人员关注的是软件系统质量,质量以可用性、可靠性、安全性、易修改性、功能性、可变性、集成性、互操作性等相关属性来表示。为达到目的,评估人员首先要精确地提出具体质量指标,并以这些质量指标作为软件体系结构优劣的评估标准,为达到这一目的所采用的相关机制便是场景。场景是软件体系结构评估中常用的一种技术,由用户、外部激励等初始化,场景包括系统中的事件和触发该事件的特定激励。基于场景的评估方法就是将对系统质量的需求转换为一系列风险承担者与系统的交互活动,分析软件体系结构对这一具体活动的支持程度。在评估过程中将考虑所有与系统相关人员(包括风险承担者)对质量的需求,从而确定应用领域功能与软件体系结构之间的映射。在此基础上设计用于体现待评估质量属性的场景以及软件体系结构对场景的支持程度。例如,用一系列对软件的修改来反映易修改性方面的需求,用一系列攻击性操作来代表安全性方面需求等。严格来讲,场景是系统使用或改动的假定情况集合(Dobrica,2002)。文献(Bass,2003)给出了一个描述场景的模型。各种场景可以抽象成包含 6 个部分的一般形式,如图 6-1 所示,以方便后期的评估。

(1) 刺激源。是生成该刺激的某个实体(人、计算机系统或任何其他激励器)。

(2) 刺激。由刺激源发出的对制品产生的交互行为。

(3) 环境。该刺激在某些条件内发生。当刺激发生时,系统可能处于过载,或者正在运行,也可能是其他情况。

(4) 制品。某个制品被刺激,可能是整个系统,也可能是系统的一部分。

(5) 响应。是在刺激到达后所采取的行动。

（6）响应度量。当响应发生时，应该能够以某种方式对其进行度量，以对需求进行测试。

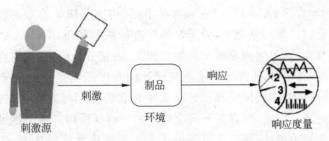

图 6-1 一般场景模型

场景模型符合计算机科学家和开发人员的习惯，但是在实践中吵闹混乱的评估会议现场，强制所有参与者都按照这种模式来发表看法很不现实，尤其是很多涉众并不习惯总是采用形式化词汇。这些人总是想到什么说什么。不过所有的建议应该都可以转化成上述的标准形式。这就需要会议主持人（一般来说就是架构师）引导涉众的建议。类似"需要高安全性"这种很模糊的表述不应该出现在场景中，因为根本找不到相应的体系结构解决策略。

场景的一个优点就在于它是针对特定系统的，也就是说它不会被领域所限，这和列表法差不多。场景可以充分自由地表达刺激源导致的系统响应。更重要的是场景可以将多个涉众的建议统一起来。不同的涉众可以对相似的情况从各自的角度做出解释，然后这些解释就可以在删除冗余信息后整合到一个场景里。表 6-1 是一个评估活动之前的场景列表示例。

表 6-1 场景列表示例

场景编号	场 景 描 述	场景编号	场 景 描 述
F1	系统的安全级别符合结构化保护级	F4	做到每秒接收 100 000 个请求
F2	底层数据库从集中式变成分布式	F5	做到每小时处理 10GB 数据
F3	使用 CORBA 来提供接口以实现通用		

若干知名的评估方法使用场景，包括 SAAM、SAEM、ATAM、ARID 等。在（Kazman，2000）中能够找到一份比较系统的基于场景的评估方法的综述。这些方法都已经投入使用了。

读者可能会问：既然有了场景，那么清晰的质量属性分类还是必要的吗？例如，既然可以这样描述："数据库服务器崩溃后系统必须能在 5min 内利用后备设施恢复""可用性"这个抽象的词汇还有什么价值吗？对此类问题的答案是肯定的，因为高层的分类是找到通用对策的基础。只要属于一个类别，不同的具体质量属性可以有通用的策略。同时，分类能帮助人们集中于主要关注点，优先解决这些高优先级的方面。例如 ATAM 就采用了质量属性效用树来展示系统的主要需求。最后，并不是每个方法都能对所有的质量属性进行评估，有些方法仅仅针对几个属性。

场景获取技术和场景分析技术是基于场景的评估方法中最关键的两项技术。下面分别对其进行分析和说明。

- 场景获取技术。在基于场景的评估方法中,利用场景来具体化评估目标,因此,场景获取是明确评估目标的重要环节。场景获取最基本的方法就是让项目涉众进行头脑风暴,例如在 SAAM 和 ATAM 方法中,利用问题清单等方式启发评估人员获取场景。在头脑风暴的基础上,为了对场景进行积累和重用,ESAAMI 方法强调了场景的领域特性,通过领域分析增加领域知识,积累分析模板,提高在领域内对场景的重用和获取。PSAEM 方法则从系统设计的角度提出了一种基于模式的场景提取技术,将软件体系结构模式和设计模式中包含的通用行为作为评估的场景,从而得到了通用的场景模式,可以在不同项目评估中得到重用。为了尽可能地平衡候选场景的完整性和关键性,研究人员提出了场景的等价类选择技术,该技术将所有场景划分为等价的组,然后从每组中抽取一个场景进行评估,从而避免重复评估类似的场景,减少评估成本。ALMA 首次提出并应用了该技术。另外,针对各种质量属性的不同特点,也提出了具有一定针对性的场景获取技术。例如,ASAAM 方法借用面向方面编程技术中的方面(aspect)概念定义了方面场景,用于说明对系统中的很多构件产生"横切"影响的场景,例如在窗口管理系统中"将系统移植到其他操作系统"的场景就是一个典型的关于操作系统的方面场景。为了对这种方面场景进行提取,ASAAM 提供了一套启发式规则,在普通场景集中提取方面场景。SAAMCS 则利用软件变化类型(需求变化、质量要求变化、构件变化、技术环境变化)以及场景对软件的影响程度(无影响、影响一个构件、影响多个构件、影响软件体系结构)来指导场景的选择。

- 场景分析技术。采用评审会议的方法进行场景分析是最基本的分析方法,利用该方法,评估人员可以得到软件体系结构对各场景的满足程度,可以比较多个软件体系结构方案。SAAM、ATAM 等方法都基于这种人工评审的技术。这种技术是基于场景评估方法中的主流技术,但人工评审从效率和精确性上都有一定的欠缺,所以研究人员也在利用一些自动分析的方法,对场景进行模拟执行,通过模拟数据来说明软件体系结构是否满足场景的要求。在场景分析中,对于不同质量属性的综合分析也是一项非常重要的技术,其中最有影响的研究是 ATAM 方法中引入效用树技术来支持对多属性进行折中分析的能力。效用树描述了质量需求与设计之间的关系以及质量需求之间的优先关系,可用于划分和组织场景。

2. 其他评估方法

基于场景的评估方法是当前的主流方法,但同时也存在着一些其他的评估方法,这些方法虽然未能像基于场景的评估方法那样被广泛应用,但同样也有一定的研究和工程价值。

软件体系结构作为软件开发过程中一个早期的设计模型,如果能够度量中间产品的质量并预测未来软件产品的质量,那么其预测的结果就可以及时揭示设计缺陷,这对于降低开发风险和提高软件质量是非常重要的。根据这一思路,出现了一类基于度量和预测的评估方法。软件体系结构的度量是对软件中间产品的度量,可以更加精确地描述软件体系结构的各种特征。并通过预测未来的软件产品发现软件设计中存在的问题。该类方法有基于贝叶斯网的软件体系评估方法(SAABNet)、软件体系结构评估模型(SAWM)、软件体系结构性能评估方法(PASA)、软件体系结构度量过程、软件体系结构静态评估方法(SASAM)等。

　　本章的重点集中在由 SEI(Software Engineering Institute,软件工程协会)提出的最著名的并被广泛接受的两个基于场景的软件体系结构分析评估方法：SAAM(Software Architecture Analysis Method)和 ATAM(Architecture Tradeoff Analysis Method)；然后对 SEI 提出的另外两个代表性方法——质量属性专题研讨会(QAW)和积极的中间设计审核(ARID)进行简要介绍；最后介绍一个同样基于场景的软件体系结构评估方法——体系结构级别上的软件维护预测(ALPSM)。

6.2　质量属性专题研讨会方法

　　人们最常听说或用到的两种基于场景的软件体系结构评估方法是 SAAM 与 ATAM,但是这两种场景是在已经完成体系结构之后执行的,作为一种评价措施对已经设计好的架构进行评估分析,找出不足,为改进提供建议。而 QAW 是在定义体系结构之前执行的。可能有人会问,体系结构的设计还没有,如何进行评估呢？

　　QAW 全称为质量属性专题研讨会,它是由协调人员和系统参与者组成的专题研讨会。QAW 方法是在创建软件体系结构之前发现质量属性的方法,输出一个体系结构驱动因素列表、场景、一个经过优先排序的场景列表和喜欢的场景,用以细化需求、开发原型、影响设计决策等,据此创建出良好的软件体系结构,保证性能、安全性等特定质量的实现。

　　QAW 的一般步骤如表 6-2 所示。

表 6-2　QAW 的一般步骤

步骤	描　述	操　作
1	QAW 陈述和介绍	QAW 协调人员描述专题讨论会的理论基础、QWE 涉及的步骤和该工作的预期
2	业务和使命陈述	某个参与者陈述系统的业务和使命驱动因素。协调人员捕获相关信息
3	体系结构计划陈述	在解决方案的 SLC 中,可能还不存在详细的系统体系结构,而只有大致的描述、关系图或其他附带技术细节的元素。某个技术参与者向与会人员陈述这些内容。协调人员继续捕获重要的方面以便以后分析
4	确定体系结构驱动因素	协调人员临时退出讨论并整理笔记。向参与者陈述其记录的重要体系结构驱动因素以达成共识
5	场景自由讨论	一旦会议参与者就体系结构驱动因素达成一致,协调人员将充当场景生成活动的召集人。每个参与者定义满足其所关注方面的场景。至少执行两个回合的表决。协调人员确保每个体系结构驱动因素至少存在一个场景
6	场景合并	协调人员向参与者询问场景合并的可能,从而更好地集中于更可靠的场景
7	场景优先排序	由参与者驱动的结果是一组目标,这些目标按照项目的重要性进行优先排序
8	场景细化	细化最重要的 4 个或 5 个场景(取决于时间),阐明这些场景的刺激、响应、刺激源、环境、制品和响应度量

　　然而在实际开发活动中,缺失质量属性或者完全没有指定质量属性的情况屡见不鲜。例如,软件安全性是一个在产品设计初期要尽可能完善考虑的质量属性,安全性贯穿软件开

发周期的始终与软件体系结构的各个层次,范围从组件到基础设施元素,能够全方位地影响系统解决方案,后期很难添加和补救,因此,对安全性这一多级别属性缺乏考虑将导致灾难。由此可见,应用于软件体系结构设计阶段之初的 QAW 质量属性专题研讨会是很有必要的。

6.3　软件构架分析方法

软件构架分析方法(SAAM)也叫基于场景的构架分析方法是最早精心设计并形成文档的分析方法。它出现于 1993 年,发表于 1994 年(Kazman,1994)。后来 Kazman(1996b)对其进行改进,Bass(1998)对其进行了几个深入的案例研究。在那之前经常出现这种现象:一些软件销售商宣称其软件产品质量非凡,无人能及,但他们无法通过评估的方法来严谨地证明这一点。

SAAM 是一种直观的方法,它试图通过场景来测量软件的质量,而不是只给出泛泛的、不精确的质量属性描述。SAAM 也比较简单,仅仅考虑场景和体系结构的关系,不涉及太多的步骤和独特的技术。于是,它成为体系结构评估初学者的理想入门方法。SAAM 最初是为了处理体系结构的可修改性而设计的,不过经过演化和实际应用,在许多其他常见的质量属性评估方面也展现了威力,并成为其他一些评估方法(如 ATAM)的基础。利用预先定义的场景,SAAM 可以检查出被评估体系结构的潜在风险,并对几个候选体系结构进行比较。

另外,SAAM 可以为很多涉众进行(可能是项目启动后的第一次)讨论提供平台。这样大家就有机会用人人都懂的语言来说出各自关心的问题,了解别人所关心的问题,并看到这些问题又是如何在蓝图中处理的。在此过程中,理解上的偏差和不正确的设计都将被发现。

6.3.1　SAAM 的一般步骤

简言之,SAAM 的一般步骤非常简单直观。很多以前从未做过体系结构评估的人第一次接触 SAAM 时都会说"这和我脑子里想的差不多""评估就应该是这个样子"或者类似的话。毕竟,他们中的大多数都知道怎样用用例或类似的方法来测试系统,也往往评估过已有的设计。不过在 20 世纪 90 年代早期,评估技术还处于起步阶段,SAAM 毫无疑问是一个非凡的创造,那时候甚至软件体系结构的概念还没有普遍被接受。而且,SAAM 使用的技术是精心设计的,并经过了许多项目的验证。

SAAM 注重加强涉众的交流,充分利用人性的特点,鼓励主动建议。这和机器执行的固定的算法或者由类似机器的人使用形式化模型方法有天壤之别。SAAM 的这些特点往往和大多数评估方法相同。图 6-2(Clements,2003b)揭示了评估的一般步骤、每个阶段能得到什么以及各个阶段的关系如何。

从图 6-2 可以清楚地看到 SAAM 的输入输出。为了开始评估,必须提供一个体系结构描述。该描述可以是所有参与者能接受和理解的任何形式。根据特定评估的对象和关注点,描述的详细程度和范围可能不同,有时也需要进行更新或补充。多种不同的候选体系结构的描述都可以拿来评估以便对比和选择。

场景是体系结构描述之外的另一个关键输入。基于场景的评估方法的基本点就是检查当前的体系结构能否直接满足期望的质量需求,并在不能满足时看看可以怎样改动。前文

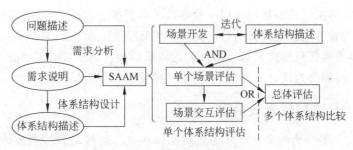

图 6-2　SAAM 的输入与过程依赖

已述,几乎不可能对质量属性进行精确测量。而为了使得属性对评估有意义,必须以一种更实在的形式来表述。这就是场景如此重要的原因。有些场景可以从功能性需求中提取出来,不过大多数场景源自涉众的讨论和头脑风暴,这种架构师和设计者可能闻所未闻的讨论形式和头脑风暴对涉众非常关键。当然,待评估的体系结构必须支持需求说明中的所有功能。而评估过程的关键是搞清楚体系结构是否能在满足需求的情况下拥有良好的质量属性。这通常可以从各种涉众与软件系统之间的交互中反映出来。

　　SAAM 主要以评估报告的形式输出结果。对于评估单个体系结构,报告的内容将包括该体系结构设计不能满足质量需求的缺陷;对于多个体系结构,报告的内容将包括哪个候选体系结构能最好的满足场景。因不适当分解或过分复杂导致的不合适的设计也会在报告中指出。最后,SAAM 可以估计修改导致的费用和范围,避免盲目修改。

　　除此之外,SAAM 还会带来一些正面影响。它增强了涉众对体系结构的理解,强制为体系结构建立更好的文档,澄清系统将来最可能的演化方向。通过涉众广泛的讨论,业务目标的优先级和潜在的场景也得以澄清。

　　下面详述每个阶段的活动和技术。读者会更清楚地看到完整的评估过程是如何进行的。

6.3.2　场景生成

　　场景生成通过各种涉众参与讨论和头脑风暴来完成。每个参与者都有自己的视角,并提供相应的场景。对于某个修改,项目投资方关注涉及的费用,程序员在意影响到哪些模块,买主关心价格,最终用户关心修改带来的利益。有关联的甚至是相互矛盾的场景可能在这个过程中出现并被记录。最重要的是记住保证一个可以自由地进行评论的氛围。生成的所有场景都应该认真记录到列表中以便涉众随后审查。对那些缺乏评估经验的人,可能需要一个指导教程,这样才能保证生成好的场景。所谓好的场景,是指这些场景反映了系统主要用例、潜在的修改或更新以及系统行为必须符合的其他质量。

　　此阶段可能会迭代进行几次。收集场景的时候,参与者可能会在当时的文档中找不到需要的体系结构信息。而补充的体系结构描述反过来又会触发更多的场景。场景开发和体系结构描述是互相关联、互相驱动的。

6.3.3　体系结构描述

　　体系结构文档包括了需要评估的信息,当然大多数信息也是在评估前就要准备好的。

为了更好地评估,体系结构描述应该以一种参与者都能接受的形式表达,对构件、连接器、模块、配置、依赖、部署等概念要区分清楚。只要能保证清晰、无歧义,自然语言、框图、数据表或者形式化模型等等任何形式都可以用来表达体系结构。如6.3.2节所述,场景生成和体系结构描述阶段可能会迭代进行几次,它们是互相关联、互相驱动的。

6.3.4 场景的分类和优先级确定

SAAM中的场景分为两类:直接场景和间接场景。直接场景指当前体系结构不经修改即可支持的场景。如果一个场景能在原始需求(在设计当前体系结构时已经考虑的需求)中找到类似的内容,那么显然该场景很容易被满足。架构师可以引入一系列的响应行为来证明这些场景确实得到了满足。通常,直接场景虽然对揭示体系结构缺陷没有帮助,但可以提高涉众对体系结构的理解程度,有助于对其他场景的评估。

间接场景不能直接被当前体系结构支持。为了满足间接场景,就需要对体系结构进行某种修改,例如添加一个或多个组件、去除间接层、用更合适的模块替代、改变或增强接口、重定义元素间关系或者上述情况组合。间接场景是SAAM后续活动最关键的驱动器。通过充分考虑各种间接场景,可以在很大程度上预测系统将来的演化,尽管这种预测可能很模糊。

有了架构师的帮助,对场景分类就很容易了。纵然如此,场景还是可能会多到无法一一仔细评估。由于时间和资源有限,就需要通过设置优先级来选择最关键的场景。CMU SEI建议以涉众范围内投票的方式决定哪些是关键的。每个人都拿到固定数量的选票,大概是场景总数的30%。投票策略是每个人都可以为任何场景投任何数目的票。然后按照得票数目的顺序对所有场景进行排序,并根据具体情况选择一定数目的排序靠前的场景。有时候,排序后的列表可能会有一个清晰的分界,一边是得到很多票的场景,另一边的票数很少(如图6-3所示),那么直接选择得票多的场景即可。其他时候,可以估计一下评估多少场景比较合适,或者估计一下在一定时间内能完成多少场景的评估。例如,一整天可以评估8个场景,而你计划用两天的时间进行场景评估,那么选择15个左右的场景比较合适。要注意的是,即使根据预先定好的规则某些场景是应该放弃的,但是如果它们的提出者仍然坚持,而其他人又不反对,也可以将这些场景添加到"关键"列表中。

	场景号	票数
	…	
保留的场景	F12	15
分界线	F6	13
舍弃的场景	F13	3
	F9	2
	…	

图6-3　选择关键场景

6.3.5 间接场景的单个评估

涉众最关心的信息莫过于间接场景会如何影响当前的候选体系结构。需要做什么修改？修改是否在项目预期的费用、时限和范围内？如果是，那么到底需要多少额外的工作？如果不是，有没有替代方案？这些问题在评估的这个阶段都需要回答。对于每个候选体系结构，都要估计其在每个间接场景下的表现。在此，体系结构的元素被映射到具体的质量属性。

间接场景都要求改动当前体系结构。大多数时候，架构师负责解释需要的变更。如果连他们都没法说清楚该如何处理这些变更，评估前体系结构描述的完整性就值得怀疑了。具体来说，这种解释包括改动涉及的范围、该范围内具体的元素和估计的工作量。一般这些信息都要以表 6-3 的形式进行总结。

表 6-3　SAAM 间接场景单个评估表

场景编号	场景描述	需做的改动	需改动的元素数	估计工作量
F4	允许同其他系统交换数据	数据序列化模块，数据交换接口	2	12 工作日
F8	加入上下文相关的帮助	上下文相关的 UI 控制，帮助文档	2	30 工作日
F9	支持多个 DBMS	数据管理抽象	1	3 工作日
…	…	…	…	…

表 6-3 给出了后续变更工作的启动基础。涉众根据该表就可以决定哪些工作是最紧急的，需要尽快进行，哪些工作应该延迟一段时间，还有哪些工作因其完成的可能性不高而不应该在当前项目中实施。如果一个场景需要过多的修改，可以认为它有设计缺陷，可能需要在修改发生处做完全的再设计。

6.3.6　对场景关联的评估

如果不同的场景都要求对某个体系结构元素进行修改，称这些场景关联于此元素。场景关联意味着原始设计的潜在风险。这里需要强调的一点是，所谓场景不同是指场景的语义有差异，该语义由涉众决定。在分类和设置优先级处理之前，有共同点的场景可以划分成组或合并以避免评估冗余，最终保留那些反映典型用例、典型修改或其他质量属性而又很少重叠的场景。语义不同的场景影响同一体系结构元素（如同一个组件）的情况表明设计不良。场景关联的程度高意味着功能分解不良，当然如果某些经典体系结构模式的工作方式就是如此，就可以把它们当作例外来处理。一般说来，场景关联可能是灾难的种子，这是因为将来系统演化的时候该关联会导致混乱的修改。虽然并非所有的场景都是灾难之源，但它们必须得到足够的重视。

不过在识别场景关联时要注意识别伪关联。有时体系结构文档表明某个组件参与了某个关联，但是实际上是该组件内部分解良好的子组件独立处理了不同的关联场景。这时可以返回到步骤 2——体系结构描述，检查一下文档的详细程度是否满足识别关联的需要。

6.3.7　形成总体评估

SAAM 的最后一步是形成总结报告。如果候选体系结构只有一个，那么总体评估要做的就是审查前面步骤的结果并形成总结报告。修改计划将基于此报告。

如果有多个候选体系结构，就需要进行一番比较。为此需要根据各个关键场景和商务目标的关系来决定每个关键场景的权重。比较体系结构时会发现，某个体系结构在某些场景下表现突出，而另一个体系结构在另一些场景下最好。有时简单地根据候选体系结构适用于多少场景很难做出最好的选择。事实上，即使同样是关键场景，各场景的重要性也是不同的。这可以通过设置权重来体现。多年来，出现了几种决定权重的策略。其中一种方式是利用涉众的讨论，有时是争论，来得到相对权重。历史记录也是很好的参考资料。

直接场景也影响总体评估结果。不同的候选体系结构几乎总是有各自不同的直接场景。直接场景是不经修改就被体系结构支持的那些场景。所以支持更多直接场景的体系结构也暗示着这是一个更好的候选体系结构。有时也会把直接场景的重要性放到总体评估这个步骤一起考虑。

最后，架构师对每个关键场景下的各个候选体系结构打分。一般来说，打分采用相对值的方法，例如"1，0，−1"（或 "2，1，0""＋，0，−"，等）。1 表示体系结构在该场景下表现很好，−1 相反，0 则表示体系结构对该场景无关紧要。根据需要把最大值定为 5 或者 10 也没问题。有了场景权重和体系结构的得分，就可以画一个类似表 6-4 的表格。然后把该表格和独立场景评估、场景关联评估和直接场景分析的结果结合起来，选择一个最好的体系结构作为下一步开发的基础。

表 6-4　SAAM 总体评估示例

场景		候选 1	候选 2
编号	权重		
F4	8	1	−1
F5	8	1	−1
F8	5	1	0
F10	7	−1	1
F13	10	0	1
F14	6	0	1
⋮	⋮	⋮	⋮
总体评估得分		45	67

6.4　体系结构权衡分析方法

本节介绍另一个评估方法——体系结构权衡分析方法（ATAM），该方法可以看作 SAAM 的增强版。从名字即可看出，ATAM 方法除了能暴露被评估体系结构的潜在缺陷和风险外，还能使人们更好地理解和权衡多个相关的或者不一致的质量需求或目标。当大多数专家还在致力于将 SAAM 针对一些特定问题进行扩展（如 SAAMCS 或 ESAAMI）的时候，SAAM 的提出者却开始专注于各个目标之间的复杂关系，这些关系在场景中有所反映并对系统构建有显著影响。

ATAM 的基础来自 3 个领域：体系结构风格、质量属性分析组（包含丰富的质量属性和体系结构对应关系的库）和 SAAM。本节简要地给出前两者的基本思想（SAAM 已经在前面讨论过）。首先按照历史顺序回顾 ATAM 的发展，然后介绍 ATAM 各步骤要做的主要工作以及在这些步骤中采取的技术。

ATAM 自从诞生之日起就不断地演化和提高，它融合了很多架构师、设计者和软件工程师等相关人员的智慧。在文献(Kazman,1998),(Bass,1998)和(Kazman,1999)中有相关的早期资料。文献(Bass,2003)和(Clements,2003b)对 ATAM 作了深入详细的介绍和案例研究。在 CMU SEI 的 ATAM 主页上可以得到包括教程和其他支持材料等与该方法相关的最新信息。

6.4.1　最初的 ATAM

大多数设计都是对目标进行权衡。如果不需要权衡的话，实际上也没有必要做设计了，因为只要根据需求做一些固定的计算就行了。这种观点已经是共识了。大多数的权衡源自非技术的原因。例如，为了保证系统的可伸缩性，可能需要更多的中间间接层，从而导致更多的编码和测试工作，也意味着整个项目需要更多的花费，可能也需要更多的时间。再如，两个涉众有截然相反的需求，结果使开发进程受阻。这种工作或多或少都牵涉到社会学层面。

架构师的职责是进行设计，方式是采集需求并把需求映射到软件的结构和行为描述中去。不过除此之外，他们更重要的责任是以技术和社会学的视角做权衡。ATAM 就是做此类权衡的合适工具。ATAM 和其他评估方法或技术有着根本的不同，它明确考虑多个质量属性之间的关联，并可以对这些关联必然导致的权衡依据原则进行推理。为了达到这个目标，最初的 ATAM 分成 4 个阶段、7 个步骤[①]，如图 6-4(Kazman,1998)所示。

螺旋模型源自文献(Boehm,1986)，该文献文引入了一个与描述软件开发过程类似的螺旋模型。图 6-4 把评估集成到了整个设计过程中。6 个步骤即：收集场景，收集需求、限制和环境，描述体系结构视图，特定属性分析，识别敏感度，识别权衡点，构成了一轮迭代。完成上述步骤后，如果评估结果表明当前体系结构能满足期望的质量需求，就可以进行详细设计或实现了。否则，可以制订修改计划，更新已有设计，新的设计将进入第二轮 ATAM 的迭代。值得注意的是，这些步骤并不需要按照线性顺序操作。每个步骤都可能会触发任何其他步骤产物的改进，正如图 6-4 所示，4 个阶段通过圆心互相接触。例如，识别不出权衡点会导致体系结构视图的更新。又如，特定属性分析可能需要收集更多的场景来保持各个属性的均衡。

在进行一次迭代时，第一阶段关注场景输入。第一步仅仅关注使用场景，尽量增进参与者对体系结构的理解。这样沟通的基础就建立了。第二步是收集质量相关信息，也是以场景的形式表达。这些场景可以被看作是质量需求假设，是后续步骤的基础。得到需求之后，就可以利用需求的限制开始第一阶段的设计。设计出来的体系结构被编档以备评估。

接下来评估就开始了。首先独立分析每个质量属性，这时候不必考虑场景关联。独立

---

① 图中画了 7 个步骤，但只介绍了 6 个步骤。最初的 ATAM 文献(Kazman，1998)就是这样画图和介绍的。

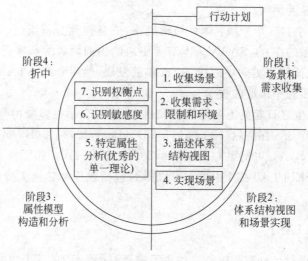

图 6-4　TAM 的步骤

评估可以使得各个质量属性方面的专家最大限度地利用特定属性的技术或模型进行分析。例如,马尔可夫模型擅长可用性分析,而 SPE(Smith,2001)分析性能特别方便。特定属性分析的结果以特定模型中数据的测量值来表述,例如"最坏情况下请求必须在 500ms 内得到响应"或者"在理想环境下系统的可用性为 99.99%"。

最后要做的是识别敏感度和识别权衡点。在解释这两个步骤之前,先定义体系结构元素。体系结构元素是指任何组件和任何影响质量属性的组件特性或者组件间的关系特性。敏感度是指会因体系结构元素的修改而发生显著变化的建模值。例如,基于 C/S 的系统,服务器的冗余度影响整个系统的可用性。增加一个后备服务器会把平均每年的系统崩溃时间降低一个数量级。这里系统平均每年崩溃时间就是一个敏感度。一个权衡点是指和多个敏感度有关的体系结构元素。也就是说,如果一个组件、组件属性或关系属性变化了,有几个质量属性会大幅度地变得更好或更坏。例如,C/S 系统中服务器冗余度就是一个权衡点,因为它的变化将导致可用性、费用、安全性等属性的显著变化,这些特性有些是互相冲突的。权衡点揭示了架构师需要密切关注的问题。

6.4.2　改进版 ATAM

1999 年,ATAM 在几个实际项目中得到应用后,有了升级和增强(Kazman,1999)。ATAM 的原有步骤中有的进行了合并,另外又补充了几个步骤,如图 6-5 所示。例如,增加了"场景分组和设置优先级",这个步骤和 SAAM 中的步骤类似。有几个步骤被合并成一个,如"体系结构介绍"①。

对改进版 ATAM 主要有两点值得注意。

第一点是怎样才能知道什么时候停止场景生成比较合适。从图 6-5 可以看到步骤 3 进

---

① Architecture Presentation(体系结构介绍)是文献(Kazman,1999)中的术语,意为向涉众作一个口头报告,介绍体系结构。它和 Architecture Description(体系结构描述)不同,后者仅仅是用模型或者 ADL、UML 之类的语言把体系结构写出来。

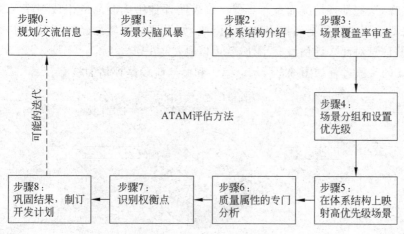

图 6-5　改进版 ATAM 的步骤

行场景覆盖检查。CMU SEI 专门为此步骤定义了一套特定质量属性的问题,回答这些问题可以帮助人们找到缺失的有用场景并补充进来。这套问题在 CMU SEI 的网站就可以找到。

第二点是改进版 ATAM 引入了很多 ABAS(基于属性的体系结构风格)。ABAS 是一种分析辅助工具,可以帮助涉众识别体系结构风格的质量属性,如性能、可用性、安全性、可测试性、可修改性等。简而言之,ABAS 就是带有属性值以反映质量信息的体系结构风格。ABAS 的一个著名的应用是多个并发进程的性能分析。如果软件系统使用多个进程,每个进程都竞争有限的计算资源,该系统就可以称作性能 ABAS。对此 ABAS 应当进行以下相关参数信息的质询:进程优先级、同步位置、排队策略和估计执行时间等。但是,仅仅知道性能相关的信息并不够,还需要把这些信息输入到分析框架中以便分析。例如,单调速率分析是实时系统的一个有效分析框架(Klein,1993)。

对比两个版本的 ATAM,可以看到一个趋势,就是更多实际的技术和关注点被加入进来。第一版建立在螺旋开发模型之上,理论的味道很浓。而在改进版,对步骤进行了重新调整以更好地满足实际需要。除此之外,改进版引入了一些必要的辅助技术,尽管其中有些从评估的角度看并不能算是核心技术。简单来说,这些变化试图为如下问题提供答案:怎样帮助涉众知道做,什么和怎么做,从而为评估过程做贡献?怎样引导涉众精确、清晰地理解待评估的体系结构?怎样生成对评估有益的场景,同时避免忽略某些必需的场景,并从所有场景中选出最重要的场景?怎样把场景映射到体系结构,以便识别敏感度和权衡点?最后,怎样对特定的质量属性进行具体的评估并生成据以规划后续活动的评估报告?正如下面将会讨论到的,这些问题是大多数评估方法的共同问题。尽管经历了众多项目的实际应用和数以千计的架构师、设计人员和软件工程师的改进,ATAM 仍在不断调整以追求更好的评估效果。6.4.3 节将介绍 ATAM 引入的新技术。

6.4.3　ATAM 的一般过程

当前 ATAM 的完整过程包括 4 个阶段、9 个主要步骤。在此,步骤仍然不必是线性执行的。在实践中,评估负责人可以决定应该执行哪些步骤,或者直接跳到本应在若干步之后才实施的步骤,这些都视情况而定。步骤仅仅表明评估中间制品的生成顺序。顺序靠后的步骤总是需要前面步骤的制品作为输入。因此,如果评估团队已经有了某一步骤生成的信息,或者这些信息对此次评估没有用处,就可以跳过这一步。

ATAM 的一般过程如图 6-6 所示。第 1 和第 2 阶段是评估的核心。

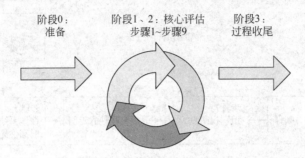

阶段0:　　　阶段1、2:核心评估　　　阶段3:
准备　　　　　步骤1~步骤9　　　　　过程收尾

图 6-6　　ATAM 的一般过程

第 0 阶段是准备阶段。考虑到 ATAM 评估的范围、时间和费用,有必要就评估时间表、费用计划、参与者组织等问题进行讨论甚至签署严格的合同。评估者首先应该搞清楚评估是否可行,谁参与评估,评估的对象是什么,评估结果给谁,评估后又该做什么。为了避免核心评估阶段发生中断,上面提到的每个问题都需要仔细考虑和计划。然后,需要建立一个评估团队(如果准备评估的组织没有专职评估团队的话),负责接下来的工作。该团队中需要定义几个角色,包括团队领导、评估领导、书记员、计时者、提问者、监督员等等。同一个人可以扮演多个角色。通常,在第 0 阶段会召开评估团队会议以明确责任并为下一阶段做好准备。

第 3 阶段是评估收尾。这时有两项任务必须要做。一是要产生最终报告,记录核心评估阶段的过程、信息和结论。二是进行总结以便改进今后的评估。一方面,可以问问评估成员或者其他参与者感觉哪些活动好,哪些不好,又是为什么,可以收集关于本次评估的花费和受益的信息,这种数据挖掘可能会帮助你找到各种活动的可改进之处。另一方面,可以整理本次的场景和相关的问题,以备下次评估类似项目时参考。在特定领域的开发中,这项活动因其强大的可重用性而非常有效。

核心评估阶段有 9 个步骤,和前面讲的步骤类似。这些步骤又进一步分为如下 4 个子阶段:

(1) 体系结构描述及收集与评估有关的信息。

① 介绍 ATAM。介绍 ATAM 的步骤、活动和技术。

② 介绍商业动机。介绍商业目标以识别主要质量需求。

③ 介绍体系结构。解释当前体系结构如何满足商业动机。

(2) 以体系结构为中心进行分析。

④ 识别体系结构方法。找到建立体系结构所用的方法。

⑤ 生成质量属性效用树。以树的形式产生反映系统效用的带有优先级的场景。

⑥ 分析体系结构方法。对支持关键场景的体系结构方法进行分析,并识别风险、非风险、敏感度和权衡点。

(3) 以风险承担者为中心进行分析。

⑦ 集中讨论场景并确定优先级。由更多的涉众生成更多的场景。

⑧ 分析体系结构方法。同步骤⑥,不过采用的场景来自步骤⑦。

(4) 提交评估结果。

⑨ 提交评估结果。产生评估报告,内容包括体系结构方法、效用树、场景、基于质量属性的问题、风险决策、无风险决策、敏感度和权衡点。

实际上,阶段 1 和 2 分别是上述步骤的一次迭代,如图 6-7 所示,当然包括的具体步骤和参与者范围有所不同。阶段 2 需要更多类型的涉众参与场景生成和分析讨论。阶段 1 则试图利用几个原则识别主要的质量属性,为后续评估打好基础。阶段 1 只包含步骤①到步骤⑥。当然,不必机械地执行这两次迭代。实际应用时,评估团队可以调整迭代这些步骤的时间计划,并可以自行决定每次迭代的参与者。

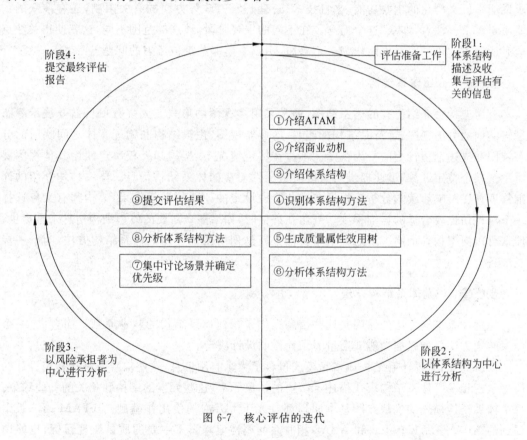

图 6-7　核心评估的迭代

读者可能会看到一些不熟悉的概念,如效用树、风险和非风险,也可能会问:为什么步骤⑥看上去和步骤⑧一样啊。这些问题在后面的小节有详细展开。

6.4.4　体系结构描述及收集与评估有关的信息

这个子阶段通过描述和收集信息来了解整个系统,从而界定哪些行动是有益的,而哪些不是。该阶段引导参与者致力于系统设计并做出贡献。同时,后续步骤所需的输入也由此阶段提供。

步骤①：介绍 ATAM

这一步回答了"什么是 ATAM"和"ATAM 参与者都要做些什么"。除了专业的评估团队，其他涉众可能是第一次参与评估。评估负责人需要向参与者介绍 ATAM，回答他们的相关问题。在此过程中，评估负责人的工作集中在以下几方面为：场景确定优先级、效用树构建等操作的步骤、概念和技术，确定评估的输入输出及其他有关信息。

步骤②：介绍商业动机

在这一步，项目领导人（项目主要管理者或类似人员）需要向所有参与者解释主要的商业动机。场景开发和特定的评估需要此类信息。介绍的主题应该包括：主要商业目标，需求说明中已文档化的主要功能，来自技术、管理、经济、政策方面的有关限制，还有涉众的重要质量需求。注意"涉众"这个概念。在不同的主要阶段，涉众的范围不同，这就使得关注点会有所偏重。这种差异也能作为一个参照，用以暴露那些没被考虑的问题。

步骤③：介绍体系结构

首席架构师介绍已有的体系结构，通常采用多视图的形式。大多数项目需要展示静态逻辑结构的分解视图、运行时结构的组件-连接器视图、逻辑结构和物理实体之间映射的分布视图和描述期望行为的行为视图。不过在特定情况下，架构师有权决定使用其他视图展示系统某个特定区域，以此提供与关键质量属性对应的体系结构信息。体系结构介绍的详细程度直接影响后续的分析。根据在准备阶段设定的评估的期望效果，架构师有义务选择一个对评估比较合适的详细程度。当然在评估时，如果涉众需要的体系结构信息未被提供，涉众可以向架构师询问。最后一个重要任务就是列出明确使用的体系结构方法，为下一步做准备。

步骤④：识别体系结构方法

识别体系结构方法的原因是这些信息提供了构建体系结构的基本原则。简言之，一个体系结构方法是指根据功能或质量需求而做的设计决定。

众所周知，软件体系结构风格和模式包含了大量有用信息，这些信息与进行特定设计的原理紧密相关。体系结构模式描述了必要的抽象元素、这些元素的结构和相关的一些约束。每个体系结构模式的优缺点和基本原理都有成千上万次的使用作基础。ATAM 第二版中提到的 ABAS[①] 尤其有用。和 ABAS 相联系的属性值暴露了主要的质量属性目标，也能用来分析这些目标能否实现。

并不是所有的体系结构方法都可以用体系结构风格或模式的形式表达。如果是这样，架构师就需要用自然语言解释为什么做出这样的设计，或为什么设计会以这样的方式运行。架构师应该能讲清楚使用的每个体系结构方法。这样，对于那些架构师觉得很基础（于是如果不是被明确地问到，他们不会做特别说明），但是对评估非常重要的体系结构方法，其他评

---

① ABAS 是 Attribute Based Architecture Style 的简写，即基于属性的体系结构风格。但是这里"风格"的含义和第 2 章里定义的不同，ABAS 的风格可以理解为体系结构模式。

估参与者也能够有所理解。

尽管这一步骤需要清晰的解释,但是不需要对方法的分析,那是步骤⑥的任务。

6.4.5 以体系结构为中心进行分析

在这个子阶段,涉众开始映射体系结构和质量属性。不过和前述 ATAM 的其他版本相比,在此使用的具体方法更加出色。这里捕获分析的不是体系结构元素,而是体系结构方法;用于场景生成的不是头脑风暴一类的办法,而是采用效用树。在效用树中,每个场景的优先级由两维估计值来测量。评估中,要识别风险、非风险、敏感度和权衡点,不过这些识别是分析的开始而非结束。

步骤⑤:生成质量属性效用树

本步骤将识别关键质量属性目标,参与者是评估团队和核心项目成员,如管理者、客户代表和首席架构师。这里主要的目标是避免花在评估上的时间和费用的浪费。如果参与者不能确定关键的质量属性目标或就此达成一致,评估就无法达到应有的效果。质量属性效用树是达到此目标的强大工具。在文献(Boehm,1976)中也提到了一个类似的效用树。

质量属性效用树(Quality Attribute Utility Tree,QAUT)以树的形式表现质量属性的细化,如图 6-8 所示。QAUT 的根是效用,接下来是质量属性层,典型的质量属性有可用性、性能、可修改性和安全性等。再下一层是质量属性具体描述分类,也就是把某个质量属性分成几个主题。第四层是具体的场景,精确定义了质量需求以供后续分析。一般来说,QAUT 把系统的期望效用翻译成了场景。

每个场景有两维度量:一是此场景对系统成功的重要程度,二是架构师所估计的支持此场景的开发难度。测量所用的标度可以定为类似高、中、低这样最大值为 3 的序数尺度,最大值为 5 或者 10 等也可以。标记好度量后,场景就可以按优先级排序了,最上面的是参与者希望得到的最关键的质量属性目标。

图 6-8 是 QAUT 的一个例子。实际上,真实项目中生成的场景比此例复杂得多。最终 QAUT 生成了带有优先级的场景列表,按照(高,高)、(高,中)、(高,低)、(中,高)、…、(低,低)排序。这个优先级清楚地揭示了各种涉众的全面关注。也许有人认为性能是关键需求,而另一些人坚持可用性需要更多的关注。但是除非建立了 QAUT,否则每个人的想法可能都是凌乱的。QAUT 引导并澄清系统的质量需求及其相对重要性。于是,评估的时间和成本不够时就可以忽略优先级低的场景,因为分析不重要或者很简单的场景没有什么意义。

步骤⑥:分析体系结构方法

QAUT 指明了评估的方向。之后就该分析体系结构方法处理高优先级场景的机制了。在这一步骤评估团队和架构师一道识别在那些和重要场景相关的方法中存在的风险、非风险、敏感度和权衡点。

风险是在已经做出决定后,在特定情况下可能出现的潜在问题,而非风险正相反。可能有人会说风险应该受到更多关注,因为它们是将来的问题之源。不过,非风险一样重要,因为它们暗示了哪些体系结构方法值得保留和坚持。更重要的是,当上下文变化的时候,非风险可能会转变成风险。因此,明确地列出非风险是有用的。

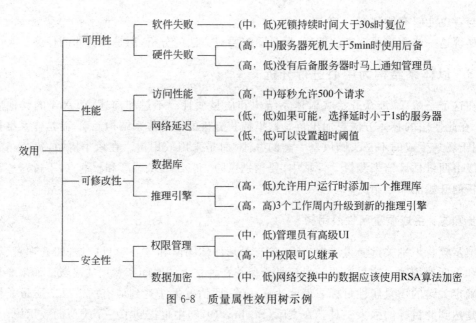

图 6-8　质量属性效用树示例

　　敏感度是指会被某些体系结构元素显著影响的系统模型化属性值。权衡点是系统内与几个敏感度都相关的地方。在步骤④和⑤中这些需要的信息应该就准备好了。不过,若评估团队感到有信息缺失,可以询问架构师。

　　为了识别风险、非风险、敏感度和权衡点,全体参与者都要完成下述工作:

　　(1) 识别出试图支持重要场景的体系结构方法并弄清楚这些方法在当前体系结构中是怎么实例化的。

　　(2) 分析每个方法,考虑其明显的优点和缺点。判断其是否会对质量属性带来负面影响。这项工作可以利用询问一系列附属于这种体系结构方法的特定问题来完成。

　　(3) 在回答这些问题的基础上,识别风险、非风险、敏感度和权衡点并分别记录在文档中。

　　这一步骤结束,阶段 1 就完成了。如果一切顺利,评估团队应该对体系结构有了大致的了解,也清楚了其优缺点。

6.4.6　以风险承担者为中心进行分析

　　这一阶段的目的是对到目前为止所做的分析进行测试。会有更多种类的涉众就系统质量需求给出建议。讨论的范围有了扩展。因而会有另外的问题和关注点出现以促进需求补充。

　　步骤⑦:头脑风暴和为场景设置优先级

　　在步骤⑤中,场景表示为 QAUT,表明项目决策者心目中的体系结构应该是什么样子。不过在这一步,评估团队的范围更大了。这里抽取更多场景的有效方法是头脑风暴,就像 SAAM 的场景生成采用的方式。这种环境容易激发创造性的想法和新颖的建议。场景按性质可以分为 3 类:

（1）用例场景。描述被评估体系结构所在的系统在最终用户的特定操作下如何动作和响应。

（2）增长式场景。描述被评估体系结构所在的系统怎样支持快速修改和演化的，例如添加组件、平台移植或者与其他系统集成。

（3）探索性场景。探索被评估体系结构所在的系统的极端增长情况。如果说增长式场景试图揭示期望和可能的修改，那么探索式场景使评估参与者有机会知道需要进行重大变更时系统会发生什么。例如，性能必须提高 5 倍，或可用性需要提高一个数量级。根据这类场景，额外的敏感度和权衡点将会暴露，评估测试可基于此来进行。

利用头脑风暴生成场景后，通过投票为场景设置优先级，这和 SAAM 类似。显然步骤⑤和本步骤生成的场景有显著差异。利用 QAUT 生成场景是细化的过程，看起来是自顶向下的风格。评估团队和核心项目决策人通过 QAUT 找到当前体系结构的主要质量驱动。而头脑风暴生成的场景需要几乎所有涉众的贡献。这一步始于具体的场景建议。测试时，本步骤生成的场景将和 QAUT 的结果比对。新的场景成为 QAUT 已有分支的叶子节点，也可能原来就完全没有相应的质量属性分支。评估测试的目的也正在于此。

步骤⑧：分析体系结构方法

这一步使用的方法和技术与步骤⑥相同，主要差别在于本步骤涉众分析的对象是步骤⑦产生的体系结构方法。如果一切顺利，架构师只需要解释如何用被捕获的方法来实现场景。但是如果某些场景不能被直接支持，评估团队应该记录在文档中以便制订修改计划。

6.4.7 提交评估结果

步骤⑨：提交评估结果

这是 ATAM 一轮迭代的最后一步。包括已收集在原始体系结构文档内的、涉众生成的和分析得到的所有信息都要体现在评估报告中。最重要的内容，或者说 ATAM 的输出，包括文档化的体系结构方法（以及这些方法附属的问题）、带优先级的场景、QAUT、关键质量需求、风险、非风险、敏感度和权衡点。所有涉众一起讨论来解决当前体系结构的问题，尤其是风险和权衡点。

6.5 积极的中间设计审核方法

QAW 用在软件体系结构创建之前，是系统评估方法；ATAM 与 SAAM 均用在软件体系结构设计完成之后，属验证性评估方法。而积极的中间设计审核方法（ARID）用于软件体系结构设计过程之中，针对的是未完成的体系结构。这样就可以随时在设计过程中对体系结构进行验证，考察质量属性是否达标，及时修正，保证正确的设计方向。表 6-5 给出了 ARID 的一般步骤。可见 ARID 有许多与其他方法相同的特征，因此它重用了很多其他方法经过验证的技术。

ARID 在以上 4 种最具代表性的软件体系结构评估方法中是最新的方法。

表 6-5　ARID 的一般步骤

步骤	描　　述	操　　作
1	确定审核人员	ARID 中的审核人员是设计参与者(对可靠设计的创作进行了投资的各方)
2	准备设计讲座	设计人员详细地陈述该设计,以便审核人员能够使用该设计
3	准备初始场景	由协调人员和设计人员执行
4	准备资料	由设计人员准备审核相关资料
5	陈述 ARID	类似于 QAW 和 ATAM 中的步骤①
6	陈述设计	由设计人员对设计进行陈述
7	对场景进行自由讨论和优先排序	与在 ATAM 中一样,场景用于涵盖适当的需求范围
8	应用场景	从优先排序列表中最前面的场景开始,审核人员使用伪代码来验证场景的适用性
9	总结	对评估工作的结果做文档记录并交付给有关的参与者

6.6　体系结构层次上的软件可维护性预测方法

　　体系结构层次上的软件可维护性预测(ALPSM)方法由 Bengtsson 和 Bosch 提出,主要关注软件的可维护性这一质量属性,而软件可维护性在 IEEE 610 中做了明确定义。通过在软件体系结构层次上考察场景的影响来对软件可维护性进行评价。可维护性的需求利用场景使体系结构的分析具体化,对软件系统的维护性工作进行预测。预测结果既可以用来平衡可维护性与其他质量属性的权重关系,也可以用来在多个候选体系结构方案中进行选择。ALPSM 评估方法的一般步骤如下:

　　(1) 确认维护任务的分类。选择对于维护任务类别有代表性的场景进行维护任务的分类,这种分类是具体的,基于特定域或特定应用。

　　(2) 合成场景。在上一步所确定的每个类中各选择 10 个能够对维护任务类别有代表性的场景。然而这里的场景并不是通常描述系统行为的用例场景,它描述系统相关的可能发生的活动或活动序列。一个变化场景就代表系统的一个维护任务。

　　(3) 给每个场景分配一个权值。定义权值为在某个特定间隔时间内一个场景导致一个维护任务的概率。产生场景的权值要么使用历史维护数据来推断,要么由体系结构设计师或领域专家来估算。

　　(4) 估算所有组件的大小。组件大小与实现后的软件体系结构的改动规模息息相关,因此可以通过估算组件大小来间接估计维护工作量。

　　(5) 分析场景。对于每个场景,评估体系结构及其组件对每个场景的影响,可以得出最易受影响的场景。

　　(6) 计算维护工作量。每个场景的工作量的加权平均值就是它的预测值,它代表了每个维护任务的平均工作量,对于场景 S_n 和体系结构 C_m,计算公式如下:

$$M_{\text{total}} = \sum_{n=1}^{k_s} \left(P(S_n) \cdot \sum_{m=1}^{k_c} V(S_n, C_m) \right)$$

其中，$P(S_n)$ 为场景 S_n 的可能性权重，$V(S_n,C_m)$ 为场景 S_n 影响的组件数目，k_s 为场景总数，k_c 为体系结构内的构件总数。

ALPSM 方法的 6 个步骤可以组织成如图 6-9 所示的输入输出流程图。

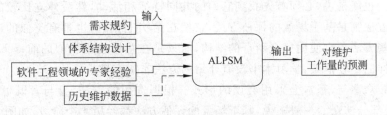

图 6-9　ALPSM 的输入和输出（胡红雷，2004）

ALPSM 方法适用于整个体系结构的设计过程，并且可以反复进行评估。参与者只有体系结构的设计人员，不需要其他的风险承担者，而且与其他方法相比，ALPSM 充分利用了历史数据与专家意见。该方法也广泛应用于实际项目中，如血液渗析系统。

6.7　基于度量的评估方法

体系结构评估除了以上几种基于场景的评估方法外，还有一种基于形式化验证方法、数学模型和模拟技术的量化分析方法。基于场景的方法虽然是当下采用得比较多的、流行的评估方法，但这类方法有很大的不确定性，而量化分析方法更为客观、准确。

基于度量的软件体系结构评估方法对软件产品的某一属性赋予数量，如代码行数、方法调用层数、构件个数等。其主要工作如下：

（1）建立质量属性和度量之间的映射原则。

（2）从软件体系结构文档中获取度量信息。

（3）根据映射原则分析、推导出系统的某些质量属性。

这种方法的优点就是能够提供更为客观和量化的质量评估结果。同时带来的缺点就是，基于度量的评估方法必须在体系结构完成之后使用，而且评估人员需要对目标系统结构较为熟悉。

应该说形式化的软件体系结构评估方法是将来的重要发展方向，这是体系结构评估方法先进性的体现。而当前情况下，度量技术和场景技术的结合应用是提高软件体系结构分析与评估质量的有效途径。

6.8　评估方法比较

软件工程社区已经提出了很多方法来揭示体系结构的潜在质量属性、风险和缺陷。除了前面已经详细介绍的 SAAM 和 ATAM，还有一些方法也得到了公众的重视和应用的验证，如 SABR（Bengtsson，1998）、ALPSM（Bengtsson，1999）、PASA（Williams，2002a）等。为了搞清楚各种方法的特点，判别在什么上下文环境使用哪种方法，明确各个方法主要的关注点，从而提供一些选择的准则，需要对它们进行系统的比较。

6.8.1 比较框架

进行比较之前,需要构造一个框架来规范化处理各种评估方法的特性,否则就无法给出公正的评价。也就是说,必须首先找到它们的共同特征和活动,然后建立比较的度量机制。由于这几种方法都是基于场景的评估方法,它们在结构上相近,也都有类似的活动、阶段和参与者。这些方法很少使用完全新奇的结构,而只是在总体过程类似的前提下做了一些变化。有了这样的比较框架,学习本书没有介绍的方法非常容易。

评估由涉众参与,基本上采用会议的形式。根据选用的方法,参与者既可以是全体涉众,也可以是部分涉众。一般来说,基于场景的评估方法都经历 4 个阶段,如图 6-10 所示。

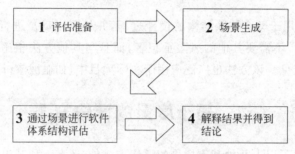

图 6-10　基于场景的评估方法的一般阶段

1. 评估准备

涉众需要一个统一的基础来进行交流,这样有助于涉众在开始任何活动之前熟悉待建系统和待解决问题之间的关系,也有助于涉众互相的理解。并不是每个参与后续过程的人都了解系统的常识,也不是每个人都清楚评估时到底该做什么,什么样的想法和建议会对评估结果有益。因此,评估准备阶段是必要的,而且不应该认为它的重要性低于其他 3 个阶段。你可能认为不需要明确给出评估的相关信息使参与者"热身",但是随着一项一项活动的进展,你就会后悔这个决定。而那时已经太晚了,因为已经产生了太多的混乱和偏离,益处却锐减。在这个阶段,应该公开声明 3 类信息。第一,评估负责人应准确地解释使用的评估方法及其活动,设定期望并回答可能的问题。负责人引导大家避免(至少也要减少)不相干、无价值的讨论或其他异常情况。第二,需要介绍系统目标(或商业动机),通常这项工作由项目经理或者客户代表来做。毕竟,参与者需要知道主要是什么目标引导着系统开发,哪些质量属性需要特别关注。第三,架构师需要描述已有的体系结构,解释满足系统目标的关键设计决定。这个要求迫使架构师尽量给出合格的体系结构描述或文档,同时潜移默化地改进了设计。这一阶段结束时,每个人都应该清楚系统的概要结构和驱动该结构的目标。如果不是这样,必然是准备材料中存在错误。

2. 场景生成

本阶段的目的是生成尽可能多的有价值场景,为下一阶段做准备。提供一堆案例很容易,典型的策略是鼓励涉众围坐在桌旁头脑风暴,说出任何想说的建议。但问题是什么时候结束场景生成,以及怎样选择对改进当前体系结构最有益的场景。有些方法以新场景总可以被旧场景覆盖或者新场景不再影响体系结构作为结束场景生成的标志。另一些方法采用启发式的策略来引导人们产生有效的场景,例如提供基本的问题集。那些仅关注单一质量属性的方法通常用于定义场景和目标属性的相关度。正如前面提到的,优先级也是需要认真对待的问题。一般来说,考虑到长而复杂的场景评估阶段,持续两三天的会议,只能评估不到 20 个场景,这意味着需要优先级机制。CMU SEI 推荐"30%投票"的技巧,即每个参与者的选票数是场景总数的 30%。只要投票人觉得合适,他可以任意处置这些投票:把所有票投给一个场景,每个场景一票,投一些弃权票,或者这些情况的组合。只有"过线"的场景才能进入下一阶段。

3. 利用场景评估软件体系结构

这是基于场景型评估方法的核心阶段,在涉众对系统结构的期望或怀疑与系统结构和交互行为之间建立了桥梁。这里对于每个在前一阶段产生的场景都必须澄清几个问题,例如"此场景能直接被当前体系结构支持吗?""如果体系结构必须更改才能满足新需求,那么那个场景导致的更改带来的费用又是多少?",还有"场景的影响是什么? 又怎么测量它?"。架构师和领域专家应该根据基于其经验和洞察力的估计来阐明场景必须引致的变化,针对软件体系结构相关的目标和风险提供建议。某些情况值得重点关注,例如几个语义不同的场景影响了同一组件,或者多个场景在本质上截然对立。架构师则寻找敏感度和权衡点,通过它们可以进行体系结构调整以满足多个互相冲突的目标。如果设计阶段给出了多个候选体系结构(通常就是这样),就需要进行整体评估来比较所有候选体系结构,方法是计算各个候选体系结构对评估中所用场景的支持程度。总之,这个阶段的输入是由场景生成阶段过滤后的场景和软件体系结构描述;输出是需要进一步解释的粗略的评估结果,可以是一个列表,每项表明了各个独立场景对特定体系结构的影响或者候选体系结构的总体得分。

利用场景评估体系结构的流程如图 6-11 所示。

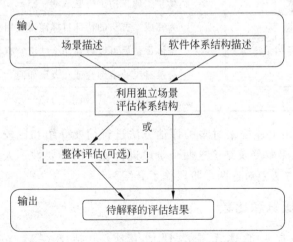

图 6-11 利用场景进行软件体系结构评估

4. 解释结果并得到结论

第三阶段把收集的信息整理成表格或其他形式,这并不意味着整个评估的结束。到现在为止信息还不是很清晰,人们无法得到其应有的所有益处。评估应该给出一组清楚的最终文档以指引下一步的设计改动和实现。从原始结果中可以挖掘出 3 类信息。第一,根据整体评估中的相对分数,可以选出哪个候选体系结构最适合作为指导开发的基本模型。可以肯定的是没有哪个体系结构能在所有方面都比其他候选强。某些地方可能是某个体系结构好一些,可是另一个方面就是它的弱点。评估可以清楚地反映每个候选体系结构的特点,无论是好还是坏。这样项目经理就可以决定选择一个而放弃其他,如果都不合格的话就干脆重新设计一个。第二,通过对评估时编档过的提示进行整合和组织,可以制订修改计划。最初的体系结构是根据需求规格说明书的要求设计的。由于评估时引入的一些问题,它们可能就不再适合了;或者涉众改变了想法,想改动体系结构。设计者基于他的理解设计蓝图,这种理解可能是有偏差的。而评估提供了一个机会,让每个人的智慧都能影响设计,矫正设计者的偏差。第三,可以积累评估的实际经验和技巧,帮助调整改进,这样下次评估时就可以有更好的效果。于是,整体开发的氛围慢慢形成,也提高了软件开发的质量。

有了这些一般的评估活动,人们就可以列出评估框架应该有什么特性了,如表 6-6 所示。在文献(Dobrica,2002)和(Barbar,2004)中可以找到其他著名的评估方法比较框架。

表 6-6 评估方法比较框架

项目	元　　素	描　　述
环境	特殊目标	方法的特殊定目标是什么
	质量属性	方法主要覆盖的质量属性是什么
	体系结构描述	需要什么类型的体系结构描述
	涉及的涉众	哪些涉众需要参与
阶段	评估准备	需要哪些特殊的考虑
	场景生成	场景生成采用了哪些活动
	评估技术	为完成本方法的特殊目标需要使用哪些活动
	结果解释和结论	整体评估后可以得到什么结论? 有无额外好处
应用	验证	有没有工业案例验证? 效果如何
	支持工具	有什么支持工具(如果有)

在 6.8.2 节,利用上述框架对多种评估方法进行简要介绍和比较,以提供方法选择指导。对评估准备和结果解释及结论这两个阶段进行说明的必要性不大,在 6.8.2 节中就没有包括,而只在某些方法中对这两个阶段作了介绍。

6.8.2 评估方法概览和比较

本节比较几个常见的体系结构评估方法,包括 SAAM、SAAMCS、ESAAMI、SAAMER、SAEM、SBAR、ALPSM、ATAM、PASA、ARID 和 CBAM,下面从不同方法所考察的系统的特殊目标、质量属性、体系结构描述、涉及的涉众、场景生成、评估技术、验证和支持工具 8 个角度来进行比较。

1. SAAM（基于场景的体系结构分析方法）

SAAM（Kazman,1994；Kazman 1996b)是以非常直观的方式促进体系结构设计以满足期望质量属性的方法。

- 特殊目标：SAAM 试图在以场景为代表的期望质量属性和体系结构描述之间建立映射。另外，SAAM 可以分析体系结构内在的危险之处，也就是潜在的风险。
- 质量属性：SAAM 最初设计为可修改性的评估。不过它也可以用来评估其他质量属性(尽管通常还是使用 ATAM)。
- 体系结构描述：在 SAAM 中要使用各类涉众都容易理解的体系结构描述，该描述至少应该展示系统主要计算和数据组件的静态分解及其关系。除此之外，系统的动态行为也应该包括在 SAAM 描述中。
- 涉及的涉众：本评估中所有涉众都应该在场，以保证全面的考虑和一致。
- 场景生成：场景由非争论性质的讨论生成。这个阶段可以和体系结构描述阶段一起进行，通过几次迭代以收集影响系统体系结构的更多场景。该阶段直到没有新的场景影响设计时才结束。
- 评估技术：SAAM 把生成的场景分为两类——直接场景和间接场景，后者更受关注是因为它会导致原始体系结构的修改。在设置优先级和过滤之后，剩下的场景被独立评估以识别其影响的体系结构元素和改动的费用。SAAM 使用了场景关联技术定位系统分解隐含的不良设计或隐式风险点。最后，采用整体评估对多个候选体系结构进行比较和选择。
- 验证：SAAM 是一个成熟的方法，有很多应用案例。
- 支持工具：SAAM 有 SAAMtool(Kazman,1996a)的支持。

2. SAAMCS（复杂场景的 SAAM）

该方法主要关注复杂场景。SAAMCS 出现于文献（Lassing,1999)。除了继承自 SAAM 的大多数活动和技术，SAAMCS 在寻找复杂场景和分析体系结构如何受复杂场景影响方面有所扩展。

- 特殊目标：SAAMCS 的唯一目标是对系统可修改性进行风险评估。
- 质量属性：SAAMCS 仅对特定问题的处理进行扩展，因此与 SAAM 不同，它局限在可修改性上，或者按照作者的说法叫作柔性。
- 体系结构描述：SAAMCS 使用体系结构描述的最终版本来研究和复杂场景相关的详细信息。根据系统与其外部环境的关系，系统的体系结构描述可分为微观体系结构和宏观体系结构两类。
- 涉及的涉众：除了像 SAAM 中建议的那样需要所有涉众参与之外，SAAMCS 把场景发起人定位为关键角色，场景发起人就是对某一场景的实现有巨大兴趣的个人或组织。
- 场景生成：在此阶段 SAAMCS 的特点是识别复杂场景，因此，SAAMCS 定义了复杂度的度量工具，包括场景发起人、体系结构描述和版本冲突。符合条件的那些场景被分类列出，为下一评估阶段做准备。这里采用两维框架图来帮助定位复杂场景。一维是变更源，包括功能需求、质量需求、外部组件和技术环境。另一维是场景复杂度，包括对系统的修改带来的外部影响、对外部的修改带来的对系统的影响、对宏观体系结构的影响、对微观体系结构的影响和可能引入的版本冲突。

- 评估技术：SAAMCS 的输入有分类后的场景、体系结构描述（微观和宏观体系结构）和场景影响的度量工具。评估是以离散化的值对这些复杂场景对系统设计的影响进行测量的过程。SAAMCS 的场景影响度量工具如表 6-7 所示。SAAMCS 的完整过程如图 6-12 所示。

表 6-7　SAAMCS 的场景影响度量工具

测量项目	可能值或描述
场景影响	（1）无影响 （2）影响一个组件 （3）影响几个组件 （4）影响软件体系结构
参与者数量	参与信息系统交互的人的数量
版本冲突情况	（1）不存在不同版本 （2）存在不同版本，不是很好，但是允许 （3）导致配置管理复杂化 （4）产生了冲突

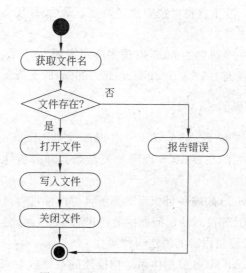

图 6-12　SAAMCS 的输入和活动

- 验证：SAAMCS 在商业信息系统中有过验证，但是未在其他领域中测试。
- 支持工具：无。

3. ESAAMI（领域继承的 SAAM 扩展）

SAAM 并没有专门考虑到评估复用的问题，因此也就不直接支持评估所用制品、场景、提示、测量等的再次使用。ESAAMI 构造了一个可供同一领域复用的评估框架，并且建立了体系结构分析模板和重用知识库（Molter，1999）。

- 特殊目标：ESAAMI 在传统 SAAM 基础上紧密集成了基于复用的体系结构评估过程，积累了可复用的评估材料和知识。引入可复用评估的最终目标是减少评估花费并加速评估过程，而且可复用评估过程可以作为可复用体系结构的附属物。通常，理解这个方法的障碍是 3 个互相交织的概念。第一，一个可以复用的评估方法能在同一个领域内复用。第二，一个可复用的体系结构为衍生于此领域的各类应用提供了一个共同的基础。第三，为了分析并保证一个体系结构在某种程度上是可复用的，需要检查支持可复用的因素是否存在：体系结构的抽象层次是否表征了领域的本质；体系结构的可修改处是否便于特定目标的定制；这个体系结构是否已经被充分清晰地编档。ESAAMI 是一种很容易复用的评估方法，它要求可复用的体系结构作为其输入。ESAAMI 并没有考虑上述第三点，具体原因见下面的"质量属性"。ESAAMI 的核心概念如图 6-13 所示。

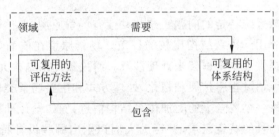

图 6-13　ESAAMI 的核心概念

- 质量属性：ESAAMI 涉及的质量属性和 SAAM 类似。实际上，ESAAMI 本身可复用，但并没有对测量或保证体系结构可复用性有更多的关注。体系结构的可复用性是本方法的输入，或者说是准备，可复用性也可以和其他质量属性一样被常规的 SAAM 评估。某些和可复用性相关的场景，例如领域范围内可能的一系列变更，能被用来推断出体系结构在多大程度上具有可复用性。
- 体系结构描述：ESAAMI 需要一个反映领域内应用共同基础的可复用体系结构。本方法的作者识别了体系结构描述的 3 种特征：该描述必须提供足够通用的信息，以便在领域特定范围内的重用；必须足够灵活，以便应对各式各样的定制；体系结构的属性必须足够详细地编档，以便选择和重用。
- 涉及的涉众：本方法的涉众和 SAAM 类似。
- 场景生成：本方法的作者认为把可用的知识整合到将来的分析中去是必需的。场景就是一个典型的例子。ESAAMI 引入了场景原型的概念，它传达的信息是领域内的共同使用情况或变更情况。实际上，场景原型是一个场景模板，仅仅给出某类用例或变更情况的一般信息。在进行具体分析之前，必须根据系统目标的特定考虑和应用上下文来对场景原型进行选择并精化。此外，也可以像常规的 SAAM 那样引入更多的场景。不管是由场景原型精化生成的场景还是由涉众建议给出的场景，它们都要像在 SAAM 中一样根据定义按照体系结构上下文中的线索进行分类。完整的场景生成过程如图 6-14 所示。
- 评估技术：ESAAMI 最具特色的技术是分析模板包。它收集了几个历经长时间考验的可复用的产品。这些产品分布于 ESAAMI 的各个步骤，关注高抽象层次上领

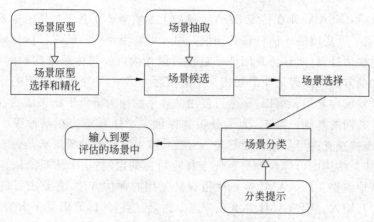

图 6-14　ESAAMI 的场景生成过程

域的共性而忽略系统特定的问题。这些共性有场景原型、评估协议、原型评估、体系结构提示信息和用于体系结构比较的权重。场景原型在前面已经提及了。评估协议和原型评估提供了一个框架来处理涉及一组抽象体系结构元素的场景,这种场景也可以在场景评估过程中扩展和精化,处理方式和主要场景类似。而体系结构提示信息是绑定在每一个场景上的附加体系结构信息,例如设计准则和模式等。这些信息能够反映出场景的特定需求,并帮助人们识别出哪些设计特性非常典型,哪些则隐藏着风险。这样的信息源自领域经验,可以反复应用。最后,权重用于支持几个候选体系结构的比较。使用权重的典型应用是度量场景重要性和场景关联。同一个应用领域内的多个项目也可以重用权重,这样,不同评估的结果就可以互相比较。总之,ESAAMI 是从 SAAM 得到的几乎所有可能复用的产品集合。图 6-15 是其评估过程。

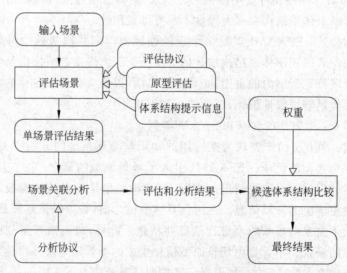

图 6-15　ESAAMI 的评估过程

- 验证:ESAAMI 已经发表了很长时间,相关的文献也清楚地描述了详细的步骤和全面的特性,但是其作者仍未完成这一方法,也没有给出任何验证的实例。

- 支持工具：此方法暂无可用工具。

4. SAAMER（用于演化和可复用性的 SAAM）

SAAMER 是 SAAM 的另一个扩展，发表于 1997 年（Lung，1997）。本方法的作者认为，在体系结构层次考虑评估和可复用性更容易得到高回报。他们根据其在北电[①]通信系统工作时积累的经验增强了经典的 SAAM。

- 特殊目标：SAAMER 从系统演化和可复用性的视角对 SAAM 做了一系列优化。此方法试图捕获特殊类别场景的潜在问题，评估这些场景的解决方案。
- 质量属性：SAAMER 主要关注演化和可复用性。
- 体系结构描述：据作者说，使用此方法需要 4 类体系结构视图，即静态视图、映射视图、动态视图和资源视图。静态视图提供系统元素的拓扑信息，而动态视图反映系统的行为方面。映射视图将组件与其相应功能和特性联系起来，资源视图则涉及资源使用。这些视图实际上就是逻辑层次上必要的体系结构描述，每种视图都以某些具体的制品作为载体。例如，动态视图可以以状态机图、操作图、因果图、消息图甚至 Petri 网的方式实现。这些视图不一定非得按照顺序生成，而且可以在几次迭代中收集和补充。
- 涉及的涉众：除了 SAAM 建议的涉众，SAAMER 中领域专家在场景开发和评估过程中扮演的角色非常重要。
- 场景开发：SAAMER 的一个突出特性就是它停止场景开发的机制。它创造了两种技术来完成这个任务。一是所有最初生成的场景根据其目标类型来划分，目标分为涉众目标、体系结构目标和质量目标。有了面向目标的分类和领域专家的经验，场景就可以被分组以确保每个目标都恰好被覆盖。二是 SAAMER 非常关注面向不同目标的场景之间的平衡。于是，SAAMER 用 QFD（质量功能分布）（Bot，1996）来保证此点，QFD 利用级联化的关系度量计算出 3 种目标之间的关系强度，这样也得出了质量属性的优先级。某质量属性的场景覆盖率除以该质量属性的优先级就得出了不平衡因子。此因子小于 1 意味着相对于质量属性的优先级，为此质量属性生成的场景太少，这样就需要继续生成场景。
- 评估技术：SAAM 中，每个场景导致的变更都要纳入所需工作量的估计。而 SAAMER 利用粗略估计（高、中、低）和相关领域专家经验扩展了变更信息。SAAMER 的另一个关注点是场景关联分析。关联程度高意味着组件划分差，除非这种关联是某种特定体系结构模式的本质特征。另外，SAAMER 识别体系结构风格和设计中不合理的地方，从而服务于分析，允许整体的一致性校验，这在 SAAM 中是没有的。最后，SAAMER 生成 3 个表格作为待解释的原始结果。这 3 个表格分别是基于目标的分析结果、场景关联总结和基于质量的总结。完整的评估框架见图 6-16。
- 验证：SAAMER 在北电的几个移动通信系统开发中有应用。
- 支持工具：此方法无可用工具支持。

---

① 北电的全称是北电网络公司（Nortel Networks），它是加拿大著名的电信设备供应商。

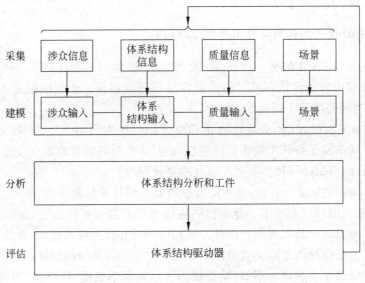

图 6-16　SAAMER 框架[①]

5. ATAM（体系结构权衡分析方法）

ATAM 是一个强大的评估模型，适合应对多质量属性的竞争，这点和许多其他评估方法不同。尽管 SAAM 可以展开到除可修改性之外的质量属性评估，当前这类评估任务一般还是选择 ATAM。ATAM 发布在（Kazman，1998），改进于（Kazman，1999）。

- 特殊目标：ATAM 的目标是为理解体系结构处理多个竞争性质量属性的能力提供一个原则性的方法（Barbacci，1998）。除了场景引致的影响和体系结构内隐藏的潜在问题，也揭示并分析了几个质量目标之间的联系。
- 质量属性：ATAM 的过程是告诉人们怎样识别体系结构的权衡点，关注多质量属性间的竞争关系而不是特别依赖任何一个质量属性。不过此方法的最初文献提及了可用性、性能、可修改性和安全性。
- 体系结构描述：ATAM 需要的体系结构描述与 SAAM 类似。具体来讲，ATAM 需要这么几种视图：动态视图，描述系统交互机制；系统视图，描述软件如何部署在硬件上；源视图，描述系统如何被逻辑实体组合起来的。
- 涉及的涉众：此方法分为两个阶段，第一阶段只有架构师和项目经理需要参与，而第二阶段推荐所有的涉众参与，以保证照顾到所有人的关注点。
- 场景生成：和 SAAM 一样，ATAM 鼓励头脑风暴和生成尽可能多的场景。之后，通过设置优先级，只有几个最重要的场景保留下来用于后期分析。两者之间最主要的差别在于构建场景的完整集合，CMU SEI 为每个常见的质量属性设计了一套辅助问题。场景分为 3 类：使用型场景探究目标系统的典型用例，增长型场景代表可能的变更，探查型场景检查系统在"高压"下的行为和状态。

---

① 图 6-16 中的场景并非本章开头定义的场景，这里其实际意义和"用例"完全一样，这样用是为了和文献（Lung，1997）中的用法保持一致。

- 评估技术：除了场景生成中使用的技巧，ATAM 还有 3 个突出的特性。第一个突出特性是 ABAS（基于属性的体系结构风格）的使用。ABAS 是一类为质量属性提供启发式设计指导的体系结构风格。第二个突出特性是效用树。ATAM 明确吸收来自设计者和其他涉众这两类截然不同视角的见解。利用效用树，架构师或者项目经理可以表达出他们是怎么理解目标系统的，最终系统又是什么样子。而且，通过比较效用树中的场景和其他涉众生成的场景表，可以很容易发现最初的理解是否有偏差或者遗漏了某些要点。第三个突出特性是识别敏感度和权衡点。敏感度用于识别某些体系结构元素变更时系统的重大变化，如响应时间、可用比例等。权衡点是包含多个竞争性敏感度的体系结构元素。权衡点是此方法的核心，有助于解决多个质量属性互相交织的难题。
- 验证：ATAM 已经用于众多的项目，如 Battlefield 控制系统、远程温度传感系统等。不过，此方法仍处于发展阶段，一直在改进。
- 支持工具：某些 ATAM 支持工具已经发布以便减轻手工劳动，方便分布于世界各地的涉众交流。例如，ACE（ATAM 协作环境）（Maheshwari，2005）就是一个基于 Web 的通用平台，使得不在一地的涉众能够参加 ATAM 评估。另一个工具是 ArchE（Bachmann，2003），它在体系结构设计环境中集成了 ATAM 助手。

6. SBAR（基于场景的体系结构再工程）

SBAR 是一个评估详细体系结构的框架，引入了质量评价和体系结构转换的迭代过程（Bengtsson，1998）。

- 特殊目标：SABR 的目标是从质量属性角度驱动体系结构再设计。此方法希望确保系统体系结构实现了期望的非功能特性。
- 质量属性：SABR 涉及多个质量属性。实际上和 ATAM 很类似，SBAR 并没有专门为每个属性创造新的方法，而是采用了已经发表的典型方法，例如可以针对实时、高性能和可重用系统进行分析的方法。
- 体系结构描述：SABR 需要根据功能性需求创建初始的体系结构描述。因为本方法为帮助系统再工程而设计，应该把细化后的体系结构馈送到随后的评估过程。
- 涉及的涉众：此方法关注体系结构再工程，这决定了设计者必须参加评估。
- 场景生成：SBAR 并未详细提及怎样生成场景，也没提及独特的技术。然而，SBAR 需要一套有代表性的场景使得每个质量属性（不论这些质量属性是显式的还是隐式的）都能具体化，于是也方便了再工程过程。本方法的一个弱点是"一套有代表性的场景"这个概念没有清楚的定义，这导致本方法的使用者无法搞清楚什么时候才能正确地停止场景生成。
- 评估技术：SBAR 提供了一个迭代式的框架，如图 6-17 所示。有了新的需求说明，就可以进行基于功能的体系结构再设计。这个重设计过程和体系结构一起作为评估过程的输入。评估的两个部分——质量评价和体系结构转换——构成一个循环，这样每个必要的质量属性都被评价并且保证被支持。质量评价部分中有 4 种技术，即基于场景的评估、模拟、数学建模和经验推理，具体使用通常要根据上下文确定，当然基于场景的技术应该占主导地位。体系结构转换部分采用了 5 种技术，即利用体系结构风格、利用体系结构模式、设计模式应用、把质量需求转化成功能需求和需求合理划分布。这个循环直到每个质量属性的大多数重要场景都被满足时才结束。

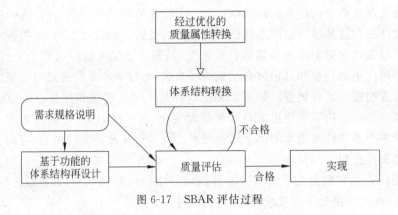

图 6-17　SBAR 评估过程

- 验证：SBAR 曾用于某测量系统的详细体系结构再工程。
- 支持工具：没有工具显式支持此方法，部分原因是此方法描述的评估框架会随着上下文而变化。

7. ALPSM（软件可维护性体系结构级预测）

ALPSM 方法通过在软件体系级别上考察场景的影响来评估一个软件系统的可维护性。可维护性在 IEEE 610 中作了定义。该方法采用场景来具体化可维护性需求，并且用来分析体系结构，对于系统所需的维护性工作做出预测。预测的结果既可用来比较两个可供选择的体系结构，也可用来平衡可维护性与其他的质量属性。

简单来说，ALPSM 方法包括如下 6 个步骤：确认维护任务的分类，合成场景，给每个场景分配一个权值，估算所有组件的大小，分析场景，计算所预计的维护工作。ALPSM 方法适用于软件体系结构设计期间，而且还能在设计过程中反复地进行评估。它仅需要体系结构设计人员参与，不需要其他的风险承担者参与。它还考虑到了专家意见和历史数据的使用。

- 特殊目标：ALPSM 对一系列变更场景所需的维护工作量进行估计。以变化的幅度作为达到此目标的预测器（预测器是度量学中的术语）。
- 质量属性：作为一种评估方法，ALPSM 不用来检验某个或某几个质量属性是否被体系结构实现，或者在多大程度上这些属性得到了满足。因此，此方法的关注点并没有很好地切合比较框架。不过，根据其得出的所需维护工作量，能间接地检查可维护性。
- 体系结构描述：ALPSM 需要最终版本的体系结构详细描述。
- 涉及的涉众：此方法仅需要架构师、设计者、领域专家和维护人员参与。
- 场景生成：此方法仅需生成变更场景做后续分析。这里的场景生成是架构师或领域专家的工作，领域专家在预测系统可能的变更方面经验丰富。生成的场景要均匀分布在几类典型的维护任务中，如硬件变化、安全规约变化等。ALPSM 也要对场景设置优先级，权重是在特定时间内场景导致维护工作的相对可能性。一个场景发生的可能性越高,其权值也越高。可能性可以从类似的应用系统或者本系统前一个版本(如果有)的维护历史记录中提取;如果都没有,那么架构师或者领域专家负责估算场景权重。

- 评估技术:此方法的过程是很直观的。其输入包括需求规格说明、体系结构描述、软件工程领域的专家经验和历史维护记录(如果有的话)。接下来顺序执行 6.6 节中的 6 个步骤,参与者以此得出估算信息。应该注意两点。一是所有的维护任务都在第 1 步中分类,力图更清晰地表达维护需求以帮助参与者更好地理解系统。二是维护工作量的度量。系统所有组件的大小由下面的 3 个测量方法之一决定:对选择的估算技术、面向对象度量方法的一个变种——SIZE2(Chidamber,1991)和历史数据估算法(如果构件大小的历史数据可用)。对特定场景导致工作量的计算要看受此场景影响的组件数目和各个组件的修改程度。总计维护工作量的估算是各个场景导致的工作量和其权重乘积的总和,这在 6.6 节中已经介绍,可以参看计算维护工作量的公式和图 6-9。
- 验证:ALPSM 在某血红透析系统评估中有应用。
- 支持工具:没有支持此方法的工具。

8. SAEM(软件体系结构评估模型)

SAEM 是一个基于质量模型标准和质量评估过程(IEEE 1601、IEEE 982.1、IEEE 982.2)的评估模型。它发表在文献(Duenas,1998)中。相对于具体的评估方法,SAEM 应该被看作是理解软件质量评估的参考。换句话说,SAEM 中的质量评估的概念和模型以一种非常通用的方式识别和描述,从而可以覆盖大多数特定的评估方法。

- 特殊目标:SAEM 构造了软件质量问题和评估过程的基础。它描述了什么是软件质量、分析的通用策略和系统体系结构要实现什么类别的质量,实现到什么程度。
- 质量属性:SAEM 中提及的质量属性因其更高的抽象层次而和人们已了解的概念不同。在 SAEM 中,质量属性分为外在和内在两类。外在质量反映了从使用者的角度能看到的特征,而内在质量表达了从开发者角度能看到的特征。前者由使用者和开发者指定,后者只能由开发者指定。这里"使用者"和"开发者"有更一般的含义,区分的依据是每个软件开发过程都能分为几个阶段,每个阶段都生成制品,制造制品的都是开发者,而使用制品的都是使用者。例如,体系结构最终版本身是一个中间制品,其使用者可能是实现它的程序员。这些质量属性——无论是内在还是外在——的度量标准对其评估和测量都很有益。
- 体系结构描述:根据质量属性的分类,软件体系结构也分为内部视图和外部视图。SAEM 建议在软件体系结构描述之外还要补充评估辅助问题或者审查技术(如软件体系结构模型的彻底审查),这样就有机会检测支持期望质量属性的元素。带形式化模型的体系结构描述语言(ADL)就是一个好例子。
- 涉及的涉众:SAEM 并未明确规定什么人需要参加评估过程,而是仅仅提到了系统专家负责评估体系结构。
- 场景生成:SAEM 并不仅仅关注场景的影响。基于场景的方法应该只是其评估技术之一,它使用的其他技术还有检查表和调查表。

- 评估技术：SAEM 是一个通用的评估模型,包括质量属性规格说明、质量测量分析和结果解释 3 个阶段。此模型包括使用者和开发者,他们是从软件内外在特征的角度出发的定义。系统专家利用专家知识和企业累积的数据把质量属性和体系结构元素联系起来。
- 验证：SAEM 未在任何实际应用中验证,但是在某些具体评估方法中能看到它的思想。
- 支持工具：SAEM 没有支持工具。

9. PASA(软件体系结构的性能评估)

软件设计必须一开始就要考虑性能。所谓"先让它转起来,再让它转得对,然后才让它转得快"的说法是危险的,这就是 PASA 的基本动机,该方法源自 Williams 和 Smith 的工作 (Williams,2002a)。PASA 要执行的 9 个步骤如图 6-18 所示。下面对各个步骤进行简要介绍。

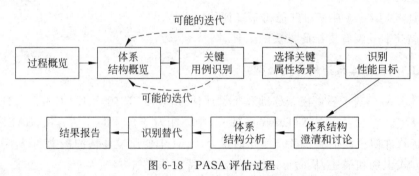

图 6-18　PASA 评估过程

(1) 过程概览：介绍 PASA 的一般步骤、评估动机和所有过程成果。这一步帮助参与者熟悉他们该做什么,什么行动对评估是合适和有益的,这样就避免了做无意义的事情。

(2) 体系结构概览：作为后续活动的基础,架构师必须描述当前体系结构,解释评估所需的关键结构或行为规范。

(3) 关键用例识别：试图找到在外部可见的反映系统重要行为的用例,尤其是与响应能力和系统可伸缩性密切相关的用例。

(4) 选择关键性能场景：利用上一步生成的关键用例,识别与重要性能有关的场景。

(5) 识别性能目标：评估使用的每个场景都应该是可度量的,因此,评估参与者必须定义针对每个关键性能场景的性能目标。

(6) 体系结构澄清和讨论：这一步要更加深入细致地审查影响上述场景实现的体系结构元素。具体方式是参与者对系统体系结构的深入讨论,从而暴露潜在的问题区域。

(7) 体系结构分析：针对每个关键性能场景,分析体系结构以搞清楚当前设计是否能够支持对应的性能目标。

(8) 识别替代：如果存在某些问题(实际上,大多数情况肯定有问题),初始的体系结构就需要局部调整,方式是用能满足目标的结构替换。有时可能会替换整个体系结构风格来矫正性能问题。

(9) 结果报告：报告最终的评估结果,包括发现的问题、体系结构修改计划、估计的修改工作量和费用。

读者可能已经发现了，PASA 是前述评估一般活动的典型变种，并具有某些针对性能的特色。

- 特殊目标：PASA 试图评估候选体系结构的性能，解决性能和其他质量属性（如可修改性和可靠性）之间的权衡问题。
- 质量属性：性能是此方法目标质量属性的中心。此方法的作者认为系统的性能和其体系结构（而不是编码）密切相关。PASA 也考虑了所有和性能关联的其他质量属性。
- 体系结构描述：PASA 的操作需要非常详细的体系结构描述。但是据作者的经验，文档化的体系结构信息可能非常少（如果有的话）。即使有了体系结构文档，也可能或因为太不正式而不能精确表达含义，或因为太旧而不能反映系统当前状态。因此，为了克服这个问题，可以使用几种技术恢复体系结构信息，包括利用与开发者会面、源代码或其他制品来推断。这样，第 2 到第 4 步就需要迭代进行以保证体系结构信息逐渐澄清。
- 涉及的涉众：此方法需要架构师、项目经理、开发人员和性能专家的参与。其他涉众的参与会促进性能和其他质量属性权衡的效果。
- 场景生成：关键性能场景的识别来自从需求文档和其他材料中收集的关键用例。如果生成用例的可用信息不充分，例如对遗留系统进行评估时，评估团队就应该和开发团队一起识别用例。要保留的场景有两类：一类是频繁执行并反映用户对性能的感觉的场景；另一类是虽执行不频繁，但是若性能低下会导致对系统严重影响的场景，如系统崩溃的恢复。所有场景都要附上一个或几个性能目标，记录在增强的 UML 序列图中。
- 评估技术：在体系结构分析方面 PASA 吸收了基于体系结构模式的技术。此方法能识别出对典型模式或风格的偏离并评估其对系统性能的影响。如果存在任何负面影响或者模式偏离的情况符合任何一种反模式（Smith,2000），就需要通过体系结构调整或重构（Brown, 1998）来解决问题了。在文献（Lüthi, 1997）或文献（Majumdar,1991）中可以找到一些性能建模策略。
- 验证：PASA 在几个项目中有应用，包括基于 Web 的系统、实时系统和金融系统。这些案例可参见文献（Smith,2001）。
- 支持工具：PASA 没有支持工具。

10. ARID（Active Reviews for Intermediate Designs，中间设计的主动复查方法）

前述的大多数方法都是对整体体系结构进行评估。然而，有时可能需要对早期设计或整个系统的某个部分进行复查，这时需要在没有体系结构完整信息的情况下复查某些设计策略或决定。这类评估对象被称作中间设计，需要不同的方法来检查其适宜性。ARID 就是这样的一个方法，它吸收了主动设计复查（Parnas,1985）和 SAAM、ATAM 这类基于场景的评估方法的精华。

主动设计复查（ADR）以复查的风格为特色，同时它为了消除复查松散的可能，给复查者分配了精心设计的复查任务以改进效果。例如，避免仅仅问“是或不是”的问题，就可达到上述目标。ADR 的目标是保证对复查设计的切实考虑和理解。ADR 主要依靠个人对复查的报告,在鼓励一个群体完成任务方面效果一般。

另外,ATAM 召集各类涉众实行评估,采纳了效用树和体系结构方法分析等评估技术。这都是为了便于评估完整体系结构,而不是为了便于评估缺少详细信息的初步设计。除此之外,中间设计也并不需要复杂的评估技术。

CMU SEI 创造的 ARID 是 ADR 和基于场景的评估方法的混合物,为初步设计的评估提供了有用的技术(Clements,2000)。它包括表 6-8 所示的两个阶段、9 个步骤。

表 6-8 ARID 的阶段和步骤

阶　　段	步　　骤
第一阶段:会议前	第一步:识别复查人
	第二步:准备设计报告
	第三步:准备种子场景
	第四步:准备复查会议
第二阶段:复查会议	第五步:介绍 ARID 方法
	第六步:介绍设计
	第七步:头脑风暴和为场景设置优先级
	第八步:进行复查
	第九步:报告结论

- 特殊目标:ARID 是一个轻量级的复查方法,采用主动驱动的技术保证软件的高质量详细设计,避免复查人因注意力不集中而导致疏忽。
- 质量属性:因为 ARID 的目标并非体系结构评估,而是检查初步设计的适宜性,所以该方法并不针对特定的质量属性。事实上,它更像是测试设计的使用者是否认为该设计可用。
- 体系结构描述:不需要详细的信息文档。此方法可以在完整文档仍未完成时的早期设计阶段进行,也可以在无法得到其他部分的设计信息时用于对部分软件进行复查。如果某些体系结构信息是迫切需要的,那么架构师有责任进行合理的假定。
- 涉及的涉众:ARID 把 ADR 中"复查"的概念与基于场景方法的涉众融合起来,并将涉众分为 3 类。第一类是首席设计者,他是设计报告和复查结果的发言人。第二类是复查员,包括各类与项目利益相关的人员。其中,软件工程师,也就是设计的使用者,是直接的受益者,也是最重要的参与者。第三类是复查团队,扮演 3 个角色:帮助复查筹备和运转的推动者,负责记录复查输入和结果的记录者;帮助挖掘提炼场景的提问者。另外,复查团队还有一个可选的角色——过程观察员,负责记录遇到的困难并提供改进方法的建议。
- 场景生成:被分为两步,每个阶段一步。在会前阶段,生成种子场景以便复查人知道哪些场景是合适的。在复查会阶段,进行场景生成的头脑风暴,提出各种关于怎样使用此设计的场景。所有场景,包括种子场景,都放到候选场景池中,等待设置优先级(通常采用投票的形式)。最后识别出最关键的场景作为此次复查的标准。

- 评估技术：ARID 坚持的基本规则是审查设计的使用状况而不是背后的原理或者其他可能的替代品。这个规则在复查的具体技术中都有反映。例如，当首席设计者报告设计概要时，他只能介绍怎样使用那个设计，设计提供了什么服务。在复查步骤中，对每个场景，复查人模拟使用那个设计，甚至编写代码(或伪码)完成他们关心的任务，在此过程中设计者不许提供任何暗示和帮助。但是复查人可以要求设计者解释他关心的问题。ARID 的另一个特色是其主动性。为保证复查结果的高可信度，复查参与者必须努力完成其工作，如阅读设计文档或提出建议。任何有可能被含糊地处理的问题，如答案为"是"或"否"的问题，都是禁止的。取而代之的是需要复查人认真对待的演练式问题。例如，问题"每个程序都有定义异常吗"被"写出可能发生在每个程序的异常"取代。问题"程序充分吗"被"使用这个设计写出伪码来完成某项任务"。

- 验证：ARID 已经在一个飞行员控制系统中得到应用。可以在文献(Clements，2000)或文献(Clements，2003b)中找到这个案例。

- 支持工具：ARID 没有支持工具。

SEI 提出的 4 个具有代表性的软件体系结构评估方法按照 RUP 开发模型中的顺序使用，在角色和规程上也有所区别，见表 6-9。

表 6-9　SEI 的 4 个评估方法对角色、规程和阶段的规定

方　　法	角　　色	规　　程	阶　　段
QAW	软件分析人员	需求	初始
ARID	技术审核人员	分析和设计	细化
ATAM/SAAM	软件架构师	分析和设计	构造

11．CBAM(Cost-Benefit Analysis Method，成本收益分析方法)

CBAM 在体系结构设计阶段的决策制定中考虑了成本收益。在进行体系结构评估时，发起人或组织有充分的理由希望增加财务收益并尽可能避免风险。其他的评估方法有的关注一种质量属性，如 PASA；有的关注各种质量属性之间的权衡，如 ATAM；还有的侧重于评估知识的重用，如 ESAAMI。但是大多数方法都假定涉众只关心软件质量而不在意成本限制，甚至关于成本的考虑在大多数评估方法的抽象描述中根本就没有，或者仅仅当评估活动在实际进行时以非正式的方式出现。CBAM 通过考虑了有限资源来矫正这个问题(Asundi，2001；Kazman，2001a；Kazman，2001b)。

- 特殊目标：CBAM 有助于涉众获取体系结构决定带来的成本和更重要的收益信息，从而引导他们在有限资源的情况下从候选体系结构中做选择。从图 6-19 可以看到，商业目标驱动着体系结构的决定，通过付出成本来取得某些质量属性，如性能、可用性、安全性和可修改性。这些属性反过来又影响收益。CBAM 的最终目标是识别这些成本和收益，尽量使利润最大化。

- 质量属性：CBAM 把成本收益分析信息补充到相关质量属性中。以这种方式，涉众

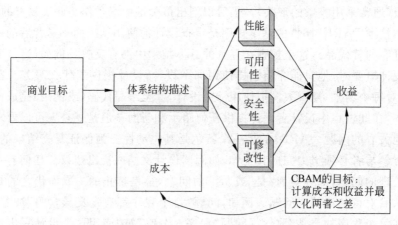

图 6-19　CBAM 的上下文

就有机会决定把最多的资源投入到最能增加收益的体系结构策略中去。

- 体系结构描述：只有那些足够清楚到可以进行成本收益分析的体系结构策略才是需要的。
- 涉及的涉众：所有关键的涉众都应该参加评估。可行的做法是由项目经理决定哪些涉众是关键的而必须到场的。
- 场景生成：和 ATAM 类似，CBAM 生成的场景代表了质量属性。
- 评估技术：此方法经历两个阶段。第一个是粗评阶段，即粗略地估计各种体系结构策略。例如，体系结构策略对质量属性的影响用 5 点标度来衡量（＋＋，＋，0，－，－－），成本由 3 点标度（高、中、低）来估计。第二阶段是细评阶段，使用一个更精确的定量模型来估计每个体系结构策略的投资收益。每个质量属性的重要性权重叫作 QAScore，并满足如下限制：

$$\sum_j \text{QAScore}_j = 100 \ \wedge \ \forall \ \text{QAScore}_j \geqslant 0$$

体系结构策略的影响量化为 ContriScore，取值范围是 $-1 \sim 1$。因此，对所有的质量属性 QA_j，每个体系结构策略 AS_i 的收益值是

$$\text{Benefit}(\text{AS}_i) = \sum_j (\text{ContriScore}_{i,j} \times \text{QAScore}_j)$$

QAScore 和 ContriScore 可以通过投票确定。然后利用某种方法（不一定是 CBAM）估算每个体系结构的成本。这样，体系结构的收益值的计算公式如下：

$$\text{Return}(\text{AS}_i) = \frac{\text{Benefit}(\text{AS}_i)}{\text{Cost}(\text{AS}_i)}$$

最后，根据平均收益值，结合考虑某些其他因素，对所有策略排序。这样做的假设前提是收益值相对于平均值对称分布。为了更精确地估计，CBAM 还开发了一个更复杂的基于概率的评估模型和一个最佳投资理论框架。

- 验证：CABM 已经被应用在 NASA 的地球观测系统的数据信息系统的核心中，并且还在进一步完善。
- 支持工具：CBAM 没有支持工具。

近年来还有多种评估方法被提出，Feijs(2015)提出了一种基于关系的方法来对软件体

系结构进行分析,Kazman(2015)基于体系结构根的研究对一个案例进行了详细剖析。

作为软件体系结构评估后的操作,对软件体系结构进行改进就是接下来很重要的工作。如果监督过程贯穿软件开发始终,评估过程并不是在成品最终形成的收尾阶段,那么改进就比较容易,需求变更、问题发现与体系结构改进越早,给团队带来的困难越小。近年来,相对于如何解决问题,如何在最初避免问题成为更受关注的热点,其中包括软件体系结构形式化验证、程序属性语法修复的方法(Steimann,2016)等研究。同时关于软件体系结构的改进视野也进一步拓展,关注点从代码本身延伸(或者说回归)到人自身,对程序员开发过程价值与开销的研究(Piorkowski,2016)也对体系结构领域的进展有所启发。

6.9 小 结

本章介绍了一项基于体系结构信息的最重要的活动——体系结构评估。毕竟,如果没有方便的评估工具,就不能鉴别体系结构能否满足质量需求,尤其是在形式化方法还不能很好地应用于实际项目时。于是,开发者不得不对已完成的代码进行测试,这导致费用增长和发布时间推迟,有时甚至根本不可行。体系结构评估发挥作用的原因是软件的质量主要决定于体系结构。成千上万的项目开发证明了这一点。然而困难在于如何找到质量和体系结构之间的桥梁。除此之外,评估既不是纯粹的解方程或建模型,也没有固定步骤可循。大多数技术都是激发并广泛利用想法。本章介绍了某些评估方法的步骤,但这实际上是为了方便理解而给出的静态参考。实践者应该根据实际需要进行调整。

评估之前,首先要定义和测量软件质量。在本章,质量被分解为几个质量属性,然后进一步以场景的格式描述。场景可以被精确定义,这就避免了模糊的质量描述。场景使得评估成为可能,因为没有人能对无法清楚表达和测量的事物进行评估。简言之,场景就是上面所说的桥梁。

大多数体系结构评估方法是基于场景的。本章详细介绍了两个最著名的评估方法——SAAM 和 ATAM。SAAM 本质上是一个寻找受场景影响的体系结构元素的方法;而 ATAM 建立在 SAAM 基础上,关注对风险、非风险、敏感度和权衡点的识别。

SAAM 和 ATAM 表现了大多数基于场景的评估方法的共同特性。它们以场景和体系结构描述作为输入,评估当前体系结构(或候选体系结构)能否满足期望质量属性。潜在的缺陷和风险被识别,这是修改工作启动的基础。最后,原始的评估得到的数据被收集起来以备后用,例如用作进一步开发时的提示信息,或者收集起来作为复用时需要的历史数据。

QAW 是在创建体系结构之前使用的系统评估方法。ARID 用于体系结构设计过程评估。ATAM 和 SAAM 则通常用于在体系结构创建完成后的验证性评估;另外,如果注重体系结构的可维护性,可以采用 ALPSM 方法,它也是在体系结构创建过程中进行的。

从各种 SAAM 的变种到 CBAM,它们的步骤类似,但是各个方法都有自己的特色。SAAM 虽然简单,但对系统可修改性的评估特别有效,因此适合规模小且需要演化的系统。ATAM 比 SAAM 复杂得多,它融合了大量信息,识别需要重点关注的地方,澄清为什么在评估前体系结构是那种样子。因此,ATAM 适合大型的,尤其是涉及很多不确定因素的项目。某些方法关注单一质量属性。如果主要关注可维护性,就可以选择 ALPSM。要分析性能,PASA 是很好的选择。要是考虑成本,CBAM 就是最好的选择。通过阅读 11 种方法的简单介绍并学习它们的特性,即使读者不知道具体怎么操作,也能根据特定需要找到合适的选择。而具体实施的时候需要参考具体方法的专门资料。

再次强调,不要机械地使用这些方法。某些方法仍处于研究阶段。另一些方法虽然被验证过,但是在不同的环境下就不一定会有效。真实世界是多变的,因而需要灵活的方案。例如,可以将多个评估方法结合使用。不同方法有各自的特点,适合不同的环境。例如,从前面的介绍中可以知道,SAAM 仅适用于软件体系结构的最终版本,并且需要所有风险承担者的参加;而 ALPSM 只需要设计师参与,并且可以在设计过程中反复使用,耗用的资源和时间较少。对于体系结构评估而言,风险承担者的参与不仅能够促进他们之间的交流,还能加深他们对系统质量属性的了解,因此,将 SAAM 和 ALPSM 结合起来在某些场合不失为一种好方法。

第7章　柔性软件体系结构

随着计算机软件规模的日益增长和互联网应用的广泛普及，人们对软件的需求日益复杂，这体现在很多方面，如软件的复用性、软件的模块化、软件的实时性等。然而在这些看似复杂的需求背后包含着一个对于软件体系结构的本质需求，这就是要求软件体系结构是灵活可变的。

前面几章分别讨论了软件体系结构的风格模式、结构描述、设计策略、开发环境和评估标准，但是这些都基于固定的软件体系结构，这样的体系结构随着时代的发展和互联网应用的不断演化已经不能完全满足人们的需求，必须有新的软件体系结构来弥补现有软件体系结构的不足。

基于以上两点，本章将介绍一种新的软件体系结构——柔性软件体系结构，它是一种可以在运行时根据上下文的变动情况进行改变，同时还能使用一定的方法对这些改变加以验证的体系结构。柔性软件体系结构接受而不是抵触可能有变化的需求，如添加和删除组件以及软件元素的重配置。柔性软件体系结构包括两方面的内容。一是软件体系结构的动态性，也就是允许体系结构变化的发生；二是触发体系结构变化的刺激，如环境感知或用户指令。在体系结构层次进行设计是十分困难和复杂的，因为不得不对互相关联或互相矛盾的需求进行平衡。进行柔性软件体系结构的设计更加困难，这要求设计者必须将软件看作海绵而不是僵硬的木块。在设计中，你可能希望避免柔性带来的风险，或者对做出有利于变化的决策感到困难。

本章将简要介绍关于柔性软件体系结构的一些基本概念和使用建议。首先解释什么是柔性软件体系结构，然后阐述为什么要用柔性软件体系结构，最后通过案例来讲述如何使用柔性软件体系结构。

7.1　什么是柔性软件体系结构

为了使读者能够清晰地理解柔性软件体系结构的概念，本节首先介绍一个更一般的概念——动态软件体系结构，它是理解柔性软件体系结构的基础；随后将详细介绍与动态软件体系结构密切相关的概念——柔性软件体系结构。这样安排的目的是便于读者理解和思考。

7.1.1　动态软件体系结构

随着软件规模的不断扩大，人们在软件开发的过程中遇到的问题也越来越多，人们越来越意识到软件应该有一定的体系结构，应该是有组织、有规则的。随着时间的推移，人们的这种意识逐渐变成了一种成熟的技术。在 20 世纪 70 年代以前，尤其是以 ALGOL 68 为代表的高级语言出现之前，软件开发基本上都使用汇编语言，很少有明确的体系结构。20 世纪 70 年代中后期，由于结构化的开发方法的出现与广泛应用，软件开发中出现了概要设计和详细设计，主要任务是数据流设计与控制流设计。此时软件结构已作为一个明确的概念出现在软件开发中。20 世纪 80 年代到 90 年代是面向对象开发的成熟阶段，这个阶段，面向对象的软件体系结构得到了快速的发展。20 世纪 90 年代以后是基于构件的软件开发阶段，这一阶段强调软件开发采用构件化技术和体系结构技术，要求开发出的软件具备很强的自适应性、互操作性、可扩展性和可重用性。在基于构件的软件体系结构的开发方法下，程序开发的模式也相应地发生了根本的变化，软件不再是"算法＋数据结构"，而是"构件开发＋基于体系结构的构件组装"。目前在这一基础上演化出来的研究方向有很多，动态软件体系结构就是其中较为重要的一种。

1. 动态软件体系结构的含义

如果将软件体系结构简化为一组运行时构件、连接器和它们之间关系的集合，那么动态软件体系结构就是可以改变这些元素以及它们的组合关系的软件体系结构。在当今的学术界，不同的学者对于动态软件体系结构这一概念的理解也是不同的。

Cuesta(2001)通过分析动态性的区别将其分为 3 个级别。

第一个级别是交互动态性(interactive dynamism)，它要求数据在固定的结构下动态交互；第二个级别是结构动态性(structural dynamism)，它允许对结构进行修改，通常的形式是构件和连接器实例的添加和删除。这种动态性也是现在的研究和工程应用的主流；第三个级别是体系结构动态性(architectural dynamism)，这种动态性允许定义所有体系结构元素的基础结构发生改变，例如构件和连接器类型。

Cuesta 认为，只有第三个级别才是动态软件体系结构。

Bradbury(2003)提出了一个更一般的定义："动态软件体系结构修改自身的体系结构，并在系统执行期间进行修改。"如果软件体系结构元素能够在运行时依照预先定义好的规则进行修改，就可认为是动态软件体系结构。Bradbury 特别突出了用户不参与的修改动作初始化、选择和评价过程，并把它们定义为自管理软件体系结构。

Cuesta 和 Bradbury 对动态软件体系结构的定义的对比如图 7-1 所示。

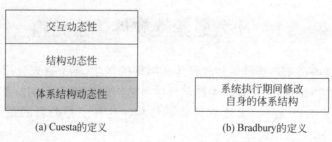

图 7-1　Cuesta 和 Bradbury 的定义的对比

人们更倾向于将动态软件体系结构定义为"在运行中具有在校验和控制的监督下进行体系结构元素改变能力的体系结构"。任何元素在运行时的修改都可以被纳入动态软件体系结构的范畴。同时，任意的改变是没有任何意义的，因为正确性无法被保证。在这些改变中，一些校验方法(如形式化检测)对于动态软件体系结构来说是绝对必要的，毕竟人们不想让软件在执行时处于混乱的状态。

动态软件体系结构不是一个框架,也不是一组指令或者一种理论。它和设计模式类似,是一个一般的驱动设计的思想,特别是在动态性被看作一个需求的情况下。为了实现不同条件和约束情况下的不同级别的动态性,解决方案也就不同。这也是为何目前已经有许多不同模型和描述基础的原因。

2. 研究动态软件体系结构的方法

当前,研究动态软件体系结构的方法有很多,人们用不同的标准对主流的研究技术进行分类,并给出具有代表性的例子。人们总结了 3 个视角:行为视角,使用进程代数来描述具有动态性的行为;反射视角,利用反射理论显式地为元信息建立模型;协调视角,注重计算和协调部分的分离,利用协调论的原语来解决动态性交互。对于其中每一个视角,都会从基本思想谈起,然后介绍一种对应的形式化方法,最后再介绍一种相关的 ADL 或者模型。尽管在某种意义上这样划分视角会有重叠的现象发生,例如反射视角事实上从协调视角借鉴了一些想法,而行为视角利用了反射视角和协调视角中的一些范式,但它们都有自己的明显特征和优点。

同时,还有一种视角,即利用基于图的方法来为动态性建模。这实际上是非常自然地对系统重配置进行归约的方法。这种方法主要利用设定图改写规则来描述动态性。然而这种方法在描述行为上有固有的缺点。当系统结构变得复杂时,这种方法就变得难以操作和观察,其直观的优点也会完全消失。即便如此,由于其使用简单,该方法已经被应用到大量实际项目中,对此感兴趣的读者可以阅读以下材料:CHAM 方法(Wermelinger,1998)、Hirsh 等人的方法(Hirsh,1998)、CommUnity 方法(Wermelinger,2001)、Taentzer 等人的方法(Taentzer,1998)和 Métayer 的方法(Métayer,1998)。

7.1.2　基于行为视角的 π-ADL

一般来说,软件体系结构的描述可以被拆分为两部分:与结构相关的描述和与行为相关的描述。在动态软件体系结构中的重点是那些在运行时对结构进行改变的行为。因此,就要找到一种形式化方法来支持描述和校验。这一类形式化方法的一部分被称为进程代数,它们带有模块化的性质,在描述合成结构(composition structure)尤其是运行时的合成结构时特别有用。在进程代数中,以一种序列化的方式执行的一系列行为被抽象为进程(process),行为的交互被简化为进程的合成。

在静态体系结构阶段,修改或者扩展一种进程代数来满足体系结构描述的需要是很平常的事情。在第 3 章中描述的 WRIGHT 语言就借用了 CSP 的思想。Dynamic WRIGHT (Allen,1998)则是将 WRIGHT 推向动态软件体系结构的大胆尝试。但是 CSP 本身并不支持动态行为。为了补充这一点,Dynamic WRIGHT 引入了特别的控制操作和称为配置子(configuror)的抽象实体。配置子负责系统运行时的配置变化。它们本质上是静态的,或者最多能够描述互相交互的并行系统。

对于动态体系结构来讲,进程应当能够在其宿主(如构件和连接器)上进行操作。这些操作包括控制宿主的生存状态(添加、激活、冻结、删除等),重新设置宿主与外界的关系(绑定、解绑定等),或对宿主内部结构进行演化。目前最主流的形式化语言之一是 π-演算(Sangiorgi,2001)。这种进程代数是为移动系统建模设计的,而移动系统本身就需要动态软件体系结构。

π-演算将移动性分为两类。一类是连接移动性,就是在抽象的进程空间中改变连接关系。在 π-演算中,连接本身就能通过其他连接传递自身,并以此来触发系统配置上的改变。例如,一个移动电话创建了与固定服务器的连接,当移动电话移动时,它动态地改变了这种引用关系。其他的移动终端可以通过更新的方法动态获取这个引用,并利用引用来正确地访问服务器。π-演算抽象了这种移动性的两个基本实体,(连接)名称和进程。进程可以通过同名连接交互。名称可以在交互中被发送或接收。通过得到一个名称,进程就能与一些它不知道的其他进程进行通信。这一点能应用在对共享建模上(共享在协调视角中将有更详细的介绍,见 7.1.4 节)。

另一类是进程本身在抽象空间中的移动性。这是对可移动代码的抽象。所谓可移动代码(code mobility)是指一些构件离开它们的原始位置,通过网络在其他宿主上运行。利用这种行为,移动电话、笔记本电脑或者嵌入式终端等设备就能获得新的功能。一种被称为 Mobile Agent(Fuggeta,1998)的高层次移动性就是典型的例子:一个计算性构件通过漫游于网络中,在某个节点上根据指令或外部环境影响的内部状态运行。π-演算的一个理论是建立在进程传递的基础上的,被称为高阶 π-演算(前面提到的基于传递名称的移动性的演算称为一阶 π-演算)。

π-演算并不显式地对位置建模。你无法在 π-演算中找到任何可以映射为位置信息的实体。然而,这应当被视为是一种自由,而不是缺陷。通过传递名称和进程,使用者可以在恰当的抽象级别增添附属信息来满足要求。此外,π-演算中的连接是非常一般化的术语,它可以被解释为各种各样的形式。例如,可以将连接认为是分布式系统中的物理网络链路,可以是构件间数据传输的逻辑通道或者是对某个对象的引用。如果位置信息对设计相当关键,还可以把连接名称设为位置描述符。

本节不详细介绍 π-演算的语法和语义。如果希望对这些内容有所了解,可以查阅文献(Sangiorgi,2001)或(Parrow,2001)。下面简单地列出 π-演算的基本语法。继承和加合关系用如下语法表示:

$$P::= M \mid P \mid P' \mid \nu z P \mid !P$$
$$M::= 0 \mid \pi.P \mid M+M'$$

具体地说,这个语法定义了 π-演算中的符号系统。其中:

- 0 表示停止活动。它表示不做任何事的进程,通常用来作为表达式的末尾。
- π 是代表活动的前缀(后面将详细介绍它)。当一个前缀完成它的动作之后,后续的进程就会继续执行。
- +(选择操作符)用于选择执行进程。如果两个进程 P 和 P' 用这个符号连接,它们之中只有一个可以执行,另一个被忽略。
- |(并行操作符)用于并行执行进程。$P \mid P'$ 的意思是这两个进程并行执行,它们可以利用共享的名称进行通信。
- ν(限制操作符)用以限制名称的作用域。$\nu z P$ 的意思是名称 z 仅仅在进程 P 中可以使用。进程 P 也不可以用 z 与外界环境进行通信。
- !(重复操作符)是对重复执行的简化写法。它等价于一个进程总可以生成下一个同样的进程,即一个进程反复执行。

进程通过执行动作来演化,这是用前缀 π 来表示的,它分为 4 种,可用下式表示:

$$\pi ::= \bar{x}y \mid x(z) \mid \tau \mid [boolean]\pi$$

- $\bar{x}y$ 为输出前缀,意为通过名称 x 发送名称 y。
- $x(z)$ 为输入前缀,意为通过名称 x 接受名称 z。
- τ 为不可见前缀,表示对后续进程的不可见动作。例如,$\tau.P$ 会演化为 P,在此期间不会与外界环境进行交互。
- $[boolean]\pi$ 为条件前缀,当 boolean 表达式为真时执行前缀 π。这种前缀的表达式通常分为两类:一类是匹配条件,形式是 $[x=y]$;另一类是非匹配条件,形式是 $[x \neq y]$。

继续前面移动电话的例子。假设有一个固定服务器 S、一个起中介作用的移动电话 A 和另一部通过 A 连接到 S 的电话 B,如图 7-2 所示,这样的系统可以表示为

$$\bar{b}a.A \mid b(c).(\bar{c}d + c(e)).B$$

一方面,A 通过 b 将连接 a 发送到外界;另一方面,B 通过 b 收到了连接 a,然后通过此连接或者发送 d,或者接收 e(假设 d 是 B 用来访问某种数据的连接,而 e 是从 S 中访问数据的连接,d 和 e 在图 7-2 中均未画出)。对这个表达式进行整理,可以看到,a 被 B 获得了,并且 B 和 S 通过 a 进行交互。这可以表示为

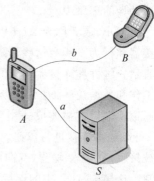

图 7-2 π-演算示例

$$A \mid (\bar{a}d + a(e)).B$$

π-演算也引入了类型的概念。将一个类型赋给一个名称可以写作 $a:T$。这里 a 是一个名称,被称为委派名称(name of assignment);T 是一个类型,称为委派类型(type of assignment)。π-演算引入了 3 种类型,分别是值类型,连接类型和行为类型。值类型可以被委派给那些可以经由连接传递的值对象。连接类型可以委派给通信中使用的连接。连接类型也可以被定义为值类型,从而允许其实例在通信中被传递。行为类型可以被委派给进程。行为类型是高阶 π-演算的基础。连接、值对象和进程可以统一为用名称表示。在此基础上,就可以定义类型环境,即一个将类型委派到名称的委派集合,在集合中所有的委派名称都是不同的。

高阶 π-演算是对类型 π-演算的扩展,主要是加入了进程传递。在交互过程中传递的对象可以是某种类型的进程。为了实现这一点,高阶 π-演算的输出前缀形式是

$$\bar{a}\langle P:T \rangle.Q$$

意为经由名称 a 发送进程 P,然后执行进程 Q。高阶 π-演算的输入前缀形式是

$$a(X:T).Q$$

意为经由名称 a 接收进程 X,然后执行进程 Q。在这两种前缀表示法中,类型参数 T 在不重要的情况下可以被忽略。在接收动作执行完毕后,Q 可以使用进程 X。再继续上面的例子,如果服务器 S 希望 A 发送一些数据给 B,并且 S 希望通过传递一个 Mobile Agent 来做到这一点,同时 A 还能并行的做一些其他的事情,这个交互可以表示为

$$\bar{a}\langle \bar{b}e.\mathbf{0} \rangle.S \mid a(X).(X \mid b(u)).A$$

在这个交互中,S 发出了一个能够通过 b 传递 e 的 Mobile Agent。A 经由 a 接收了这个

Mobile Agent,然后这个 Mobile Agent 被激活。这样 A 就并行执行两方面的动作:一方面是 A 自己的 $b(u)$,其中 u 指明 b 的起点;另一方面则是激活的 Mobile Agent,表示停止活动。

最终,这个表达式可以转化为

$$S \mid (\bar{b}e \mid b(u)). A$$

一些 ADL 采用 π-演算作为它们的形式化基础,例如 DARWIN(Magee,1995)、π-space(Chaudet,2001)、Con Moto(Gruhn,2004;Clemens,2006)和 π-ADL(Oquendo,2004a)。其中 π-ADL 是典型的高阶 π-演算在软件体系结构中的精化实例,特别是在那些要求动态性和移动性的环境中。

π-ADL,或者称为 ArchWare ADL,用运行时的视角来对系统建模。模型中包括构件、连接器和行为。所有这些都随着时间而演化。构件和连接器都由一组外部端口和内部行为来表示。构件和连接器的不同之处在于它们在软件体系结构中的角色:构件是进行某种计算工作和数据访问维护的体系结构元素的抽象,而连接器则在多个体系结构元素中充当交互通道。端口被描述成一组附加了通信协议的连接。而连接则是交互中的最小单位,对象[①]可以经由连接进行传递。连接可以有 3 种状态:输出(对象仅能被发送)、输入(对象仅能被接收)和输入-输出(双向的数据交互都是允许的)。一个端口能够包含的连接数量不受限制。这样 π-ADL 中的连接和 π-演算中的连接可以被看作是对等的。π-ADL 不允许构件之间直接连接。为了进行通信,构件必须在它们之间放置连接器。π-ADL 建立的模型如图 7-3 所示。

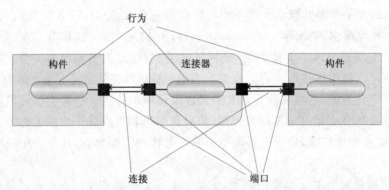

图 7-3　π-ADL 建立的软件体系结构模型

构件和连接器可以通过组合机制来展示它们的内部结构。值得注意的是,组合本身就是一种可以在运行时执行的动作。通过动态组合,就可以在运行时创造新的构件。组合构件和组合连接器也具有外部端口和内部体系结构元素,内部元素和外部端口具有绑定关系。因此,就像 π-演算中的名称那样,端口也可以设置约束,表示哪些端口仅供内部使用。整个系统的体系结构也是组合得到的,即一个体系结构可以包含子体系结构。在 π-ADL 中,体系结构、构件和连接器均被形式化地归约为包含行为的具有类型的抽象。

π-ADL 的形式化系统以层的方式来定义:

---

① 这里的对象泛指一切数据实体。

- 基本层(Base Layer),记为 π-ADL$_B$。这一层定义了描述类型化行为的基本的语言要素。更具体地讲,它定义了空(void)数据类型、连接、抽象和行为基类型 Behavior。
- 一阶层(First-Order Layer),记为 π-ADL$_{FO}$。这一层扩展了 π-ADL$_B$,定义了具体的基类(Natural、Integer、String、Any 等)、构件类型构造器(tuple、view、location 等)和集合类型构造器(sequence、set 和 bag)。连接移动性也在这里定义。
- 高阶层(Higher-Order Layer),记为 π-ADL$_{HO}$。这一层扩展了 π-ADL$_{FO}$,定义了所有一级语言要素,包括行为动态性(高阶 π-演算中的进程移动性)。

图 7-4 描述了一个构件 DataConverter,它将包含的学生信息转换为分离的数据。它的 π-ADL 描述如图 7-5 所示。它首先定义了 5 种值类型,其中 3 种是基本值类型的别名,2 种使用 tuple 来构造。然后定义了两个端口。端口 incoming 负责通过输入连接 in 接收学生数据。端口 outcoming 则被用来利用连接 out 输出分离好的数据。行为

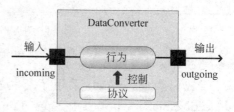

图 7-4 DataConverter 的结构

(behavior)描述了 DataConverter 是怎样工作的。它接收 StudentInfo 类型的值对象,将它映射到 3 个域(ID、Name 和 Info),最终发送只包含学生 ID 和名称的简单对象。协议(protocol)要求在接收下一个 StudentInfo 对象之前,DataConverter 必须先把当前简化的学生信息对象发送出去。如果想了解 π-ADL 的全部语法,可以阅读(Oquendo,2003)。

```
component DataConverter is abstraction() {
    type ID is Natural.type Name is String.type Info is Any.
    type StudentInfoEntry is tuple[ID, Name, Info].
    type SimpleStudentInfoEntry is tuple[ID, Name].
    port incoming is{connection in is in(Entry)}.
    port outgoing is{connection out is out(SimpleStudentInfoEntry)}.
    behavior is{
        via incoming::in receive entry:StudentInfoEntry.
        project entry as id, name, info.
        via outgoing::out send tuple(id, name)
    }
}assuming{
    protocol is{(via incoming::in receive any.true*.
        via outgoing::out send any)*}
}
```

图 7-5 π-ADL 对构件的规格声明样例

π-ADL 允许将若干构件和连接器合并。关键字 compose 等价于 π-演算中的并行操作符(|)。所有合并的构件和连接器必须并行执行,并通过共享的连接进行交互。一般来讲,具有同样名称的连接被认为是相同的连接。但为了解耦合,在整个系统最终整合起来之前,没有必要定义全局可访问的连接。因此,π-ADL 引入了 connection unification 语句块来解决这个问题。此外,在 π-ADL 的组合中也可以定义行为,以便动态地创建构件、连接器和配置关系。图 7-6 所示的代码段展示了这些功能。如果 x 的值比 1 大,则创建一个 Client 构件、一个 Server 构件以及一个 Channel 连接器,然后它们的配置也被创建了。如果这个行为多次执行,这些体系结构元素的多个实例就可以被创建并被激活使用。类似地,π-ADL

还提供了 decompose 关键字来分解子系统。

```
behavior is {
    …
    if x > 1
    then compose{ c is Client() and s is Server() and a ch is Channel()}
    where {
        c::outClient unifies ch::inChannel and  s::inServer unifies ch::outChannel
    }
    else
        done
    …
}
```

图 7-6 客户/服务器子系统的动态创建

与一阶 π-演算和高阶 π-演算一样,π-ADL 允许传输连接和行为,这为移动系统建模提供了帮助。为此,π-ADL 采用了行为类型 Behavior 和连接类型。连接类型表示为 connection_mode[type],其中 connection_mode 可以是 in、out 或 inout 之一,type 则指定了哪些类型的值对象可以在这个连接上传输。

π-ADL 是一种经过精确定义的形式化语言,可以描述静态体系结构、普通的动态体系结构和移动体系结构。它除了形式化基础以外,还利用 UML Profile 提供了图形符号,改善了这种语言在实际应用中的便利性。同时,它还是一门可执行语言,用于设计阶段的模拟。另一门更加精化的 ADL——ArchWare C&C ADL 已经在 π-ADL 的基础上被定义出来 (Cimpan,2005),它更侧重由构件、连接器和风格组成的动态软件体系结构。

7.1.3 基于反射视角的 MARMOL

对于动态软件体系结构的直观解决方案就是实现体系结构反射。反射是指在自身上进行推导和实施某种行为的能力(Maes,1987)。正如人可以在镜子中看到自己并梳理头发一样,一个采用反射机制的系统会包含一个反映系统本身的模型,用户可以访问或修改此模型。对模型的修改最终会反映到系统本身。这个从模型到系统的变化过程中具体要做的工作取决于模型本身的含义。相对地,系统本身发生变化,模型也会随之变化。

形式化的反射模型是一个基于层的模型,其中每一层都作为它的基层的元系统(meta-system),而基层就称为基系统(base-system)。对于每一个元层-基层对,元系统描述了系统如何感知或修改自身,而基系统则提供了常规的应用操作和结构。如果一个系统可以对自己的元系统施加动作,就被称为反射的。在反射模型中定义了两种操作:一种是从基层到元层的提升过程,称为精化(reification);另一种是从元层到基层的下降过程,称为反射(reflection)。在一些文献中,元层和基层是相对而言的,因为反射模型并没有限定层次的数量。然而在实际应用中,一般采用 3 层以下的反射模型。

在面向对象领域,反射已经出现了很多年。像 Java 或 .NET 那样的平台将类定义、方法签名、域定义以及它们之间的关系等信息保存起来,并绑定到可执行代码上。因此,任何对象都是自解释的。这种机制赋予程序员识别和操作那些未知类型的对象的能力。同时,程序员也能完成动态编程。利用反射机制就有可能在运行时动态地产生类型或者方法的代码,这也是自构造软件的基础。开源的 Java 框架 Hibernate(http://www.hibernate.org)

和 Spring（http://www.springframework.org）采用了反射机制并在敏捷开发中取得了巨大成功。图 7-7 中的代码显示了使用反射机制的 Java 程序。这个程序首先接收一个参数，并将这个参数作为要动态查找的类型名，最后遍历在这个类中定义的所有方法信息，将它们的签名输出到屏幕上。

```
import java.lang.reflect.*;
public class MethodsDumper {
    public static void main(String args[]) {
        try {
            Class c = Class.forName(args[0]);
            Method m[] = c.getDeclaredMethods();
            for (int i = 0; i < m.length; i++)
                System.out.println(m[i].toString());
        } catch(Throwable e) {
            System.err.println(e);
        }
    }
}
```

图 7-7　使用反射机制的 Java 代码段

然而面向对象编程中的反射仅仅包含了代码级别的信息，没有将体系结构信息显式地嵌入程序。更重要的是，这种反射本质上依赖于编译过程，没有包括任何运行时的体系结构信息。体系结构反射却能将系统的运行时结构显现出来，这包括活动的构件和连接器实例，甚至是各种基础类型。此外，不像代码级反射，体系结构反射就是为了进行修改才出现的。自修复系统（Schmerl，2002）、自适应系统（Oreizy，1999）和自组织系统（Georgiadis，2002）将会在众多的体系结构备选中进行推断，并根据情况和选择策略挑选最合适的系统结构。

图 7-8 说明了一个基于反射的体系结构改变的例子。该系统被拆分为元层和基层两个部分。元层维护运行时的体系结构模型，基层则实现软件实际功能，并为用户提供服务。基层当然具有隐含的体系结构，而这些信息则在元层里得到表示。在该体系结构模型中，方块表示构件节点，它们中的每一个都对应基层中用八边形表示的实际构件。实际构件和模型中的构件节点的表示方法不同，以此来暗示模型实际上省略了一些无关的细节。在某个时

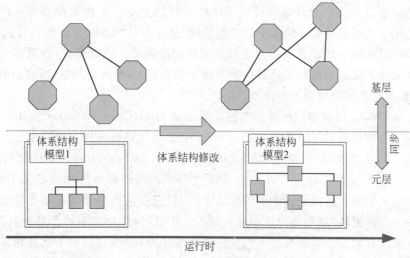

图 7-8　在体系结构反射控制下的体系结构改变

刻,改变发生了(无论是什么原因引起了这种改变),导致体系结构发生改变。在改变前后,元层和基层总要保持同步。

　　MARMOL(Meta ARchitecture MOdeL)意为元体系结构模型(Cuesta,2001),是第一个试图将反射和软件体系结构结合起来的形式化模型。MARMOL 的主要思想是在体系结构描述中引入多个层次,并利用反射的概念来表示它们。值得说明的是,MORMOL 既不是一个针对特定问题或者项目的模型,也不是一种体系结构风格或者模式,而实际上是一种描述风格。MARMOL 中定义了描述动态软件体系结构的原语。MARMOL 规定了以下几个出发点:

- 元层的层数是不受限制的。使用 MARMOL 描述的体系结构至少由一个元层和一个基层组成。MARMOL 允许多层系统的出现,其中相邻的两层就被认为是元层-基层对。总层数是不变的。
- 任何元层-基层对的关系不受限制。MARMOL 对此作出任何假设。这个出发点意味着对某个元层-基层对进行理解和转换的工作与 MARMOL 无关。这些内容应当定义在每一个子层使用的模型上。在极端情况下,一个元层-基层对中的两层甚至可以毫无关系。
- 基层的每个构件必须有一个关联的元空间(meta-space)。元空间负责维护所有和这个构件有关的元信息。元空间由元构件(meta-component)、元层构件(meta-level component)和它们的组合关系构成。元构件是构件进行反射的直接对照物。一个基构件被称为对应的元构件的参照(referent)或者化身(avatar)。元层构件是负责在元层操作元信息的构件。在元空间和对应的基构件之间有带方向的联系,从基层到元层的联系称为具体化(reification),从元层到基层的联系称为反射(reflection)。
- 体系结构构件类型可以具体化为元构件,这和 Java 中的 Class 类的想法近似。动态性的表达能从中获益。

　　MARMOL 显然是一种利用反射来解决动态性的视角。它能够和其他 ADL 合作,例如其他 ADL 可以对单层进行描述。然而,MARMOL 并不依赖任何特定的描述方法,因此,MARMOL 实现了让那些专门为静态结构或交互设计的 ADL 描述动态性。MARMOL 解决了反射的问题以及反射与具体软件体系结构之间的关系。它利用模型将这种关系形式化。MARMOL 并不关心某一层次中的内部结构,这并不是 MARMOL 的设计目标。

　　MARMOL 起源于现在系统中隐含的反射机制的抽象。也就是说,有很多系统在不知不觉中已经采用了反射的思想。这种机制实现了动态能力,如外部控制、可改变的构件或连接器等,它们都或多或少使用了元模型。

　　基于 MARMOL 的动态软件体系结构描述语言 Pilar(Cuesta,2001;Cuesta,2005)已经出现。它是一个特化版的 MARMOL。在 Pilar 中实际上只有一种顶级元素——构件。每个构件都由 4 部分组成,分别是接口(interface)、配置(configuration)、具体化(reification)和约束(constraint)。其中的接口在众多 ADL 中非常普遍,而具体化则定义了反射结构。约束虽然表面上看来和其他语言中的没什么不同,但它在这里用作指定动态性规则。Pilar模型包含了一个反射塔(这与 MARMOL 一致)。其中,被反射控制的元素放在基层上,执行控制的元素放在元层上。在基层上的构件被称为化身(avatar)。每个化身和它对应的元构件之间的关系被称为具体化联系(reification link)。通过这种关系才能进行具体化或反射的操作。当然,一个元构件能够和一个处于其上层的"元元构件"保持具体化联系。这样,元层的数目就不受限制了。在图 7-9 中展示了一个两层反射的例子,该模型中有 4 个基构件,其中 3 个与元层中的构件发生联系,元构件负责控制基构件的动态性。

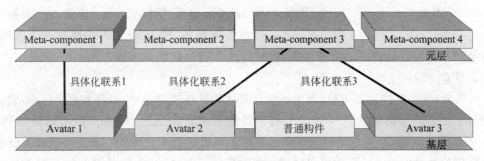

图 7-9　Pilar 的反射模型

　　在 Pilar 中利用元层抽象实现了在其他 ADL 中非常普遍的两种语言要素。一种语言要素是类型-实例关系,用以支持体系结构元素的重用。在 Pilar 中,类型可以被认为是处于元层的一个元构件,它负责通过具体化联系控制基层中的实例。这种行为称为具体化类型(reified type)。另一种语言要素是连接器。在 Pilar 中,唯一的连接关系就是具体化。处理连接器的方式与具体化类型类似,唯一的不同就在于约束上。通过这种方式,构件可以获得复杂的行为,完全不会因为没有连接器而在描述能力上有损失。换句话说,Pilar 具有元层连接器。

　　从文献(Cuesta,2005)中借用一个例子来说明 Pilar 的描述方法,如图 7-10 所示,这个描述定义了 3 个构件,它们之间存在具体化联系。描述的语法在图 7-11 中说明。首先,这个描述定义了构件 Multiplier,它有两个端口——A 和 B。从约束中可以很明确地了解它的行为是什么:先通过端口 A 读取一个值,然后再通过端口 B 将读入值的两倍发送出去。这里问号表示输入,感叹号表示输出。关键字 \rep 表示这个行为不断重复(类似于 π-演算中的重复操作符)。

```
\component Multiplier (
    (port A | port B)
    \constraint (\rep(A?(x); B!(2x)))
)

\component Logger (
    (port C)
    \constraint(\rep(\when avatar.A?(z)
        (C!(z))))
)

\component LoggedMultiplier (
    \config (mul: Multiplier)
    \reify (mul: Logger)
)
```

图 7-10　Pilar 描述示例

```
\component name [<parameters>] (
    {[\interface]
        (interface definitions)}
    [\config (
        {instances declarations} |
        [\bind (
            {binding declarations})]
        )]
    {\reify explicit reification}
    [\constraint (
        {dynamic constraint})]
)
```

图 7-11　Pilar 语法

　　第二个构件是 Logger。它在条件满足时会记录日志。它利用守护关键字 \when 定义了一个监听器,同时利用关键字 avatar 实现了对与其对应的化身构件的访问。当 Logger

的化身监听到端口 A 上有输入时,它就利用端口 C 记录日志;相反,Logger 的化身也受到 Logger 的影响。为了实现记录日志的行为,Logger 的化身必须定义端口 A。

构件 LoggedMultiplier 是通过组合的方式定义的。在 LoggeMultiplier 中声明了构件 Multiplier 的实例 mul。另外,mul 与元构件 Logger 保持具体化联系。因此,在 Logger 中定义的行为会在此实例中反映出来。mul 的整体效果是:当从端口 A 中收到一个值后,就通过端口 B 将接收值的两倍发送出去,同时将这个接收值的副本通过端口 C 发送出去,用于记录日志。

很明显,这个描述并不完整,因为还需要其他构件连接到端口 A、B 和 C。然而,它清晰地说明了上述的反射结构。当然这个例子还没有涉及动态性,后面会给出这样的例子。Pilar 提供了若干原语,体系结构的改变行为都是通过它们来完成的。表 7-1 列出了所有与动态性相关的操作原语。它们可以创建和删除构件或具体化联系,从而达到在反射塔的某个级别改变结构或者构件行为的效果。因为反射塔的层数是不限的,这样,系统结构、构件甚者构件类型都可以在运行时修改。

表 7-1　Pilar 中与动态性相关的操作原语

操作原语	描　　述
\new(c:T)	创建类型 T 的新实体 c
\del c	删除实体 c
\alias p as q	更改端口 p 的作用域
\hide p	隐藏端口 p
avatar	引用当前元构件的化身
self	引用元构件本身
\reify R(c:m)	在化身 c 和元实体 m 之间创建具体化联系
\findr R(c:m)	寻找 c 和 m 之间的具体化联系
\nullr R	判断 R 是否是具体化联系

图 7-12 给出了一个利用操作原语,制作的数据库访问控制系统的完整描述示例。

为了让整个改变过程更加清晰,用图 7-13 来表示这个过程。描述中的大部分的意思都很容易懂。接下来重点介绍构件 DataChannel、CommonLink 和 CachedLink。为了避免过分的混乱,将这些具体化类型在图中用斜体表示,而并不把它们画在元层中。另外一个简化是把实际上处于多个元层上的元构件画到一个元层中。图 7-13 中的实线表示常规的绑定关系,虚线则表示具体化联系。

一开始定义了 3 个连接在一起的构件:DB 的实例 d,Server 的实例 s 和 DataChannel 的实例 c。DataChannel 的约束规定 c 与元构件 CommonLink 建立具体化联系。而 CommonLink 的行为(由 CommonLink 的约束规定)是把从 input 端口中接收到的数据通过 output 端口转发。当 c 侦测到信号 W 到来时(W 是 s 发现访问过载时发出的警告),c 的具体化构件 CommonLink 被删除了,同时 c 动态地与 CachedLink 建立具体化联系。在此期间 Cache 的实例 ca 被动态的创建,并和两个 CommonLink 的实例 comm1 和 comm2 连接。

```
\component DB (
    (port data)
)
\component Server (
    (port data_source)
)
\component DataChannel (
    (port input | port output)
    \constraint (\reify R(avatar: CommonLink(avatar.input |
avatar.output);output?(W);\del R;\reify S (avatar:CachedLink
(avatar.input | avatar.output))
)
\component CommonLink (
    (port input | port output)
    \constraint (\rep (avatar.input?(X); avatar.output!(X))
)
\component CachedLink (
    (port input | port output)
    \config (ca:Cache | comm1:CommonLink(c.input|comm1.output) |
comm2:CommonLink(comm2.input | c.output))
)
\component Cache (
    (port input | port output)
    \constraint {ignore here}
)
\component System (
    \config (d:DB | s:Server | c:DataChannel(d.data | s.data_source))
)
```

图 7-12　数据库访问控制系统的描述

从这个过程中可以看到,这并不是简单地添加、删除或替换构件,而是体系结构的综合改变。结果是在系统中引入了缓存,提高了服务器的性能。

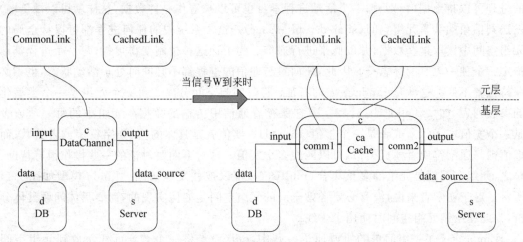

图 7-13　数据库访问控制系统的改变过程

Pilar 的作者认为基于元层的动态性是加深对动态软件体系结构理解的有效途径,它能够统一许多其他动态体系结构的相关方法。Pilar 的原语来自 π-演算,仅仅是表达方式上有一些差别。更重要的是,作为对 MARMOL 的扩展,Pilar 利用其他形式化方法,如 CCS 或 μ-演算,也是可行的,这保证了其校验和分析的能力。

7.1.4 基于协调视角的 LIME

在分布式和并行系统演化的同时,协调模型(coordination model)被用以处理大规模并行系统。它提供了增强模块性、构件复用性、可移植性和语言互操作性的框架。协调论的一般定义是对活动依赖性的管理(Malone,1994)或通过将活动的部分粘连在一起构建程序的过程(Gelemter,1992)。目前已出现大量针对不同问题、具有不同特征的协调语言(coordination Languages)。

协调论与动态软件体系结构有什么关系呢? 大规模并行系统通常会分布于许多逻辑节点上,这些节点包括线程、进程、处理器或者主机。它们的交互行为本质上就是动态的,这是因为系统中的任何部分在开始执行之前都没办法对全局的状态有一个概观,它们无法阻止其他节点的崩溃或者新节点的加入。同时,通信中也包含代码移动性,即构件的产生位置和执行位置可以分离。而对动态软件体系结构的要求就来自对这些分布式系统的广泛需求。协调模型采用了一种出色的视角来抽象这个问题。协调模型的任何分支都有共同之处。它们将系统看作两种不同活动的组合:一种是进行实际计算的部分,在这里若干进程利用资源进行计算;另一种是协调部分,负责管理计算进程的通信和协作。这种思想为利用分离简化分布式或并行系统开发提供了范式。

关于计算机科学中的协调论的综述可参见文献(Andreoli,1996)以及 Lecture Notes in Computer Science 系列的 1061、1292、1906 和 2315。对协调论和协调语言的全面讨论已经超出本书的范围,下面只简要介绍最经典的协调模型 Linda 以及利用 Linda 解决移动环境问题的方案 LIME。

Linda(Ahuja,1986;Carriero,1989)首次将协调模型应用于计算机科学。它提供了一个相当简单的机制来支持计算和协调的分离。在 Linda 环境中,一个期望同其他进程通信的进程可以将数据(特别地,一个活动进程本身也可以被看作一种数据,这样就可以被传输)发送到抽象的共享元组空间(shared tuple space)。这个系统中的任何进程都可以从全局的元组空间中读取这些数据,并以此来进行通信。为了让这种机制变得可行,每一个进程都被指定一个独一无二的标志符。因此,任何参与通信的进程都不必同时处于活动状态,也不必保持位置不变。这就是 Linda 最大的特征:将时间与空间分离。每一个元组是一个类型化的参数列表,如<"hello",0.3,12>。它保存着通信中传输的数据。元组中的每一项或者是一个实值(actual),或者是一个虚值(formal)。实值就是具体的值,如字符串或者整数;而虚值则与通配符或者模板类似,可以匹配多个实值。这对下面要讨论的一些操作很有帮助。总之,元组空间就是元组的多重集合(multiset),可以被并发地访问。Linda 模型如图 7-14 所示。对于初学者来说,没有必要考虑全局的元组空间是如何实现的,而要具体问题具体分析,为此在绘制元组空间时使用了虚线。

Linda 定义了一组简单的协调原语。其中,out(t)是将一个普通元组 t 放到元组空间中。in(t)从元组空间中接收元组 t,并将其从元组空间中删除。rd(t)与 in(t)类似,但在接收元组后,并不删除元组空间上的 t。eval(p)将一个活动元组(即一个活动进程)放到元组空间中。之后这个活动元组 p 就开始执行,执行完毕就变为一个普通元组。in(t)和 rd(t)都可以采用虚值来进行模式匹配。也就是说,这里的参数 t 可以是一个匹配多个元组的模板。例如,模板元组<"abc",?integer,?double>将匹配任何包含 3 个域的元组,第一个域

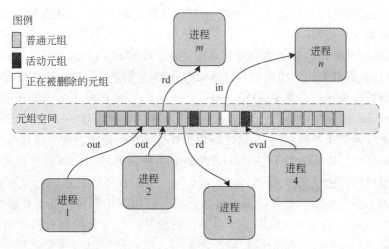

图 7-14　Linda 模型与操作

是 abc,第二个域是整数,第三个域是实数的元组,如<"abc",1,3.24>和<"abc",12,4.5>。如果匹配失败了,这两个操作就会被锁住,直到有其他进程把符合要求的元组放到元组空间中。相反,out(t)和 eval(p)是不会被锁定的操作,但是它们不能接受包含虚值的元组参数。Linda 在发展的过程中也添加了其他一些操作,例如 rdp(t)和 inp(p)分别是 rd(t)和 in(t)的不锁定版本,当它们找不到合适的元组时就会立刻返回 FALSE。所有这些操作都是原子的。

　　Linda 是语言无关的,因此可以用任何编程语言以库的形式实现 Linda。图 7-15 给出了哲学家用餐问题的解法,这里使用了 C-Linda (Papadopoulos,1998)。

　　哲学家用餐问题是让一定数量的(在上面的解法中是 5 个)哲学家坐在一个圆桌周围。在他们每个人的面前有一盘食物以及分别放在左右的两根筷子。如果一个哲学家想吃东西,他必须拿起他左右的两根筷子才能进餐。在没有控制的情况下,很可能每个人都拿起同一边的筷子并等待另外一边的筷子被放下,这时就发生了死锁。在图 7-15 的解决方案中,Linda 使用了许可券(ticket)来避免死锁。对于 NUM 个人,仅仅发放 NUM−1 张许可券到元组空间中,这样就可以确保至少有一个人能够完成用餐的动作,因此死锁就不会发生了。此外,同时用餐的最多人数也可以得到保证。

　　可以将哲学家用餐问题中的进程替换为可以控制动态软件体系结构的动作。例如,可以在 eat函数中激活新的构件,然后在 think 函数中再冻结它们。这样就能根据"筷子法则"来控制相互关联的一组构件的生存状态。同时,通过改变 NUM 的

```
#define NUM 5
void philosopher(int i)
{
    while(true)
    {
        think();
        in("ticket");
        in("fork", i);
        in("fork", (i+1)%NUM);
        eat();
        out("fork", i);
        out("fork", (i+1)%NUM);
        out("ticket");
    }
}
int main()
{
    int i;
    for(i = 0; i < NUM; i++)
    {
        out("fork", i);
        eval(philosopher(i));
        if(i < NUM - 1)
            out("ticket");
    }
    return 0;
}
```

图 7-15　哲学家用餐问题的 Linda 解法

值,能够控制可被激活构件的数量。当然,这仅仅是简化的例子,设计者可以利用 Linda 原语实现更复杂的交互机制。

经过 20 年的发展,Linda 的各种变体不断涌现。Bauhaus Linda(Garriero,1994)统一了元组和元组空间、元组和元组模板以及活动元组和普通元组。在 Bauhaus Linda 中,原始的线性元组空间被改为无序多重集合(unordered multiset),这样对元组的操作就必须指定目标子集合。Law-Governed Linda(Minsky,1994)为每一个进程维护一个控制器,每个控制器关联了一组与通信相关的法则,这些法则用于校验操作的请求。如果没有法则的允许,相应的操作将被禁止。LAURA(Tolksdorf,1994)是一种在面向 Agent 的分布式系统中辅助通信和指定契约的方法。具体来说,Agent 可以发送或接收带有表单(form)的消息,这些表单包括一些诸如服务提供和服务需求的信息。在 LAURA 中创建了许多处理表单的原语。Sonia(Banville,1996)是 Linda 应用于信息系统的变体。它首先将原有的原语改为更加贴近应用的名字,如 post、pick 和 peek。此外它还引入了一些专门为此领域使用的原语和语法。Opus(Chapman,1997)是一门建立在高性能 Fortran(High Performance Fortran,HPF)基础之上的协调语言。它主要用于解决若干数据并行构件的并发执行问题。为此Opus 创建了 ShareD,一个与元组空间行为类似的抽象数据类型。与元组空间不同,ShareD可以对其状态进行操作。Reo(Arbab,2004)将移动信道的概念引入到协调模型中,并将连接器作为协调器。LightTS(Picco,2005)则构建了适合上下文感知的 Linda 模型,这也是LIME 的基础。

除了上面提到的模型,还存在许多非 Linda 风格的协调模型。这些模型中系统进化是通过观测进程状态变化,而不是在抽象共享库中交换数据,来实现的。此方式被称为面向进程的协调(process oriented coordination)。它们可能通过将改变状态广播或者把事件发送给那些订阅者进程来实现协调。例如 Proteus Configuration Language(Sommerville,1996)和 Durra(Barbacci,1993)可以被归到这一类中。但重点是 LIME,所以也就不再对它们赘述了。

LIME(Picco,1999;Picco,2000;Murphy,2006)是 Linda In a Mobile Environment 的缩写。它是 Linda 的扩展,用于支持移动应用的开发(物理移动、逻辑移动或二者的结合均包括在内)。在 LIME 中,全局的元组空间根据移动计算的环境作了精化,主要考虑了移动单元是分离的这一事实。元组空间逻辑上不再是一个整体,而是与位置相关的多个实体。同时,LIME 也引入了更多功能和校验方法。

回到 Linda 的实现问题,就是需要有一个全局可访问的空间,并且它必须是全生命周期的,具有分离时间和空间的能力。在固定主机的分布式系统中,所有节点的位置和连接都相对稳定,因此将等价于元组空间的构件放在一个主机或者一个主机的集群上是办得到的。然而,在移动环境中,构件可能会任意移动,甚至会离开系统边界。这样就不能把元组空间放在任何构件上,因为它们无法保证始终能被其他构件访问。更重要的是,像电能损耗这样的问题会减慢甚至切断网络连接。另外,异构性也使得建立 Linda 那样的框架十分不易。所以,应当在体系结构级别多加考虑,并为基本模型添加辅助元素。

LIME 的核心思想是打破 Linda 的全局元组空间,将其分为若干子空间,每一个子空间依附于一个移动 Agent 上。这种子空间被称为接口元组空间(Interface Tuple Space,ITS)。每一个 ITS 包含其所在的移动 Agent 希望共享给其他 Agent 的所有元组。每个元组空间的共享都有依照连接性定义的规则。所有的 Agent 都可以互相连接,形成一个 LIME 组。在一个组中的所有 ITS 被合并以便共享。这种共享是透明的,因为使用者看到的是一个整体共享空间。这样,一个逻辑上可以被所有组内 Agent 访问的共享元组空间就被建立起来。值得注意的是,每个 Agent 可以拥有的 ITS 数量是不限的。它们通过名称相互区分,同时这些名称也确定了共享能否进行——在一个组中只有同名的 ITS 会被合并和共享。例如,一个名字为 agent1 的 Agent 拥有两个 ITS——S1 和 S2,另一个名为 agent2 的 Agent 包含两个 ITS——S1 和 S3。当它们连接的时候,两个 Agent 的 S1 合并,这样它们都能互相访问对方 S1 中的数据。但是 agent1 不能访问 S3 的内容,agent2 也不能访问 S2 的内容。S2 和 S3 只能在它们自己所在的 Agent 上可用,直到有新的包含名为 S2 或者 S3 的 Agent 加入这个组。简单来讲,LIME 仅仅考虑 ITS 的连接性,ITS 的名称是共享能否进行的决定性因素。每一个主机都能包含若干移动 Agent,同时每一个 Agent 又能包含若干 ITS。LIME 引入层次的概念来抽象这些情况,而这种抽象,无论是在 Agent 级还是在主机级,实现起来都比较简单。

一个移动 Agent 加入一个组,它的本地内容被合并到组中的过程称为接合(engagement),它是原子操作。当一个移动 Agent 离开一个组的过程称为脱离(disengagement)。这样离开的 Agent 所包含的 ITS 内容会从组中删除。组中其他的 Agent 可以感觉到共享内容的减少。

LIME 既能描述物理移动性,也能描述逻辑移动性。物理移动性是指在系统中的一个主机在保持和其他主机连接的情况下在系统的范围内移动。逻辑移动性是指系统的重配置:某些构件从原有的连接器上解绑定,然后再与其他连接器创建绑定关系。当一个构件(包括代码或者资源)在运行时期间进行了主机间的移动时,逻辑移动和物理移动同时发生。在 LIME 中,同一主机上的多个 Agent 的 ITS 定义了一个主机级元组空间(host-level tuple space)。与之类似,相互连接的主机上多个 Agent 的 ITS 定义了一个联邦元组空间(federated tuple space)。在一个联邦元组空间中,那些可以访问的元组可能处于组内任何 Agent 或者主机上。当需要进行物理移动时,整个系统可以被看作跨多个主机的若干联邦元组空间。如果仅仅是构件进行物理迁移,就没有必要使用联邦元组空间,主机级元组空间就足够了。如果不需要考虑移动性,模型可以进一步简化成 Linda。从这个角度来看,LIME 非常灵活,可以适用于考虑任何一种移动性的情况。然而,对移动性的操作并不是运用 LIME 的直接结果,而是由于多个级别的单元建立了元组空间。这种不将 LIME 牢牢绑定在移动性上的特性使得 LIME 具有良好的通用性。

对于用户来说 LIME 是完全透明的。如果要通信,通信的一端可以将一个元组放进元组空间;另一端异步地查看并提取出感兴趣的元组。但是过分的透明并不总是有利的。考虑如下情况:当 host1 上的 agent1 将元组放到联邦元组空间后,就以某种原因退出了组。那么它放置的元组是否能被其他 Agent 访问呢?很明显,这取决于那个元组当时的实际位置。此外,出于性能和效率的考虑,也需要对元组位置进行细粒度的控制。例如,你可能希望某个元组应当处于元组被访问最频繁的位置;或者在估计很有可能断网的时候在多个主机上建立同一个元组的备份。为此 LIME 提供了与位置相关的原语。这些原语在原有操作的基础上添加了位置参数。所有元组自身都会维护两个域,分别表示元组的当前位置和目标位置。当前位置是指在其他的 Agent 都无法连接的情况下,当前元组应当位于哪一个

Agent。目标位置是指元组最终要到达的 Agent。LIME 采用并扩展了 Linda 的 3 个原语操作：in、out 和 rd。但是 LIME 没有使用 eval。

LIME 中的 out 操作被表示为 out[λ](t)，其中 λ 是代表目标 Agent 的位置参数。它的执行可以分为两步：首先，t 被发送到执行这个操作的 Agent(假设这个 Agent 为 ω)的 ITS 中，等价于 out(t)。此时目标位置被设为 λ。第二步则要看 λ 是否能够连接上。如果可以，t 将被立刻发送到 λ；否则，t 会留在 ω 上，直到 λ 加入这个组。在这个过程中，元组 t 的当前位置总是它所在的那个 Agent 的名字(在 λ 上时是 λ，在 ω 上时是 ω)。如果一个元组的两个位置域不同，就被称为错位元组(misplaced tuple)。这种元组会等待状态的改变。如果处于 λ 上的元组是错位的，并且目标是 ω，一旦 t 加入 ITS，这些元组会在接合过程中从 λ 迁移到 ω。这个过程如图 7-16 所示。

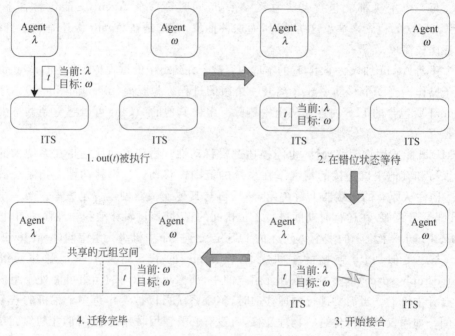

图 7-16 当 λ 初始时无法连接的情况下 out[λ](t) 的执行过程

原语 in 和 rd 扩充了位置参数，形式是 in[ω,λ](p) 和 rd[ω,λ](p)，其中 p 是元组模式。它们允许程序员对由位置参数确定的当前上下文做一个投影(即选取出符合条件的元组)。第一个位置参数一般是在联邦元组空间中的搜索范围，第二个位置参数则用来识别元组是否错位。这些参数既可以是 Agent 的名字，也可以是主机的名字。

LIME 也扩展了 Linda 的事件模型，添加了处理事件的函数，称为反应(reaction)。反应的完整形式是 R[ω,λ](s,p,m)，其中 ω 和 λ 是位置参数，它们的语义和上文提到的相同。s 是当条件满足时要执行的代码段。s 不应当是会锁死的代码，否则就会让系统停止响应。p 是元组模式，它指定会触发反应的是哪些元组。m 是反应模式(reaction mode)。它定义了 s 执行后的原子操作。LIME 有两种反应模式：ONCE 和 ONCEPERTUPLE。当反应具有模式 ONCE 时，这个反应仅会执行一次。在执行完毕后，它就会自动注销，然后从系统中被删除。如果模式为 ONCEPERTUPLE，反应会为每一个符合条件的元组执行一次，因此执行的次数由系统在运行时决定。

对于设计者来说,反应是构建系统的有力工具。但是它也带来了一个与其原子性有关的实现上的问题。如果反应中的代码可以完全以原子方式进行,就被称为强反应(strong reaction),这对动态软件体系结构来说非常理想。然而在移动环境的系统中由于包含了太多的分布式节点,而且这些节点的通信可能不通畅,因此这种原子性往往不可行。否则,在分布的 ITS 上强制执行这种原子性会对系统性能产生严重的负面影响。因此,LIME 引入了另一种反应,称为弱反应(weak reaction)。在这种反应中,对元组的状态侦测和代码执行不需要原子性的执行。同时代码会在注册反应的主机上执行。

LIME 是一种出色的处理物理移动性和逻辑移动性的模型,它利用协调视角解决动态性的问题。它的基础模型 Linda 通过分离计算部分和协调部分,使得时间和空间因素分开,极大地简化了分布式系统的开发。LIME 扩展了 Linda,添加了具有位置特征的元组空间,即引入了分离的 ITS 的概念。同时,LIME 还为 Linda 的原语提供了位置参数,这方便了对系统进行细粒度的调节。最后,LIME 还为上下文变化提供了反应机制。LIME 使用 Mobile UNITY(Roman,1997)精确定义自身的语义。实际上,LIME 提供了动态重配置体系结构的框架。尽管 LIME 没有解决一些高层动态性的问题,如运行时构件类型创建,但它的确使得开发人员可以专注于业务逻辑的实现。LIME 还为移动环境下的分布式系统提供了新的设计范式。

7.1.5　柔性软件体系结构

柔性这个概念在现实世界中频频出现,如在制造业、物理力学甚至是管理领域当中。但是这个术语的广泛应用并不代表它已经得到了深入研究和分析。相反,它仍处于模糊状态,没有精确的定义或者框架来引导人们去理解它。在软件体系结构领域,带有这个术语的文献一般都会和软件的其他特性混为一谈,如可扩展性、可以提高开发速度的特性以及动态性等。为此要首先澄清什么是柔性软件体系结构。

一个物体的柔性是指在外力作用下发生形变的能力。如果物体太硬,形变就不可能发生;如果它太软,当外力消失后就无法恢复原有形状。太硬和太软两种情况都提高了物体的使用成本。一个柔性的物体能够改变自身,以适应外界环境的变化。这实际上是降低了使用它的开销,尽管制造或者购买这样的物体可能成本稍高。为了更加直观和方便地理解柔性软件体系结构的概念,首先用生活中的例子进行阐述,然后再给出正式的定义。

例如,某人需要一条腰带,通常有以下 4 种情况可以考虑:

(1) 使用绳子作为腰带(长度可以满足大多数人的要求)。相信不会有什么人用绳子作腰带,即使这么做是可行的,因为这种腰带使用起来太困难,并且不稳定。

(2) 使用定长腰带。购买这种腰带的人一旦腰围发生改变就没法再使用它。这些人也可以购买很多长度不同的定长腰带,但花费在腰带上的开销太多了。

(3) 使用带有一个卡扣和若干带孔的腰带(如果必要的话,还可以添加新的带孔)。大多数人系这种类型的腰带,因为它能通过简单的操作在一定范围内适应腰围的变化。当一个人在锻炼时,可以把腰带系得紧些;当吃饭时,则可以放得松些。这通常被称作面向用户的柔性(user oriented flexibility)。如果腰带上的孔不够用,可以添加新孔,这被称为面向开发者的柔性(developer oriented flexibility)。

（4）使用松紧带作腰带。这种类型的腰带没有卡扣，也不需要任何操作。但是这种便利性是有代价的：它的有效使用范围降低了，同时也不如常规腰带那么牢靠。简单来说，它只适合特别的使用目的。

从腰带的例子中可以看到柔性带来的便利和效能的提升。同时，也可以从中找到一些建立柔性软件体系结构概念框架的提示。它告诉人们针对柔性需要考虑哪些方面的因素。

（1）柔性软件体系结构应当使用在运行时可以改变的体系结构。与柔性软件体系结构相对的情况有两种。一是固化软件体系结构，无论外界环境如何变化都不会发生改变。但是一旦它完全不能满足需要，就无法继续工作了。二是使用松散风格组织起来的体系结构，但它太软了，以至于无法被直接应用到特定系统中。它们通常提供风格、模式和范式等，用以指导开发。

（2）柔性软件体系结构应当能感知上下文。在运行时，主要的触发手段包括用户指令、用户操作模式、网络情况、工作负载、自然因素以及用户确定的其他因素等。所有这些内容都可以看作柔性软件体系结构的上下文。上下文是柔性软件体系结构的外部必要组成部分。

（3）柔性软件体系结构需要为用户或者开发人员留下可操作的接口，就像腰带上的卡扣和带孔那样。这个要点的直接效果就是将柔性软件体系结构的控制部分与计算部分分开。尽管把它们混在一起也做得到，但这并不是好的设计策略，因为这几乎肯定会在系统规模扩大时或者新功能引入时导致混乱。

（4）柔性软件体系结构的最终目标是以效能为核心的，或者说是最大限度地提高收益与成本的比例。柔性软件体系结构应当在一定范围内可用，从而避免额外的工作和开销。这对将柔性软件体系结构投入到基于软件系统的商业领域尤其重要。这些领域面临的变更越来越快，从几年变更一次发展到在数秒之内就发生变化。从本质上来讲，柔性软件体系结构是利润驱动的。即使存在能够动态变化的，能够从上下文收集信息的，提供了用户或开发者可以操作接口的体系结构，如果它无法提高效能，也不应该被认为是柔性软件体系结构。

然而有时，一些体系结构的有效范围和接口并不是很令人满意，却由于在某些方面表现出色而很适合充当一类项目的基础框架，就像上文中的松紧带那样。柔性软件体系结构不应当仅仅是技术领域的概念，而且应当是对其要应用的领域卓有效果的解决方案。

以上 4 个部分构成了柔性软件体系结构的概念框架，如图 7-17 所示。

下面给出柔性软件体系结构的定义：柔性软件体系结构是由上下文驱动的动态软件体系结构。它可以被显式地控制，以满足某种业务目标，特别是效能。

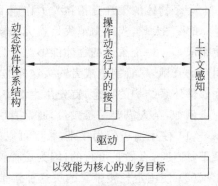

图 7-17　柔性软件体系结构的概念框架

柔性软件系统大致可划分为应用系统和支撑系统。应用系统体系结构按照一定的关系将功能模块组织在一起，完成软件系统的应用功能；支撑系统体系结构用于为应用系统提供底层的通信和信息服务。

相对于软件柔性,在这里还需要提及一个相对的概念,即硬件柔性。从 21 世纪开始,物联网逐渐被大众所认知,变成火热的话题,在这样的背景下,软件与硬件的紧密关系变得更加难解难分。为了能更全面地了解软件柔性,就不得不对硬件柔性加以补充。

所谓硬件柔性,并不是指硬件材料物理属性上的软硬程度或形变能力。硬件柔性类似于软件柔性,是指硬件机械模块结构的再连接、再组织,以应对外部环境变化,满足新的需求。这实际上表现为硬件设备的可插拔特性,表现硬件本身良好的拓展性,为功能自定义提供可能。

目前这样的设备还远远不及智能手机普及。在机械或电子手表中可以加入各种传感器,如气压传感器、温度传感器等,因此手表的功能也不再仅限于看时间,从表盘上还可以读到各种自己需要的读数。

除此之外,模块化手机定制服务也成为柔性硬件的代表。模块化手机允许用户根据自己的需要自行更换手机配件,以实现新的需求功能。这实际上就是对手机硬件体系结构的重新组织。最火热的案例当属谷歌的 Project Ara。它是谷歌先进科技与计划部门的一项专案,目的是希望透过开源硬件开发一款可高度模块化的智慧型手机。该专案允许消费者自由选择与替换甚至移除任何组件,包括处理器、屏幕、键盘、电池等手机常见的组件,这使得消费者可以轻松替换一个出故障的或过时的组件,从而减少电子垃圾,并且延长手机的生命周期。但这一项目最终以失败告终。应该说模块化手机在很多方面还存在不足:拆分零组件会影响协作效率,高速通信总线成本高,各厂商模块互通性缺乏标准化,配件多费用昂贵,产品易损强度较弱导致的售后问题,等等。这些都使得柔性硬件的模块化手机前途困难重重。但这依然是一个未来的发展方向,虽然谷歌的初次尝试失败了,但是 Facebook 在最近也开始了自己的研发计划。此外,摩托罗拉以及国产手机品牌小米等公司都在模块化手机上进行着自己的工作。

这里介绍硬件柔性是希望能对柔性这一概念以及柔性软件体系结构有一个不同角度的理解。硬件柔性和柔性软件体系结构在将来也会同时发展,给工业和商业应用带来不同程度的收益。

事实上,云计算、物联网、大数据这些支持资源共享与大量信息传递流通的新兴活跃技术都可以视为广义上的柔性软件体系结构。

云计算是基于互联网的相关服务的增加、使用和交付模式,通常涉及通过互联网来提供动态易扩展且经常是虚拟化的资源。对云计算的定义有多种说法,现阶段广为接受的是美国国家标准与技术研究院的定义:云计算是一种按使用量付费的模式,这种模式提供可用的、便捷的、按需的网络访问,进入可配置的计算资源共享池(资源包括网络、服务器、存储、应用软件、服务),这些资源能够被快速提供,只需投入很少的管理工作,或与服务供应商进行很少的交互。云计算抽象出计算资源与存储资源,但底层的实现部分基础设施对于用户隐藏,服务器的部署、存储设备的注册与注销以及计算设备联网为云做贡献,所有这些其实都是“可插拔式”的,是云计算良好扩展性的展现。

物联网是在物理设备、交通工具、建筑或其他物品中嵌入电子或软件形式的传感器、激励器和网络连接器,使得这些物品能够采集和交流数据的一种网络结构。2013 年,全球标准化组织物联网小组将物联网定义为信息社会的基础设施。物联网允许物品通过已存在的网络基础设施被感知或远程控制,将物理世界更直接地整合成基于计算机的系统,提高效率、准确度和经济利益,以及减少人为干预。当物联网增加了传感器与激励器后,这项技术就变成了一个更广泛的网络-物理系统,这进一步拥抱了智慧网格、智慧家庭、智能交通和智慧城市等技术。每样物品都能通过它嵌入的计算系统进行独一无二的身份识别,同时又可以和已存在的互联网基础设施交流协作。专家估计,到 2020 年,物联网将容纳将近 500 亿设备。所有联入物联网的物理设备的注册与注销更加自由,有时一个重要的物联网组件的加入足以使部分体系结构发生变化,重新组织。当今对物联网软硬件的研究都非常火热(Chen,2016),这些基础设施的建设无疑对形成物联网体系结构有巨大作用。

大数据也是如此,大数据是一个大的或复杂的数据集,而传统数据处理应用软件没有能力去处理它们。大数据的挑战包括采集、存储、分析、数据综合处理、搜索、贡献、转移、可视化、查询、更新和信息安全。大数据经常被用来指预测分析、用户行为分析或其他从数据中抽取价值的高级数据分析方法,而很少指一个特定量的数据集。它更多地体现为数据的柔性组织结构。很多相关研究都基于大数据给出了某些特定领域的大数据体系结构(Cheng,2015)。

云计算、物联网、大数据等从本质上都可以看成一类数据的组合或重组合,是按照资源的类别进行组织或重组而形成的服务于特定目标的柔性体系结构。人们甚至可以分别称它们为云计算体系结构、物联网体系结构与大数据体系结构。

所有这些技术——云计算体系结构、物联网体系结构、大数据体系结构,都支持人工智能(AI)的发展。云计算可以给 AI 提供巨大的计算能力,以处理像大数据这样的海量数据集;物联网可以将现实世界信息化,方便 AI 的部署与管理;大数据将提供丰富的数据资源用于不断挖掘规则与知识,让 AI 的“大脑”不断强化,更加智能,甚至获得自主学习能力,进行半监督学习或无监督学习。这些体现柔性体系结构思想的技术都将在 AI 的发展中起到重要作用。

7.2 为什么使用柔性软件体系结构

本节主要阐述为什么在软件设计中要使用柔性软件体系结构,在 7.1 节中,已经详细介绍了柔性软件体系结构的定义,并且简要地介绍了一些柔性软件体系结构的优势,本节将结合例子阐述为什么在当今的互联网环境下一定要使用柔性软件体系结构。

首先看一个例子。某成长型公司为了满足公司内部的管理需求,决定自主实现全公司的自动化管理,提高公司的科技水平。于是 IT 部门牵头开发了一套集人事、财务、部门管理于一体的管理系统,其体系结构图如图 7-18 所示。

这其实是一个非常通用的框架,在很多系统中,这个框架都很适用,首先它把功能分层,然后在把同一层的不同子功能分块,不同的功能可以由不同的人员开发,只要彼此之间定义好访问的接口就可以。该公司的这套系统可以支撑公司在运营过程中的大部分事务,节省了大量的人力和物力。但是作为一个成长型的公司,这套系统很快就暴露出了弊端。主要的问题有两个。第一,由于公司业务发展良好,所以公司逐渐壮大,更多的业务需求在该系统中实现不了。而在扩展的过程中,必须重新开发和设计相应的模块和接口,而这样的扩展需求往往很多,而且要求的开发周期又很短,公司的开发人员疲于修修补补,但终究解决不了根本问题。第二,大量的模块之间协议缺乏一种及时的、合理的演化规则和方法。通过进

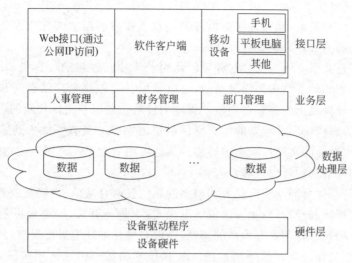

图 7-18　管理系统体系结构图

一步深入探究发现这些问题产生的原因如下。第一,如今的企业越来越多地依赖于软件,应用软件的形式也越来越广泛。以前,公司使用软件的地方可能只有几个,如办公软件、财务报表软件等;但是随着信息技术的快速发展,办公自动化给公司和个人带来的方便越来越可观。因此各个公司企业不惜重金购买软件,或者要求技术部门进行软件本地化的工作。但软件功能的增加和软件应用形式的变化,给现有软件带来的问题就是软件架构不匹配,系统调度不高效,最终导致多种软件功能只是简单的累加、堆砌,没有形成有机的整体,产生整合效应。第二,以往的软件是为了方便人们工作,把一些重复性强的、烦琐的工作交给机器来做,这里面有一个问题,人们在设计软件的时候要对软件进行一些假定,只有满足假定,软件才能工作,这些假定可能是简单的 if 语句,也可能是复杂的通信协议等,但是这些假定往往是“硬”的,是不能更改的。而如果要使软件功能之间可以顺利地演化和转变,这种具有“硬”假定的软件体系结构往往是做不到的。

上面这个例子是软件开发人员经常遇到的问题,通过这个简单的例子来引出为什么要使用柔性软件体系结构。可以看到,上面的两个问题仅仅依靠目前的体系结构已经不能解决问题了,因为体系结构不能动态地变化,就只能依靠人为地重新调整结构和编写接口协议,这样费时费力,而且也不一定能满足系统的需求。即使把所有模块按时编写好了,在实际的运行过程中,也有可能因为接口协议不能按需动态调整,使得整个系统不能完成预期目标。而使用柔性软件体系结构,这些问题都会迎刃而解。首先,柔性软件体系结构可以动态地调整自身的体系结构,只需要定义一些规则来说明各个模块和连接器在何时如何组织就可以了。其次,柔性软件体系结构在适应动态变化的需求上更有优势,模块和模块的接口协议是动态可调的。

下面是两个柔性软件体系结构的例子。

一个例子是移动中间件。移动中间件面临着异构性和计算存储资源有限性的矛盾。为了让尽可能多的服务可以运行,移动中间件必须要访问不同的网络,并且在不同的服务提供协议下获取服务。运行在固定主机上的中间件通过安装所有要运行的构件来解决这个问题,但移动设备无法做到这一点。柔性软件体系结构就允许动态地加载和激活在某些环境下必要的构件,同时还可以删去那些没用的构件。这并不是太容易,因为运行的应用可能与要删除的构件有依赖关系,删除这样的也许会导致运行时崩溃。柔性软件体系结构通过在改变体系结构之前的校验来避免这种问题。

另一个例子是共享文件系统。这种系统使用若干相互连接的计算机,并将文件分布在不同的节点上。它的体系结构是很灵活的,可以依照各自的剩余存储空间和用户的访问模式动态调节每个计算机上的存储占用量。管理构件的位置以及文件片断的位置在运行时一直在改变,以便为那些访问最频繁的用户提供最快的响应。当有些加入到这个系统的计算机关闭时,它上面携带的文件片断会被转移到其他可用节点上。总而言之,共享文件系统必须记录体系结构元素的物理位置和状态。

观察一下周围,你可能发现已经有相当多的系统具有自适应、自修复或者插件加载的能力。它们可以在严格的校验(校验方法依情况而定)下进行开发,以避免可能导致灾难性后果的风险。未来的软件将会具有生命的特征,能够对变化的环境做出反应,从而做到自我保护、自我生成甚至自我进化。但是当前的方法和技术仍然停留在初始阶段,需要进化和改善。柔性软件体系结构正是改变现状甚至是实现这个梦想的理想出发点。

综上所述,使用柔性软件体系结构的主要原因有 3 个:第一,柔性软件体系结构可以自主地根据环境改变自身的体系结构,以适应不断变化的用户需求;第二,柔性软件体系结构可以自主地改变接口和协议,以满足不同构件的相互连接和通信的要求;第三,柔性软件体系结构可以自主地验证当前的运行环境,以确保软件在更加安全的环境下正确运行。

7.3 怎样使用柔性软件体系结构

在本节中,通过对两个采用柔性软件体系结构的原型系统的简单介绍,讲解怎样使用柔性软件体系结构,这两个原型系统分别是自适应系统和自管理系统。顺便说一句,并不是所有被称为"自××"的软件都是柔性软件,因为其中一些根本没有显式地涉及体系结构。换句话说,它们的结构一直保持不变,也没有做出任何动态调整体系结构的动作。下文中的案例显式地将体系机构放在首要的位置,而不是作为系统背后的抽象。利用基于体系结构的柔性,这些软件完成了一般软件难以完成的任务。

7.3.1 Rainbow

Rainbow(Garlan,2004)是为了解决以下两个长期困扰自适应系统开发人员的问题而设计的自适应基础框架:一是通用的自适应基础框架难以适应不同领域的不同考虑和要求,二是添加外部控制构件会对系统产生额外开销。Rainbow 包含一个运行时的全局体系结构模型,表示为互相连接的构件和连接器以及系统级行为和重要的属性。同时它在模型中还维护着一组约束和策略,以便对改变进行校验。图 7-19 是 Rainbow 的总体框架。

Rainbow 将系统分为适应性框架和面向系统的适应知识库两部分。前者包括系统层(System Layer)、体系结构层(Architectural Layer)和转换基础设施(Translation Infrastructure)3 部分,它们共同组成了通用的自适应系统。具体来说,系统层定义了一个可以操作 Rainbow 的接口。其中的 Effectors 进行实际系统的更改。而 Probes 和 Resource Discovery 则用以查询系统属性和资源。在体系结构层中,Model Manager 维护着运行时的

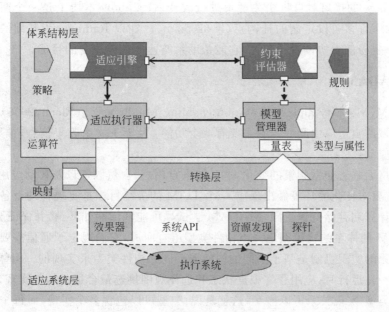

图 7-19 Rainbow 的总体框架

体系结构模型,它随时会利用 Gauges 收集的属性值更新模型。Constraint Evaluator 周期性地检查约束是否满足,如果不满足就触发适应性变化。Adaptation Engine 和 Adaption Executor 共同决定变化的详细步骤并开始执行变化过程。同时转换层则将模型中的体系结构元素映射到实际的系统构件上。

面向系统的适应知识库的作用是使整个自适应框架针对某一个特定系统发挥作用。这些知识是由一组适应动作和相应的策略组成。适应动作是指可以针对体系结构施加正确行为的动作。图 7-20 显示了策略的样例代码。关键字 invariant 声明了一个刺激-响应关系,其中适应行为被放置在! ->符号之后。策略的定义类似于函数。在本例中,当 SampleComponent 的构件实例 c 的存储占用量过高时,它立刻检测每一个类型为 ServiceProvider 的子构件。如果某个服务当前没有被使用(引用计数为 0),它就会被删除,随后体系结构模型就会更新。最终,此系统的体系结构被 removeService 方法定义的动作改变了。

```
invariant (self.memOccupation > maxMemOccupation)
  ! -> memControlStrategy(self);

strategy memControlStrategy(SampleComponent c) {
  foreach ServiceProvider s of c {
    if(query("access-count", s) == 0) {
      c.removeService(s);
    }
  }
  return true;
}
```

图 7-20 Rainbow 策略的样例代码

准备利用 Rainbow 的系统首先应当依照 Rainbow 的规范提供面向自身的适应知识,然后利用 Rainbow 的接口对自身相关逻辑进行改变。Rainbow 本质上是一个两层的反射系统,只是开放了许多可以定制的挂钩点(hook point)。在以 Rainbow 为基础的分布式系统中,Rainbow 也扮演着协调者的角色,它能帮助系统达成整体改变的目标。

7.3.2 MADAM

MADAM(Mobility and ADAptation-enabling Middleware)(Floch,2006)是一个针对移动计算领域的自适应中间件。它主要有 3 个功能:从上下文中收集信息,推导适应行为,以及实现适应动作。

移动环境面临着非常频繁的变化,这可能来自用户、自然因素以及移动应用本身。在这种环境下,就要对变化的环境做出反应。MADAM 的最终目标是实现移动设备运行时的自适应。由于计算和存储资源受限,MADAM 尝试尽可能降低额外开销,并保证服务的质量。

MADAM 的体系结构模型由一组构件类型组合而成,它们规定了通信需要的行为。运行时构件变化的实现机制是基于不同的构件属于同一构件类型来实现的。构件类型建立了系统的框架。在运行时,应用程序根据状态和选择规则挑选最合适的构件实现,并激活这些构件。这种类型-实现关系可以嵌套,这就是说,类型可以包含多个实现,而每个实现又是由若干类型组成的框架构成的。图 7-21 展示了一个 MADAM 框架的样例。

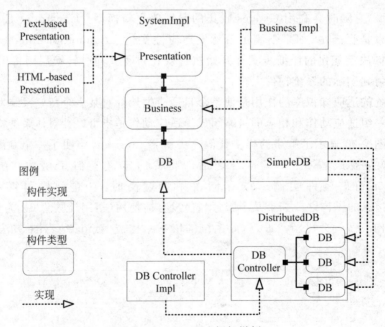

图 7-21　MADAM 框架样例

在框架中,每个构件实现都包含一组由它们的类型定义的属性值以及附带计算规则的端口。例如,SimpleDB 的存储器占用是通过它包含的所有数据计算出来的,而 DistributedDB 的存储器占用则是通过包含在分布式系统中每一个子 DB 实现的存储器占用求和得到的。为此,MADAM 允许构件实现使用属性预测器函数(property predictor function)来计算实时属性值。在选择阶段,MADAM 使用效用函数(utility function),它为每一个属性值关联一个权重。这样,如果存在多个候选体系结构,就能为每一个体系结构计算出总体效用值(utility value)。MADAM 会以效用值最高的体系结构为目标做出适应性改变。整个过程中,权重反映了用户的需要和考虑,它们能够随时调整。

　　MADAM 的中间件形式的实现可以在 http://www.ist-madam.org 上看到。它的工作流程如图 7-22 所示。环境管理器(context manager)对环境相关的属性进行初始化、收集和预测。如果发生了变化,环境管理器会通知适应变化管理器(adaptation manager)。由适应变化管理器利用框架体系结构模型进行推断和评估工作,最终给出一个重配置方案。最后,配置器(configurator)负责比较输入的重配置模型和当前的实例体系结构模型,其中后者也就是当前体系结构的描述。如果合适(例如新的模型有更高的效用值),那么配置器就会执行重配置动作。

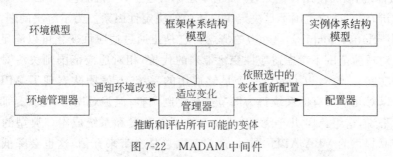

图 7-22　MADAM 中间件

　　MADAM 与 Rainbow 相似,它们都维护运行时体系结构模型,都通过属性来反映环境的状况,都将适应性变化的部分与实际计算部分分离。然而,它们在一些方面又有所不同。Rainbow 是期望适用于各种系统的通用基础框架。这种目标的结果是它被分为一般适应性框架和面向特定系统的适应知识库。同时,它采用了复杂的体系结构模型来扩大自身的适应范围。更重要的是,它定义了一门语言来对适应策略做规格说明。相反,MADAN 则是专门为移动设备设计的。它不得不进行很多简化来加快推导和变化的处理速度。它的框架体系结构模型非常简洁,仅适合构件替换这样的动作。MADAM 中的适应规则使用了简单的效用函数,极大地降低了由推导带来的开销。

　　除了上面两种原型系统,还有很多其他柔性软件的例子。Yang(2006)将移动 Agent 引入了基于体系结构的自适应。Zhang(2006)利用 Petri 网建立了运行时体系结构模型。Mun(2006)将柔性引入了分形制造系统(FrMS)。Kim(2005)将体系结构自管理和软件生产线整合了起来。

　　在看到柔性软件体系结构强大功能的同时,还应该看到,柔性软件体系结构与一般的软件体系结构相比,的确带来了更多的开销。它们通常增大了有效工作范围来处理那些可能发生的情况或者在设计期无法预见的情况。柔性软件体系结构的代价通常有两个方面:一个是由于添加了额外的功能或者间接层导致的时间、精力、经济效益等开销;另一个是由于柔性软件体系结构进行适应性变化带来的开销,包括触发改变的操作和运行时损耗(维护元信息或者动态构件的加载或卸载)。基于效能的考虑,必须在柔性带来的收益和成本之间进行权衡,这也是柔性软件体系结构设计的主要难点。

　　柔性软件体系结构最大的好处是有效工作范围,或称为适应范围(adaptive range)。所谓绝对适应范围(absolute adaptive range)是体系结构通过适应性变化能够支持的功能集合。这和软件构件单元的粒度密切相关。细粒度的单元能够更加细腻地满足用户需要,但是它们比粗粒度单元昂贵一些。例如，要建一座房子可以有两种选择：一是用细粒度的单元，如石子、砂子、水泥等材料，这种方法可以造出任意样式的房子；另一个是采用做好的构件，如砖头、屋顶框架、方砖等，利用这些材料的好处是建造过程会更快、更轻松。但是创造性可能会受一些限制。如果绝对适应范围是要追求的唯一目标，那么前一种方法无疑是最好的。但事实上很少有人这么做，因为那种方法会带来许多麻烦。因此，盲目地扩大绝对适应范围并不是权衡的目标。一般的解决方案是按照一定比例综合运用上面两种方法——系统的大部分用构件组装，而小部分需要细微调整的则采用细粒度方案。编程语言的发展证明了这一点，即使面向对象语言和面向构件语言已经成为主流，比较底层的语言（如汇编语言或者 C 语言）仍然在使用。例如，Java 至今还保留着 JNI① 机制。

进一步讲，绝对适应范围不是决定用户体验的决定性因素。为了解决问题，又引入了相对适应范围（relative adaptive range）的概念。它是指通过适应性变化可以满足的用户需求的集合。绝对适应范围不考虑适应性变化带来的代价，相对适应范围则关注对用户来说是必要的那些功能。例如，为了提供一个足够通用的系统，开发团队实现了 API。通过这些 API 用户可以对几乎所有的系统行为细节进行定制调整；但是对用户，尤其是那些不太熟悉编程的用户来说，这组 API 几乎无用，仅仅增加了复杂度和系统成本。典型的例子就是微软 Office 产品提供的 VBA API。同时，适应范围总是会带来开销，这也会降低执行速度或者增加存储占用量。因此，首先要经过用户的评价才能决定哪些功能是有用的，哪些功能是用户需要的。所以，相对适应范围，而不是绝对适应范围，应当在权衡过程中仔细考虑。

利好范围（profitable range）是指能够得到最大商业利润的适应范围。软件开发组织或者公司更加倾向于追求这种适应范围，因为相对适应范围没有特别重视因为开发柔性软件体系结构带来的成本和风险。开发是一种业务，能否成功决定着开发的生命。开发柔性软件的收益在于两方面：可见收益（来自软件销售的收入和软件维护中节省的费用）和不可见收益（来自用户的满意度和软件本身的竞争力）。很明显，相对适应范围与开发成本是互斥的，折中点就是利润最大化的所在。柔性软件体系结构利用削减柔性软件开发的成本来追求达到这个折中点。像模板一样，柔性软件体系结构可以被用作参考框架，经过调整来适应各种需求。这样，成本、上市时间和柔性软件质量会随着软件体系结构的应用得到最优化。

软件开发是有风险的，柔性软件开发也一样。因此，在埋头于设计活动之前，最好对期望的适应范围、复杂性、成本和收益有所估计。这些虽然不属于技术层面，但更加重要。图 7-23 是柔性软件开发的经济模型。

柔性软件的初次开发成本明显比一般软件高一些。但是由其具有柔性，在接下来的开发和维护中，柔性软件的成本更少，最终证明了它的优势。随着需求数量的增加，柔性软件的边际成本逐渐变小，趋向于 0。这意味着在一段时期内，柔性软件可以在适应范围内做出适应性动作，因此基本上不需要额外的开发工作。相反，一般软件需要附加开发迭代过程，如需求收集、重新设计、实现和部署等。这些要求软件暂时停止工作，从而导致其边际成本的进一步提高。因此一般软件曲线的斜率随着需求数量的增加而变大。当然，如果需求很少变动，那么柔性软件就发挥不出优势，这种情况下就需要召开会议讨论缩减适应范围的议题。对于用户来讲，相对适应范围改善了软件的易用性和可用的范围；对于开发者来讲，利

---

① Java Native Interface，一种允许 Java 程序员调用 C 函数的机制。

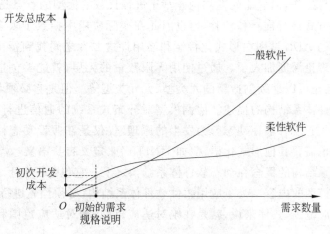

图 7-23　柔性软件开发的经济模型

好范围避免了由于盲目追求柔性带来的浪费。因此,相对适应范围和利好范围的权衡对于找到最合适的柔性至关重要。

随着互联网对传统行业和人们生活的日益渗透,一定会有更多的企业在设计中使用柔性软件体系结构这种自适应的方案,其在未来的发展中也一定会呈现出更加灵活和智能的趋势。首先,随着大数据时代的到来和数据挖掘技术的日益成熟,体系结构也必将越来越智能化,这主要体现在可以根据人们应用的习惯和当前的环境合理地推荐合适的构件,体现在当不能确定接口时,根据安全性的需求合理地使用接口,也体现在当协议不能满足当前的环境时,合理地利用机器学习等智能手段采取合理的协议。其次,随着人们对安全性的日益关注,柔性软件体系结构一定会更加倾向于使用更加安全的构件,这必将会引起业界和研究人员对柔性软件体系结构中构件安全性的关注。然而,在目前的研究中,对于在柔性软件体系结构下安全性的研究还很少见,但构件安全性又是软件运行的必要保障,因此,相信在不久的将来,对于柔性软件体系结构中构件安全性的研究必将成为一个发展方向,也必将成为研究人员探索的热点。

7.4　小　　结

本章讨论了软件体系结构研究的一个新分支——柔性软件体系结构。它是有生命的,对变化有"感觉",并能做出响应。这些行为会经过校验,确认无害后再执行。软件的变化形式经历了从最初的使用封装或者解耦的方法提高软件的扩展性,到手动修改配置文件或者改变偏好设置,再到目前的自动行为的演变。柔性软件体系结构正是软件变化形式的自然扩展。软件所处的环境变化得越来越快,它们受到商业利润或者竞争力提升等业务动机的驱动。

柔性软件需要动态软件体系结构的支持。这表现为实现一个模型或者一种语言,用以显式地处理做出体系结构级别改变的行为,以及这些行为的执行结果。在实现依赖的模型出现之前,就能确认哪些动态性是有益的、合理的。这有利于程序员将注意力放在其他风险的解决上。本章提到了 4 种动态软件体系结构的研究视角,每种视角都有自己的特点。基于图的方法很容易操作,但只能处理结构。基于进程代数的模型的重点是行为,它以一种非常精妙和严谨的方式进行推断和校验,但也因此在实际应用中招致了太多的麻烦。一些以进程代数为基础的 ADL 试图在形式化特性和易用性这二者之间找到折中的办法。反射理论使得动态性的理论深度加大了。通过使用无限数量的元层,就能够创造出新的构件类型或连接器类型,甚至可以继续创造新的元类型、元元类型等。但是它必须与其他模型合作才能完成对动态软件体系结构的描述。协调模型对分布式系统的通信进行了抽象,它使用起来非常方便。但是它没有解释动态行为发生的原理,仅仅是在假设动态性存在的前提下解决问题。同时它也需要其他形式化语言(如 UNITY)来定义自身语义。

柔性软件体系结构的概念在动态软件体系结构之上。它包含了上下文感知和显示维护运行时体系结构模型的内容。为了应用柔性软件体系结构,必须预先进行计划,这样就能确定比较合适的适应范围,具体来说,就是在绝对适应范围、相对适应范围和利好范围三者之间进行权衡。

本章最后简单介绍了两个基于柔性软件体系结构的典型例子,它们都具有柔性软件体系结构的基本思想,开创了软件的新时代。

第8章 软件体系结构的前景

8.1 国内外软件体系结构应用

软件体系结构的技术一直都是信息产业的重要组成部分,它具有高附加值、高科技水平的特点,渗透到国民经济和社会生产的各个方面。软件产业与传统的产业结合能够进一步促进传统产业的发展,引导产品更新换代,推动产业结构调整。大力发展软件产业已成为促进社会经济发展的重要环节。本节介绍全球软件产业与软件产品线,对软件体系结构在工业、农业和商业等系统中的应用加以说明,阐述其在国民经济中起到的重要作用,并重点介绍在各领域发挥重要作用的五大计算的软件体系结构。

8.1.1 全球软件产业状况

1. 全球软件产业概述

在当今快速发展的信息化社会,软件发挥着越来越重要的作用。从庞大、复杂的企业通信系统到个人娱乐用的电子游戏机,大量电子产品和数字化服务的运行都离不开软件的控制,而有软件的地方就需要软件体系结构发挥强大的支撑作用。下面将盘点近年来全球五大软件供应商在软件及体系结构上的研究与发展。

图 8-1 是 2017 年五大软件供应商营收对比,其中,排在第五位的 AWS 隶属于亚马逊公司,此处作为单独服务供应商,依然跻身软件供应商营收的前五位。

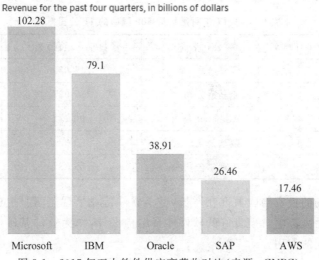

图 8-1 2017 年五大软件供应商营收对比(来源:CNBC)

作为世界上最大的软件公司之一,微软(Microsoft)公司凭借它的 Office 办公应用程序和 Windows 操作系统在相关领域继续保持垄断地位。其中,Office 对营收的贡献明显领先于其他产品;而排在第二位的却并不是 Windows 操作系统,随着云计算、大数据技术的兴起,微软公司的云计算服务、大数据技术产品和工具迅速发展,已上升到非常重要的地位。

早在 2011 年,IBM 公司的软件业务收入就达 250 亿美元,IT 服务、硬件销售、维修、出租/融资是 IBM 公司的其他收入来源。IBM 公司充分认识到,必须有相应的新软件与他们制造的新硬件在功能上相匹配和兼容才能获得成功。消费者一旦更新升级了他们的硬件资源,自然就会购买相应的新软件。IBM 公司开发了各式各样的软件,如操作系统软件和各种应用软件等,其中,软件体系结构的分层架构是 IBM 公司开发大型信息管理系统最核心的技术架构。

甲骨文(Oracle)公司曾在 2014 年成功超越 IBM 公司,成为全球第二大软件供应商,甲骨文公司以数据库管理系统作为核心技术与营收支柱。即便是在云计算、大数据火热的当下,数据库(DB)以及数据库管理系统(DBMS)作为大数据的数据管理基础,依然起到不可替代的作用,甲骨文公司也因此能够常年跻身前五。

SAP 公司是世界上最大的企业资源规划(ERP)软件供应商。2017 年,SAP 公司的营收为 265 亿美元,比上一年增长了 6%,预计 2018 年将实现同样的增速。SAP 公司的主营业务(企业资源规划软件)需要操纵巨大的数据资源,是庞大的、功能完备的信息管理系统,对软件体系结构底层的数据存储与数据库管理要求很高。

受益于云计算和大数据发展的企业还有亚马逊(Amazon)公司,2017 年,亚马逊公司的云服务部门 AWS 的营收达到 175 亿美元,一跃成为第五大软件提供商。

表 8-1 是 2017 年财富世界五百强企业中 IT 公司的前五名。苹果公司以其引领的电子时尚风潮依然稳居第一;亚马逊公司凭借 AWS 为全球超过一半的应用提供云服务而坐镇第二;Alphabet 公司(即 Google 公司的母公司)凭借人工智能之势大展宏图;而微软公司依然凭借着 Office、Windows 和 Azure 位列第四;排名第五的英特尔公司在芯片产业依然保持着近乎垄断的地位。这些公司基本上都在软件体系结构中有自己的一套标准,优秀的软件体系结构设计使得它们的市场表现一直保持良好状态。

表 8-1   2017 年财富世界 500 强中的 IT 公司排名

2017 年排名	2016 年排名	公司名称	营业收入/百万美元	利润/百万美元
1	1	苹果公司	215 639	45 687
2	2	亚马逊公司	135 987	2 371
3	4	Alphabet 公司	90 272	19 478
4	3	微软公司	85 320	16 798
5	5	英特尔公司	59 387	10 316

全球软件市场的投资与收益都在增长,整个软件行业呈现蒸蒸日上的繁荣景象。排名靠前的企业的产品大都蕴含着良好的软件体系结构设计,作为软件基础框架的软件体系结构起到了不可忽视的作用。

2. 软件产品线

如果一个机构需要开发很多相似的系统,并且使用同样的体系结构,那么它们的成本会减少很多,投向市场的时间也会大大提前,这就是软件产品线的优势。软件产品线有以下定义:

软件产品线是一组共享一个一般的、受控的功能集合的软件密集系统。这组功能集合满足特定市场划分或者市场任务的需要,并且是基于一组公用的核心软件资产集,通过定制的方式开发出来的 (Clements,2001)。

在软件产品线中,可以将很多可重用的产品集合保存进一个核心部件库,在日后的开发中重用,可以给开发人员带来很大的便利并提高效率。在一个成功的软件产品线中,核心部件库中保存的系统体系结构会根据系统的需求被适当剪裁,然后应用到目前正在开发的系统中去,再进一步被联合起来整合成一个综合系统。

当然,产品线在制造业方面并不新鲜。目前,很多公司都用不同的方法对软件产品线进行重用。每个用户都有自己的需求,这就要求厂商的产品具有灵活性。基于软件共性的软件产品线针对不同的用户和用户群,简化了系统创建的过程。

软件产品线的使用对降低成本、缩短上市时间有很大的帮助。以下是两个实例:

- 采用了产品线后,诺基亚生产的电话模型从以前的每年 4 个提高到了现在的每年 25~30 个。
- 采用了产品线后,Cummins 公司能够把用于柴油机的软件生产时间从大约一年缩短为大约一周。

创建一个成功的软件产品线是由软件工程、技术管理和组织管理共同协调的。本节重点讨论软件工程中的软件体系结构。软件产品线的本质是在生产产品家族时,以一种规范的、策略性的方法重用资产。厂商和开发人员认为,产品线之所以如此有效,是因为可以通过重用充分利用产品的共性,从而实现生产的经济性。产品的共性包括如下几个方面:

- 需求。系统开发早期,大部分需求是相似的,人们可以重用它而不必进行需求分析。
- 体系结构设计。设计软件体系结构时,需要优秀的设计师投入大量的时间。人们发现,确定了体系结构后,质量的目标在很大程度上就已经完成了(例如性能、可靠性和可修改性等)。如果体系结构不成功,系统开发也不会成功。
- 元素。软件元素在单个产品中重用一般来说是指代码的重用,然而元素的重用还包括重用以前的设计工作或者重用设计中的可取之处。元素主要包括接口、文档、测试计划和用以度量和预测其行为的模型设计。
- 建模与分析。性能分析、分布式系统、进程调度都可以被重用。
- 测试。采用软件产品线开发完产品之后,报告和修复问题所使用的测试计划、测试进程、测试用例、测试数据及测试工具等就都产生了。
- 项目规划。人们可以利用经验来预测未来的工作,包括预算和日程表,可以轻松地建立团队和团队目标而不再需要建立工作细分结构。
- 过程、方法和工具。配置控制规则、应用程序、文档计划、批准过程、工具环境、系统生成和分布规则、编码标准以及其他项目支持计划都可以被重用。整个软件开发过程已经准备好,并且随时可被使用。

- 人员。因为应用开发具有一定的共性,所以人员可以在不同项目之间调动。这样,这些人员所具备的专业技术就可以在系统的其他项目中使用。
- 原型系统。制造一个高质量的演示原型和一个高质量的工程设计原型。
- 故障排除。采用产品线的方法可以提高质量,因为每一个新系统的开发过程都受益于老系统开发时所形成的故障排除法。客户和开发人员的自信心会逐渐增长。系统越复杂,解决项目设计问题的回报就越高。

软件产品线依赖于重用,但重用所带来的回报并不总像人们期待的那样。因为一直以来人们都抱定这样一个理念:如果建好了重用库,就可以获得产品线。重用库里保存了以往项目的元素,人们希望开发人员在开始新的编码工作前检查一下他们的重用库,并相信依靠模型几乎能够制造任何产品。如果重用库的信息太少,开发人员找不到有用的东西,最后就只得放弃;如果重用库的信息太大、太丰富,也很难从中获得人们需要的东西。如果元素太小,那么开发一个新元素比修改已存在的元素更容易;如果元素太大,理解这些元素的功能就会非常困难,开发人员就很难在其他案例中利用它们。大多数重用库中,元素家族的边界是模糊的。重用库中元素的质量属性并不会轻松地与新应用的需求相匹配。

在很多案例中,重用库里的元素都有可能并不适合新系统的体系结构模型。假设一个元素功能良好,有合适的质量属性,那么它是不是体系结构所需要的呢?它具备合适的交互协议吗?它是否遵守新应用的错误处理过程?这一切都值得考察。

软件产品线通过上下文相关的流程来发挥作用:定义体系结构,确定功能,理解质量属性。只有在设计时就考虑要加以重用的元素,才能被放入重用库。

像其他体系结构一样,软件产品线也应当被评估。针对软件产品线的评估是非常有益的,评估体系结构的健壮性是非常有必要的,应当确保它可以成为产品线内的产品基础。为了确保体系结构满足产品的行为和质量需求,也应当进行体系结构评估。下面先讨论评估内容和方法,然后介绍评估的时机。

(1) 评估的内容和方法。应当主要评估变化点,以确保它们是合适的。评估的方法应具有充分的灵活性,从而能够覆盖产品线的预期范围;评估产品线是否支持快速构造产品;评估产品线是否会产生不可接受的性能成本。如果采用基于场景的评估,就必须获取与体系结构实例相关的不同的场景,以支持家族中的不同产品。当然,产品线中不同的产品有不同的质量属性需求,需要评估体系结构的组合能力。

在一般的案例中,硬件和其他一些影响性能的因素在开始时是未知的,评估可以确定一个边界,并假定一个硬件和其他变量的边界。评估能够找出潜在的冲突,从而制定解决冲突的战略和政策。

(2) 评估的时机。应当对产品线中的一个或多个体系结构实例或变量进行评估。是否以一种单独的、专业的方式评估一个体系结构,取决于该体系结构与产品线对质量属性的影响程度是否有区别。如果没有区别,那么仅仅评估产品线的体系结构元素就可以了,因为如此即可解决评估中出现的问题。实际上,正如产品体系结构是产品线体系结构的一个变体,产品体系结构评估也是产品线体系结构评估的一个变体。因此,产品是否具有潜在的重用功能取决于评估方法,在制造产品时这一点很重要。一般情况下,产品评估结果可以给产品线设计师提供有用的反馈,以进一步完善体系结构。

当计划开发的新产品不在最初的产品线范围内时,可以评估产品线体系结构,确认该体系结构是否能够支持要开发的新产品。如果支持,可以扩展产品线的范围,将新产品包括进去,或者制造一个新的产品线;如果不支持,也可以通过评估知道怎样修改这个体系结构,以使其容纳新产品。

当然,开发团队需要充足的经验,才能成功使用产品线。技术不是唯一的考量,组织、过程以及商业问题等对通过产品线获得优势也同样重要。

对任何项目来说,体系结构的定义都是非常重要的行为,而软件产品线的配置管理也很重要且更复杂,因为每一个产品都是很多变量绑定的结果。配置管理就是复制交付给最终客户的所有产品的所有版本,这里的产品是指代码和支撑产品,包括标准需求、测试用例、用户手册和安装指南。配置管理包括:找出使用了重用库的哪个版本,如何对产品线资产进行剪裁,以及确认添加了什么专用代码或文档。

分析产品线生产的每个层面已经超出了本书的范围,但还是要分析一下关键的层面,以使读者了解产品线和单系统开发在性质上的不同,这些问题是开发团队考虑是否使用产品线时所要面对的。

当一个管理者决定使用产品线的时候,就是采用了自上而下的方法。当设计者和开发人员意识到他们不需要彼此做重复劳动,而是共享资源、开发共有核心资产时,就是自下而上的方法。采用这种方法时,团队内必须具备一位使用(并能说服其他部门的人员也使用)产品线的管理者,也需要团队成员给予大量的帮助。当然,这位管理者也要绝对相信产品线的巨大优势,并能够将这一理念灌输给其他人员。

产品线主要有两种模型,即前瞻型模型和反应型模型。

在前瞻型的产品线中,团队使用一个比较广的范围来定义产品线家族。团队成员有丰富的经验和先进的商业理念,深刻理解市场和技术发展的趋势。前瞻型产品线较为强壮,因为它能够使团队制定更为深远的战略决策。明确界定产品线的范围,就能够发现市场需要哪些新产品,随之就能够扩展自己的产品,迅速填补这块空白。总之,前瞻型产品线能够使一个团队把握自己的未来。

有时候,团队不适合使用前瞻型产品线模型所提供的信息来预测市场需求。这也许是因为团队面临一个新的领域,抑或是市场发生了变化,或者这个团队没有足够的资金去建立一个能够覆盖所有产品线范围的核心资产库。在这种情况下,团队更应倾向于使用反应型模型。在这个模型中,团队依照以前的产品来构造产品家族中的一个或多个产品。随着每个新产品的开发,体系结构和设计方案都根据实际需要进行了扩展。反应型模型不强调预先确定规划和战略方向,而是让团队在市场的指挥棒下运作。

了解各种模型有助于团队选择自己合适的模型。前瞻型模型需要初始投资,但几乎没有返工量;反应型模型几乎不需要初始投资,但会大量返工。对于一个专业的团队来说,采用哪个模型取决于该团队的具体情况。

拥有产品线的团队也就拥有了体系结构和与之相关的一套元素集合。团队经常创建产品线的新成员,它不仅具有与产品线中其他产品相同的共性,还具有自己的特性。

另一个与产品线相关的问题就是如何管理它的进化。随着时间的推移,产品线(特别是用于构造产品核心资产库的产品线)也需要进化,这种进化是内部源和外部源共同作用的结果。

(1)外部源。外部源制造的元素可以被添加进产品线中。举个例子,内部开发的元素功能必须由外部源来完成,或者是将来的产品要利用新技术,而这些技术包含在外部开发的元素中。可以向产品线中添加新特性,以满足用户的竞争需要。

(2)内部源。必须确认向产品中添加新的功能是否在产品线的范围内。如果是,就可以简单地利用产品线的核心资产库进行新产品的开发;如果不是,人们就必须作出决定:依靠产品线中的已有产品进行演化,还是扩展核心资产库,使其拥有这些新功能。如果这些新功能有可能在未来被用到,那么升级产品线就是最明智的选择,但更新产品线的核心资产库也需要时间。

如果产品线的资产发生了变化,即使团队收回已构建的产品,并依据最新的核心资产库更新了产品,也是不合适的。保持产品与产品线的兼容需要花费时间和精力,但如果不这样,未来的产品升级将会花费更多时间,因为产品必须与最新产品线的元素一致,否则无法为产品线添加新功能。

越来越多的团队发现使用产品线可以降低成本、加快进度和提高质量,因此这个方法正变得越来越流行。但是,就像其他新领域一样,这项技术在很多方面还是未知的。从体系结构方面考虑,关键在于如何确定和管理体系结构中的共性与变化;与此同时也必须解决一些非技术性的问题,包括团队怎样采用模型、怎样安排组织结构和维护外部接口等。

软件体系结构的开发需要大量的时间和金钱,同时也需要一个专业团队的共同努力,人们往往希望能够重用软件体系结构来获得更高的利润,一个擅长开发体系结构的团队会把体系结构元素与经验作为他们最宝贵的财富,他们会寻找最好的方法来创造额外利润并减少成本,而创造额外利润和减少成本都能够通过重用体系结构来实现。

8.1.2　软件体系结构在系统中的应用

软件体系结构是近年来逐渐受到重视的领域。领域特定的软件体系结构(Domain Specific Software Architecture,DSSA)是其中的一个方向,由于它契合工程需要,因此发展迅速。

设计任何大型软件都有一个关键的层面,就是它的主要结构,因为它表示了计算元素在高层次上的组织关系。长期以来,研究软件结构是软件工程化的一项重要内容。近几年,软件体系结构开始作为单独的领域出现。最近,这种趋势表现在大量的工作出现在模块界面语言、领域特定体系结构、体系结构描述语言、设计范式和手册以及体系结构设计环境等方面。这些都属于软件体系结构层次方面的设计,其他还包括总体概要设计、全局控制结构设计、通信、同步、数据存取的协议设计、设计要素的功能指派、规模和性能的平衡、设计方法的选择等。

尽管软件体系结构已经扎根于软件工程领域,很多学者也都提出了自己的观点,但至今软件体系结构仍没有被普遍接受的定义。早期的研究者 Garlan 等将软件体系结构研究定义为"程序或系统构件的结构、它们的互相关系以及支配它们的设计和演化原则及指导路线",此定义表达了软件体系结构这一概念的主要方面。

该领域最近形成了两个趋势。一个趋势是:经历了多年开发实践,开发人员开始意识到需要开发一些可以全部共享的方法、技术、范式、惯用语法来构筑一些复杂的系统。例如,矩形和线条图以及高级系统描述中的"管道"或"客户/服务器系统",它们允许设计者使用这种抽象图形的方法描述复杂系统,使整个系统易于理解。再者,它们提供了有效的语义内容来告诉他人这个系统拥有的特性,例如预期的演化路线、总体的计算范式等。另一个趋势是:在特定领域的开发中为产品提供可重用框架,这一做法也日益得到关注。这些开发思想基于这样的基础:通过提取相关系统的共性,以低成本将这些设计实例化来构造新系统。例如,编译器的分解——这个方法可以在短时间内构造一个新的语言编译器,标准化的通信协议——这使得厂家可以通过在不同抽象层次上提供服务来互操作,第四代语言——利用4GL 开发出商务信息处理的通用范式,用户界面工具和框架——这个方法为开发者提供了一个可重用框架以及像菜单、对话框这样的可重用构件的集合。

大型软件的体系结构设计总是对系统的成功与否起重要作用。如果选择了一个不适合的体系结构,就会造成惨重的损失。充分认识软件体系结构的重要性,将促使开发人员设计出更合理的体系结构,增强构造高效软件系统的能力。有原则地使用软件体系结构可以在如下 5 个方面对软件开发产生积极的影响:

(1)理解。软件体系结构通过系统的高层次抽象表达,简化了人们理解系统的方式。此外,软件体系结构的描述揭露了高层次上的系统约束并决定了特定体系结构的基本原理。

(2)重用。体系结构描述支持在多层次上的重用,现有的重用研究主要着重于构件库。体系结构设计可以支持大构件以及多构件集成的框架重用。现在的 DSSA、框架和设计范式的工作已经有这样的趋势。

(3)演化。软件体系结构能揭示系统演化的方向,系统维护人员可以更好地理解系统变化的分支,由此能更精确地估算修改的成本。

(4)分析。体系描述为分析提供了手段,包括系统坚固性的高层次检查、体系样式的一致性、质量属性的一致性、遵从特定形式的特定领域体系分析。

(5)管理。软件体系结构的成功将成为软件工业化过程中的一个里程碑。体系结构必须满足系统初始的需求和预期的发展方向。如果开发者着手开发的时候不考虑这些条件,这个系统将难以改动或者根本不能进行改动。

软件体系结构是一个能够帮助开发者理解系统构件和它们之间关系的框架,这对当下系统间的分析和未来系统的整合很重要。在分析的支持下,体系结构关注领域知识和实际环境,促进了设计的评估和构件的实施。在整合的支持下,体系结构提供了建立系列产品的基础,以可预测的方式利用领域知识构造和维护模块、子系统及整个系统。

在减少预算和缩短时间的约束下,为了满足不断增加的需求,系统复杂性会不断增加,重用性就变得越来越重要。美国国防部在《软件重用预见和策略》中强调了运用以体系结构为中心的重用技术开发和支撑整个软件生命周期的重要性。为了达到这个目的,美国国防部赞助了多个以体系结构为课题的研究组织,包括 STARS、CARDS、DSSA、Prototech、软件工程基金会和卡内基·梅隆大学软件工程研究所的 SATI 等。可重用框架的体系结构的有效性可以从相似的土木工程和化学工程的规律中看出。再者,体系结构从识别到开发再到应用的过程可以看作逐渐向成熟的软件工程规律迈进的一部分。

软件体系结构技术有 STARS 和 DSSA 两个模型。STARS 的双生命周期模型如图 8-2 所示,它可以看作以体系结构为中心的相同处理上的不同视图。

DSSA 实质上是软件构件的集合,它用标准的结构或协议书写,专为解决某类特定任务而生成,后来被广泛应用于解决同一问题域中的相似问题。

DSSA 可以为大范围内的一类问题提供一个总括的软件设计方法。它将设计者的注意

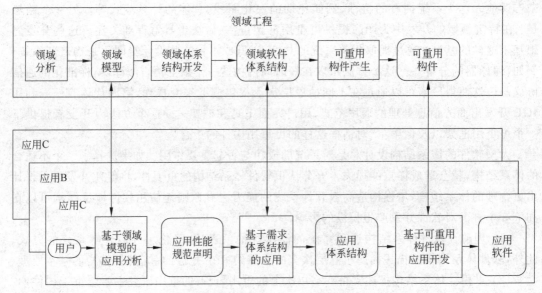

图 8-2　STARS 双生命周期模型

力集中在当前问题的独特需求上,略去了那些普遍的问题。使用 DSSA,软件工程师必须提供特定问题的特定需求描述,问题的解决方案可以根据 DSSA 的总体设计生成。系统会检查问题描述的一致性,而生成的软件保证给出所描述问题的解决方案。

在为大中型商业系统建立构件库的过程中,可以运用 DSSA 方法。图 8-3 为 DSSA 的三层系统模型分层结构。为了建立领域模型,必须了解用户需求,分解场景,确定问题领域字典,依次画出 E-R 图、数据流图和状态转换图,然后提出对象模型,并根据对象模型进一步生成领域模型,这是一般方法,通常推荐使用统一建模语言(UML)来实现。UML 主要参考 OMT 和 Booth 方法,并融合了其他一些面向对象分析设计方法。运用 DSSA 还有一些要求:在复杂的构件过程中需要灵活地使用增量式的方法,必须提供不同复杂度的领域体系结构描述。这样用户才能获得隐含的领域知识,并将它们加入自己的描述中。

图 8-3　DSSA 的三层系统模型

大部分过于复杂的问题难以直接解决,于是人们就将它分解成更简单的问题,直至分解到成分问题。例如,为新机器开发新语言的编译器可以看成编译器构造问题的一个实例。

编译器构造问题可以分解为扫描、解析、名字分析、代码生成等,编译器的问题就是复合问题,复合问题经过分析被分解为成分问题。

复合问题和它的解决方案包括 3 方面:①如何将复合问题分解为成分问题;②如何解决每个成分问题;③如何将成分问题独立的解决方案组合成复合问题的解决方案。能够用 DSSA 解决的问题只能是那些问题域已被认识清楚,并且能建立基本需求的数学模型的问题。针对这类问题,DSSA 才能发挥优势。例如,美国科罗拉多大学运用 DSSA 方法构建的编译器 Eli 可运用于各种环境,包括 FORTRAN、C 和 PSDL 等,而且它还能很快地为一种新语言构建编译器。Eli 的成功为 DSSA 指明了发展方向,这种思路和方法为软件开发的质量和速度提供了很好的帮助。

在实践过程中,实际问题的解决方案也有很大的相似性,商业系统就是一个例子。商业系统的业务具有很大的相似性,容易提取出领域模型。如何结合实际情况,运用软件体系结构和 DSSA 这类先进的方法和思想,帮助开发人员迅速开发大量软件,开始成为研究课题。

DSSA 在商业系统上的成功只是软件体系结构在国民经济领域中创造价值的一个实例。设计满足需求的体系结构将能使应用软件在各个国民经济领域中发挥作用。

软件产业的发展对我国国民经济的促进作用是巨大的,而软件体系结构又对软件的开发有很大的影响。工业是国民经济的主导产业,农业是国民经济的基础,将软件产业与工业、农业和第三产业相结合是促进国民经济发展的一个重要手段。

工业应用比较典型的例子是计算机辅助设计(CAD),它在工业设计领域中扮演了非常重要的角色。CAD 能够对物理零件等进行建模,并加以物理约束,使得设计人员无须制作产品原型,可以提前对设计细节进行精细化修改,提前发现零件设计缺陷,降低了设计生产工作量、材料消耗以及时间成本。CAD 在工业领域建模上的应用极大地方便了设计人员,提高了工业制造效率,成为软件辅助工业生产的典范。CAD 系统通常由工程工作站、个人计算机、外围设备、软件和辅助模型等组成。CAE、AutoCAD 和 MicroStation 等都是基于 ACIS 体系结构的传统 CAD 软件,ACIS 体系结构如图 8-4 所示。

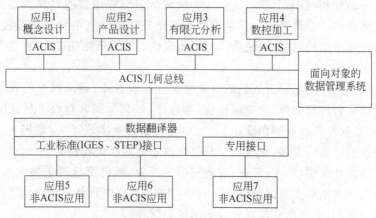

图 8-4　ACIS 集成体系结构(李强,2002)

可以看到,ACIS 的核心部分是数据翻译器。它通过 ACIS 几何总线与概念设计模块、产品设计模块、有限元分析模块、数控加工模块等这些工业领域的普遍应用相连接,同时 ACIS 应用依靠面向对象的数据管理系统进行协同组织。另外,数据翻译器提供工业标准

(IGES、STEP)接口与非 ACIS 应用相连接,对于某些应用性不广泛且接口特殊的应用,也提供相应的专用接口用于实现 CAD 程序的工业辅助功能。

在农业领域,农业系统软件同样发挥着作用。在大数据背景下,农业大数据对农业管理和预测更是起到了前所未有的推进作用。图 8-5 是农业大数据 SMART 应用体系结构。该体系结构分为投入层、产出层和绩效层。投入层是农业大数据的基础;产出层是农业大数据应用最直接的产出物;绩效层在农业项目的规划建设和各应用系统的运营维护方面提供自动化、智能化管理,为广大农户、涉农组织和企业等提供各类农业公共服务。

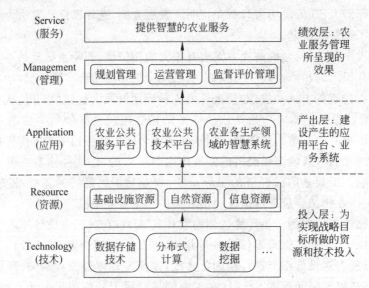

图 8-5　农业大数据 SMART 应用架构体系(孟祥宝,2014)

此外,农业信息管理系统依然是目前最普及的软件系统应用,农机配件销售管理软件、牛养殖小区管理系统和赛娜苗圃管理系统等都是农业信息管理系统的典型案例。信息管理系统软件的体系结构相对固定,初次进入这个领域学习编程语言的时候大都是从学生学籍信息管理系统做起的。不管是农业信息管理系统还是学生学籍信息管理系统,都属于同样的信息管理系统体系结构,这类系统的体系结构成熟且需求清晰明确,参考类图与流程图可以较容易地理解它们。

第三产业软件的应用更贴近人们的日常生活。在服务业,越来越多的餐厅使用平板电脑上的点菜系统代替传统菜单,它方便快捷,易修改,便利了顾客与服务员之间的沟通。除此之外,外卖点餐软件从商业的角度让 IT 公司在餐饮行业实现了"互联网+"。IT 公司通过软件助力餐饮服务业的发展,也成就了自身在商业上的巨大收益。

在国民经济的几大领域——工业、农业和第三产业,软件都显现了强大的推动力,软件成为这些行业与企业不断发展的催化剂,而在这中间,良好的软件体系结构才是支撑这些软件完美响应用户需求、实现产业发展升级的前提和保障。

8.1.3　五大计算的软件体系结构

8.1.2 节介绍了软件体系结构在众多领域中的应用案例,对这些软件体系结构进行抽象后可以发现,它们与计算机领域中的五大计算基本对应。本节对五大计算体系结构进行介绍。

1. 并行计算体系结构

并行计算(parallel computing)是一种使大量运算或过程执行同时运行的计算方式。通常一些大的复杂问题可以被划分为许多相似的小问题,而这些相似的小问题就可以在相同的时间内来解决,如此一来就节省了运算时间。并行计算有很多级别:位级别、指令级别、数据以及任务并行。并行计算如今已经成为计算机体系结构的主要范例,最常见的就是多核处理器。

典型的并行计算体系结构表现为并行计算机系统,并行向量处理机(Parallel Vector Processor,PVP)是大粒度计算机,图 8-6 是并行向量处理机的典型结构。中央处理器包含运算控制部件、指令控制部件和寄存器等。共享磁盘

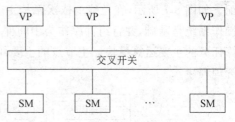

图 8-6　并行向量处理机简化结构

(Share Disk,SD)与向量处理器(Vector Processor,VP)包含多个寄存器,这样的结构使系统不会产生向量冲突和功能部件冲突。同样的体系结构还有对称多处理(Symmetrical Multi-Processing,SMP),它与并行向量处理机的区别是 VP 被替换为一个 p/c 主机缓存和多个 p/c。此外还有大规模并行处理(Massively Parallel Processing,MPP)、分布式共享存储器(Distributed Shared Memory,DSM)、工作站机群(Cluster of Workstations,COW)等。它们均是典型的并行计算体系结构。

并行计算与同时计算(concurrent computing)的概念相近,很多时候也被混用,但还是需要注意它们的区别:存在并行但不同时的计算,比如位级别的计算;也存在同时但并不并行的计算,比如多任务在单核 CPU 上的分时计算。

并行计算是一个非常重要的计算科学领域,它已经成为很多后继研究的基础,在分布式计算、云计算的框架中是不可或缺的基础理论与实践,甚至在人工智能、机器学习、数据科学等领域中,并行计算对实验的加速能力也是不可或缺的。然而事实上,一个程序的并行化加速也是存在理论上界的,而这一上界符合阿姆达尔定律(Amdahl's law)。

2. 分布式计算体系结构

分布式计算(distributed computing)指使用分布式系统来解决计算问题,分布式系统是指网络中的组件或计算机通过传递消息进行交流与协作,共同完成任务的一种系统模型。一个问题被分成许多任务,每个任务又分别由一台或多台计算机来解决,而这些计算机之间则通过消息传递进行交流协作。

通过消息传递进行分布式计算的研究最早出现在 20 世纪 60 年代关于操作系统结构的研究中。随着网络的发展,分布式系统的实践也慢慢成熟。直到 20 世纪 70 年代末到 80 年代初,分布式系统成为计算机科学的一个新的分支,该领域的两个著名会议分别是 1982 年举办的分布式计算原理研讨会(Symposium on Principles of Distributed Computing,PODC)与 1985 年举办的分布式计算国际研讨会(International Symposium on Distributed Computing,DISC)。

分布式系统有很多，比如 SOA 系统、大型多玩家网络游戏、P2P 应用程序等。目前成熟的分布式架构包括 J2EE、CORBA 和 .NET（DCOM）等。

分布式系统的体系结构不同于并行计算。分布式系统是基于多个独立的子系统的综合系统，每个子系统独立运算，独立工作，称为子节点，总线中只挂载一个主节点进行任务分配与收集等管理工作，从而协调整个问题的计算。各子节点虽然通过总线相连，可以进行交互通信，但在分布式系统的框架中这并非是必要的。每个子节点的任务只需服从主节点的分配。如图 8-7 所示，在总线上依次悬挂主节点与多个子节点。每个节点都是 3 层结构，本地操作系统是基础，并行组件库作为中间件，子节点的最上层是并行应用程序，即用于完成计算任务的主要运算模块。主节点的主要任务是实现任务的拆分与分配，因此它的最上层是管理程序。

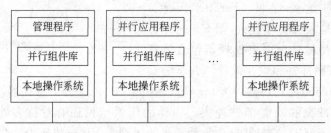

图 8-7　分布式系统体系结构

现实中的同时计算、并行计算与分布式计算概念有很多重合之处，它们之间并没有清晰的界限。一个分布式系统的处理器可以在并行过程中进行同时计算，并行计算可以被看成一种分布式计算的紧凑形式，而分布式计算也可以被看成一种并行计算的松散组织形式。但还是有一些方法能够将这 3 种计算加以区分：通常并行计算是将一个任务分解成几个相近的子任务，它们各自独立运行并在最后合成到一起形成问题的解；而容易与并行计算混淆的同时计算所解决的通常不是互相关联的任务，如果这些子任务是互相关联的，那就是一个典型的分布式计算了。

对于并行计算、同时计算以及分布式计算的区别，表 8-2 作了简要的总结。应该说，这 3 种计算的区别不限于表 8-2 中所述，相似性与独立性可用于区分，但并不应该视为这 3 种概念在定义上或本质上的区别。

表 8-2　3 种计算的区别

计算技术	相似性	独立性
并行计算	相似	独立
同时计算	不相似	独立
分布式计算	不相似	不独立

除此之外，如果深入到处理器级别，在并行计算中，处理器可以通过共享存储的方式来进行处理器间通信；而在分布式系统中，每个处理器（或计算机）有自己的私有存储器，即分布式存储器，处理器之间的通信是通过消息传递机制实现的，需要通信协议的支持。

图 8-8 说明了并行系统与分布式系统的区别。图 8-8（a）是并行系统示意图，所有的处理器共享统一的存储器，可以直接通过共享存储的方式进行通信；图 8-8（b）是分布式系统

的示意图,每个处理器都配备各自的私有存储器,因此协同工作时必须借助通信协议来进行消息传递,在网络结构中通常采用的是 TCP/IP、HTTP 或 UDP 等。

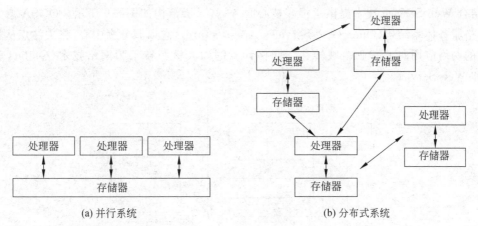

图 8-8 并行系统与分布式系统的区别

最后一点值得注意的是并行算法与分布式算法的区别。在算法中的并行与分布式的定义实际上是与系统中的定义不同的。一般情况是,高性能的并行计算会使用并行算法,大规模分布式系统使用的是分布式算法。

3. 移动计算体系结构

移动计算指能够在无线环境下实现计算机或智能终端设备的数据传输与资源共享,实现可移动设备上的联网计算,具体来说,指用户的移动计算机、智能手机、个人数字助理(PDA)或其他通信设备,通过 WiFi、无线射频技术(RF)、4G、5G 或蜂窝通信技术,在自由漫游的同时进行数据计算与通信。

移动计算的架构由移动终端、通信网络和服务系统组成。移动计算的模型有移动客户/服务器模型、移动 P2P 模型以及移动 Agent 模型等,其应用领域涉及移动电子商务、移动医疗、移动办公、军事应用、游戏、智能交通等诸多方面。

移动计算最关心的就是移动性,它可划分为 Mobile Computing 和 Mobile Computation。前者是指基于无线网络的移动设备计算,后者则是指 Web 移动应用程序。除了传统计算机学科中需要关心的问题之外,网络带宽波动、连接不稳定、响应等待时长等问题都是移动计算需要关注的指标。如今,智能手机已非常普遍,第五代移动通信技术也日趋成熟,移动计算已经在人们的生活中占有非常重要的地位。随着可穿戴设备的逐渐兴起,相信移动计算将越来越重要,还将有更大的发展。

4. 网格计算体系结构

网格计算(grid computing)是指利用大量处于不同位置的异构计算机的空闲资源,将其作为嵌入在分布式电信基础设施中的一个虚拟的计算机集群,为解决大规模的计算问题提供一个模型。网格中的每个节点都被分配了一个不同的任务,因此网格可以被视为一个不包含交互工作的分布式系统。它可以达到高于超级计算机的计算能力,解决由于超出超级计算机的计算能力而未能解决的问题,同时由多个小的计算单元组成的计算机集群又保留了足够的解决问题的灵活性。网格计算从功能上被划分为两类——计算网格和数据网格。

网格计算的两个主流体系结构模型分别是 Globus 和 OGSA。Globus 基于沙漏结构原理,结合 Web Service 技术提供了很多核心服务,其 5 层结构如图 8-9 所示。OGSA 意为开放网格服务体系结构(Open Grid Services Architecture),它以服务为中心,将关注点从科技领域的网络应用向工商业领域转移。网格计算的两大核心技术为网络技术(Globus 软件包)和 Web Service。

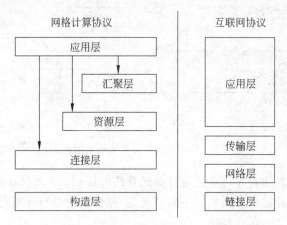

图 8-9　网格计算结构(钟静,2004)

网格计算的一个关键问题就是安全性。既要能够征集到计算资源,又要能限制共享资源的占用,不会影响到原用户自身的计算需求,保证共享资源确实是闲置的。保证远程用户合法控制异构计算机资源是一个重要的安全问题,否则网格计算难以实现。私人计算资源的利益容易受到包括病毒、信息非法获取与利用等恶意攻击的侵害。

网格计算与大型计算机集群的区别有以下几点:

(1) 网格计算利用的计算资源是异构的,而集群通常是同构的。

(2) 网格计算每个节点所运行的任务是不同的。

(3) 网格计算中的计算机在地理位置上倾向于分散部署,跨越城市、国家甚至分散在地球各处。

(4) 网格计算的网络扩展包括用户计算机,而集群一般局限于数据中心。

美国军方曾投资全球信息网格(Global Information Grid)项目;日本也开发出网格计算机,计算速度是当时世界最快的超级计算机的 110 倍,应用于生物与纳米技术、下一代半导体与高密度记录材料、蛋白质构造解析等多个前沿领域的研究。在商业领域中,Sun、Microsoft、HP 和 IBM 等公司也都不甘落后,投入资金在全球范围内建立数据中心。国内也先后进行过 ACI(Advanced Computational Infrastructure,先进计算基础设施)、织女星网格(Vega Grid)、中国教育科研网格项目(ChinaGrid)等。

5. 云计算体系结构

云计算(cloud computing)是一种通过互联网提供共享计算机处理资源的计算方式。关于云计算的定义,目前广为采纳的是美国国家标准与技术研究院(NIST)给出的定义:云计算是一种按使用量付费的模式,这种模式提供可用的、便捷的、按需的网络访问,进入可配置的计算资源共享池(资源包括网络、服务器、存储、应用软件和服务),这些资源能够被快速提供,只须投入很少的管理工作,或与服务供应商进行很少的交互。而 IBM 公司在其技术白皮书中则给出云计算的另一个定义:云计算一词同时用来描述一个系统平台或者一种类型的应用程序,一个云计算的平台可按需进行动态供给、配置、重新配置以及取消服务等。实际上,云计算主要是工业界的产物,因此甚至有工业云的说法——在云计算模式下对工业企业提供软件服务,使工业企业的社会资源实现共享化。

云计算提供给企业或个人以巨大的存储能力和计算能力,而通常完成这些任务操作的主机可能位于另一个城市,也可能跨越半个地球。云计算通过共享资源达成协作,形成巨大的计算能力。用户只是提交任务给云,并在可接受的时间内(通常也是极短的时间内)获得结果,然而用户本身并不清楚,也并不需要知道这些数据在哪里被计算,被谁计算。云实现了硬件虚拟化的封装,用户看不透这片巨大的云,也无须关心。使用云计算,企业能将更多的精力专注于核心业务而不是搭建计算机业务平台,同时也能够使业务更快地上线,无须关注底层计算机基础设备的维护与管理。

云计算体系结构按层级划分为基础设施层、平台层和软件层,分别对应 IaaS(Infrastructure as a Service,基础设施即服务)、PaaS(Platform as a Service,平台即服务)和 SaaS(Software as a Service,软件即服务)。云计算体系结构如图 8-10 所示。

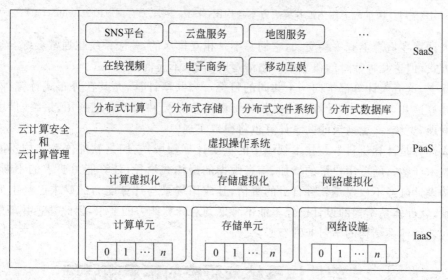

图 8-10 云计算体系结构架构

云计算提供了巨大的计算能力,为大数据的应用提供了进一步的可能。许多大型 IT 公司都开始提供云服务。阿里云对多领域提供了全方位的、周到的云计算服务,以数据为核心建立了完善的生态体系。以个性化推荐解决方案为例,其提供的解决方案可以方便、快速地应用于视频网站、电商网站、移动媒体等,并且推荐效果非常好。阿里云个性化推荐解决方案架构如图 8-11 所示。"好看"的杂志推荐、"尚品网"的女装个性化推荐、"朗新科技"给销售人员推荐客户等都是应用阿里云的典型成功案例。AWS(Amazon Web Service)是亚马逊公司旗下的云计算服务平台,支持包括 Adobe、360 和 SIEMENS 等多个国内外企业的商业应用。主要的云计算服务还有腾讯云、百度云等。

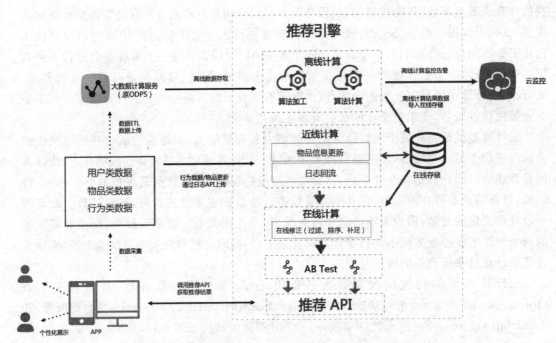

图 8-11　阿里云个性化推荐解决方案架构图(来源：阿里云官网 data.aliyun.com)

五大计算在概念上有一些交叉,它们并不是相互排斥的,一个系统也通常会综合运用几种计算方式,但这几种计算的概念本身是清楚明晰的,不应混淆。

实际上,这五大计算都指向一个共同的目标——共享计算,尤其在分布式计算、网格计算和云计算这几个概念中,计算能力被作为资源进行分配并加以合理利用,最终,借助网络的不断发展,更统一、更高级的共享计算也将得以实现。

五大计算是计算机科学与技术领域中的重要计算领域,它们是软件体系结构不断发展的现代技术产物。随着用户量的增加、信息数据的爆炸式增长,计算能力要求的不断提高,软件结构设计已经不仅仅是软件自身的事情,其应用场景与计算能力的要求已经上升到很高的位置,软件体系结构的设计已经不能不考虑其对计算能力的要求,因此熟悉并理解这五大计算对软件体系结构的学习非常有必要。

8.2　软件体系结构研究的不足和展望

1. 当今软件体系结构研究的不足

尽管软件体系结构一直在不断地发展和完善,但仍存在若干问题有待研究和突破。软件体系结构研究目前的不足主要有如下几个方面：

(1) 软件体系结构的概念模糊,导致学者对其核心和重点的把握有分歧,研究和工程各有偏重,也各执一词,不利于两个领域研究人员的交流。

(2) 软件体系结构描述有待突破。ADL 种类繁多,缺乏广泛认同的 ADL 规范。

(3) 缺乏统一的支持环境和工具,理论研究和环境支持不同步,如设计、仿真和验证工具,这阻碍了研究的应用,反过来也限制了理论的更快发展。

（4）对软件体系结构的整体把握不够充分，如对系统维护和体系结构的动态变化等重视不足。

2. 软件体系结构的研究展望

由于研究者和实践者的卓越工作，目前，软件体系结构的研究已经渗透到软件生命周期的各个阶段，并取得了大量的研究成果。与其他领域（例如构造方法、面向对象方法）在软件工程中的研究相似，软件体系结构的研究始于软件体系结构的设计阶段，然后经过执行、部署、开发等阶段，最后落脚于设计前的需求阶段，这样，一套覆盖各个阶段的方法就形成了。

软件体系结构的可靠性成为当前需要关注的一个重点，它已作为软件性能评估的关键性因素。什么样的体系结构应用于什么样的领域应用，体系结构是否禁得起外界环境的剧烈变化，这些都是需要进一步研究的课题。每种体系结构的基本风格都有其可靠性的计算模型以及在此基础上对整个体系结构可靠性的描述。软件体系结构可靠性计算模型证明了基本体系结构的完整性，讨论了基本体系结构的选择问题，使开发者在设计软件体系结构时，可以从基本结构的可靠性和运行效率入手，设计软件体系结构，从而使设计出来的软件结构更符合实际要求，能够更好地指导软件系统设计早期开发。

随着系统的不断扩大，在真实的软件开发中应用体系结构变得越来越重要，所以研究和实践软件体系结构应该贯穿于软件生命周期的各个环节。另外，互联网技术的发展促使一项新的软件形态——基于网络的软件出现。为了适应开放的、动态的、不断变化的环境，基于网络的软件表现出了灵活性、多重目标和持续反应的能力，这将导致基于网络的软件体系结构及其组成构件的不断调整和适应，也带来了新环境中新软件体系结构的研究需求。以下 6 个方面将是研究重点：

（1）软件体系结构理论设计模型的研究，如新的软件体系结构风格和模式等。

（2）软件体系结构描述的研究，如 ADL 的继续创新和规范统一等。

（3）领域软件体系结构的研究。新的需求、新的软件应用环境和领域不断地涌现，并且部分领域可能有其特殊性，如当今的大规模分布式环境，所以针对特定领域的软件体系结构也有很大的研究价值。

（4）软件体系结构在软件生命周期中的角色。与传统软件相比，网络软件更加复杂、多变和开放，这就增加了对它们理解、分析和开发的难度。怎样定义基于网络的软件在软件生命周期中的角色是一个值得引导和研究的问题。目前主要的研究领域包括对网络的描述和分析方法、基于体系结构的网络软件质量属性和担保机制。

（5）基于软件体系结构的软件开发方法学。软件开发包括很多方面，通过列出软件体系结构在软件生命周期中的核心功能，可以有效地组织软件的开发、部署、维护和评估。

（6）软件体系结构对真实软件开发的支持。怎样将科学研究成果应用到真实的软件开发中一直是困惑研究者的一个问题。目前，尽管体系结构的实践已经取得了初步的成果，但在实践中，仍然主要依靠架构师的经验。目前没有系统地使用体系结构引导软件开发的成功方法及案例。人们还有很多工作要做，例如将相关概念和工作流整合进软件开发环境，研究对已存在的软件系统的体系结构进行整合的方法，组织有关软件体系结构的教育和培训等。

8.3 小 结

　　本章首先介绍了软件体系结构在现代软件工业中的地位,描述了整个软件行业的大致情况。随后介绍了软件产品线的概念,软件产品线可以提高软件生产速度和质量。它的主要原理就是创造和维护一个核心资产库,人们将可重用部件保存在这个库中。这样,当人们需要一些功能与核心资产库中的部件相同或相似的组件时,就不需要重新开发,而是直接从核心资产库中把这个部件找出来就可以了。但软件产品线的技术并不成熟,它仍在发展中,并聚集了很多研究者。

　　特定领域软件体系结构是软件体系结构的重要研究方向,所以本章介绍了软件体系结构在各个领域的应用。首先对软件体系结构在实践中的应用进行了总结,然后介绍了特定领域软件的开发趋势。本章通过几个案例简要介绍了软件体系结构在国民经济中的工业、农业和第三产业应用的重要软件中起到的巨大作用。

　　本章也讨论了当今软件体系结构研究的不足和未来的研究方向。有 6 个方面值得投入大量工作:软件体系结构理论设计模型,软件体系结构描述,领域软件体系结构,软件体系结构在软件生命周期中的角色,基于软件体系结构的软件开发方法学,软件体系结构对真实软件开发的支持。

参 考 文 献

Abowd G, 1997. Recommended Best Industrial Practice for Software Architecture Evaluation[R]. CMU/SEI-96-TR-025.

Abrial J-R, Schuman S A, Meyer B, 1980. A Specification Language[M]//On the Construction of Programs. Cambridge University Press.

Abrial J-R, 1996. The B-Book: Assigning Programs to Meanings[M]. Cambridge University Press.

Ahuja S, Carriero N, Gelernter D, 1986. Linda and Friends[J]. Computer, (19): 26-34.

Albin S T, 2003. The Art of Software Architecture: Design Methods and Techniques[M]. 1st ed. John Wiley & Sons.

Alhir S S, 2003. Learning UML[M]. O'Reilly.

Allen R J, Garlan D, 1997a. A Formal Basis for Architectural Connection[J]. ACM Transactions on Software Engineering and Methodology, (6): 213-249.

Allen R J, 1997b. A Formal Approach to Software Architecture[M]. Carnegie Mellon University: 236.

Allen R J, Douence R, Garlan D, 1998. Specifying and Analyzing Dynamic Software Architectures [M]//Fundamental Approaches to Software Engineering. Springer.

Andrews G R, 2000. Foundations of Multithreaded, Parallel, and Distributed Programming [M]. Addison-Wesley.

Anreoli J M, Hankin C, Métayer D L, 1996. Corrdination Programming: Mechanisms, Models and Semantics[M]. Imperial College Press.

Arbab F, 2004. Reo: A Channel-Based Coordination Model for Component Composition [J]. Mathematical Structures in Computer Science, (14): 329-366.

Asundi J, Kazman R, Klein M, 2001. Using Economic Considerations to Choose among Architecture Design Alternatives[R]. CMU/SEI-2001-TR-035.

Babar M A, Gorton I, 2004. Comparison of Scenario-Based Software Architecture Evaluation Methods [C]//11th Asia-Pacific Software Engineering Conference, 2004: 600-607.

Babar M A, Zhu L, Jeffery R, 2004. A Framework for Classifying and Comparing Software Architecture Evaluation Methods[C]//IEEE Software Engineering Conference Proceedings, 2004, Australian: 309-318.

Bachmann F, Bass L, Klein M, 2003. Preliminary Design of Arche: A Software Architecture Design Assistant[R]. CMU/SEI-2003-TR-021.

Bahsoon R, Emmerich W, 2003. Evaluating Software Architectures: Development, Stability, and Evolution[C]//Acs/ieee International Conference on Computer Systems and Applications. Book of. IEEE, 2003: 47.

Banville M, 1996. Sonia: An Adaptation of Linda for Coordination of Activities in Organizations[C]// International Conference on Coordination Languages and MODELS. Springer-Verlag, 1996: 57-74.

Barbacci M R, Carriere S J, Feiler P H, et al, 1998. Steps in an Architecture Tradeoff Analysis Method: Quality Attribute Models and Analysis[J]. Software Engineering Institute Carnegie Mellon University.

Barbacci M R, Weinstock C B, Doubleday D L, et al, 2002. Durra: A Structure Description Language for Developing Distributed Applications[J]. Software Engineering Journal, 8(2): 83-94.

Bashrough R, Spence I, Kilpatrick P, et al, 2006. Towards More Flexible Architecture Description

Languages for Industrial Applications [M]//Software Architecture. Springer Berlin Heidelberg, 2006: 297-304.

Bass L, Clements P, Kazman R, 1998. Software Architecture in Practice, 1st ed[M]. Addison Wesley/Pearson, 1998.

Bass L, Clements P, Kazman R, 2003. Software Architecture in Practice, 2nd ed[M]. Addison Wesley/Pearson, 2003.

Bauer M, Trifu M, 2004. Architecture-Aware Adaptive Clustering of OO Systems [C]//Software Maintenance and Reengineering. Eighth European Conference on IEEE, 2004: 3-14.

Bengtsson P, Bosch J, 1998. Scenario-Based Software Architecture Reengineering [C]//International Conference on Software Reuse. IEEE Computer Society, 1998: 308.

Bengtsson O, Bosch J, 1999. Architecture Level Prediction of Software Maintenance [C]//European Conference on Software Maintenance and Reengineering. IEEE, 1999: 139-147.

Bergstra J A, Klop J W, 1987. ACP τ: A Universal Axiom System for Process Specification[M]//Algebraic Methods: Theory, Tools and Applications. Springer Berlin Heidelberg, 1987: 445-463.

Boehm B W, Brown J R, Lipow M, 1976. Quantitative Evaluation of Software Quality[C]//International Conference on Software Engineering. 1976: 592-605.

Boehm B W, 1986. A Spiral Model of Software Development and Enhancement[M]//ACM SIGSOFT Software Engineering Notes, (11): 14-24.

Booch G, 1991. Object-Oriented Design with Applications[M]. Benjamin/Cummings Pub. Co.

Booch G, Rumbaugh J, Jacobson I, 2005. Unified Modeling Language User Guide, 2nd ed[M]. Addison-Wesley Professional.

Bosch J, 2000. Design and Use of Software Architecture[C]//Adopting and Evolving a Product Line Approach. Addison-Wesley.

Bosch J, 2004. Software Architecture: The Next Step[C]//Software Architecture, First European Workshop, EWSA 2004, St Andrews, UK, May 21-22, 2004, Proceedings. DBLP, 2004: 194-199.

Bot S, Lung C H, Farrell M, 1996. A Stakeholder-Centric Software Architecture Analysis Approach [C]//Joint Proceedings of the Second International Software Architecture Workshop. ACM, 1996: 152-154.

Bradbury J S, Cordy J R, Dingel J, et al, 2004. A Survey of Self-Management in Dynamic Software Architecture Specifications[C]//ACM Sigsoft Workshop on Self-Managed Systems. ACM, 2004: 28-33.

Bramer M A, 1999. Knowledge Discovery and Data Mining[M]. IEEE Press.

Brookes S D, Hoare C A R, Roscoe A W, 1984. A Theory of Communicating Sequential Processes[J]. Journal of the Acm, 31(31): 560-599.

Brooks F P, 1975. The Mythical Man-Month [C]//International Conference on Reliable Software. ACM, 1975: 193.

Brown W J, Malveau R C, Mccormick Iii H W, et al, 1998. AntiPatterns: Refactoring Software, Architectures, and Projects in Crisis[M]. John Wiley & Sons, 1998.

Caporuscio M, Inverardi P, Pelliccione P, 2004. Formal Analysis of Architectural Patterns [M]//Software Architecture. Springer Berlin Heidelberg, 2004: 10-24.

Cardelli L, Gordon A D, 1998. Mobile Ambients[J]. Lecture Notes in Computer Science, 240(99): 140-155.

Carriero N, 1989. Linda in Context[J]. Communications of the Acm, 32(4): 444-458.

Carriero N, Gelernter D, Zuck L D, 1994. Bauhaus Linda [C]//Selected papers from the ECOOP'94 Workshop on Models and Languages for Coordination of Parallelism and Distribution, Object-Based Models and Languages for Concurrent Systems. Springer-Verlag, 1994: 66-76.

Chapman B, 1997. Opus: A Coordination Language for Multidisciplinary Applications[J]. TR-97-30.

Chaudet C, Oquendo F, 2001. Pi-Space: Modelling Evolvable Distributed Software Architectures[M]. Arabnia, H. R. , (Ed) Pdpta'2001//Proceedings of the International Conference on Parallel and Distributed Processing Techniques and Applications. Athens: C S R E a Press.

Cheng B, Longo S, Cirillo F, et al, 2015. Building a Big Data Platform for Smart Cities: Experience and Lessons from Santander[C]//IEEE International Congress on Big Data. IEEE, 2015: 592-599.

Chidamber S R, Kemerer C F, 1991. Towards a Metrics Suite for Object Oriented Design[C]// Conference proceedings on Object-oriented programming systems, languages, and applications. ACM, 1991: 197-211.

Cimpan S, Leymonerie F, Oquendo F, 2005. Handling Dynamic Behaviour in Software Architectures. [C]//Software Architecture, European Workshop, Ewsa 2005, Pisa, Italy, June 13-14, 2005, Proceedings. DBLP, 2005: 77-93.

Clements S, 2006. Modeling and Analyzing Mobile Software Architectures[M]//Software Architecture. Springer Berlin Heidelberg, 2006: 175-188.

Clements P, 2000. Active Reviews for Intermediate Designs[J]. Active Reviews for Intermediate Designs.

Clements P, Northrop L, 2001. Software Product Lines: Practices and Patterns[C]//Addison-Wesley Professional.

Clements P, Northrop L, 2001. Software Product Lines : Practices and Patterns / P. Clements, L. Northrop ; pról. de B. W. Boehm[M]//Software product lines: practices and patterns. Addison-Wesley Longman Publishing Co. Inc. 2001: 467.

Clements P, Bachmann F, Bass L, et al, 2003a. Documenting Software Architectures: Views and Beyond, 2/E[J]. 2003: 740-741.

Clements P, Kazman R, Klein M M, 2003b. Evaluating Software Architectures: Methods and Case Studies[M]. Pearson Education.

Coleman D, 1994. Object Oriented Development[J]//Fusion Method.

Cuesta C E, Fuente P D L, 2001. Dynamic Coordination Architecture Through the Use of Reflection [C]//ACM Symposium on Applied Computing. DBLP, 2001: 134-140.

Cuesta C E, Fuente P D L, Barrio-Solórzano M, et al, 2005. An "Abstract Process" Approach to Algebraic Dynamic Architecture Description[J]. Journal of Logic & Algebraic Programming, 63 (2): 177-214.

Dashofy E, Asuncion H, Hendrickson S, et al, 2007. ArchStudio 4: An Architecture-Based Meta-Modeling Environment[C]//International Conference on Software Engineering - Companion. ICSE 2007 Companion. IEEE, 2007: 67-68.

Dashofy E M, Taylor R N, 2005. A Comprehensive Approach for the Development of Modular Software Architecture Description Languages[J]. Acm Transactions on Software Engineering & Methodology, 14(2): 199-245.

Dijkstra E W, 1968a. Go To Statement Considered Harmful[J]. Communications of the Acm, 11(3): 147-148.

Dijkstra E W, 1968b. The Structure of the "THE" Multiprogramming System[M]//The Origin of Concurrent Programming. Springer New York, 1968: 139-152.

Dobrica L, Niemela E, 2002. A Survey on Software Architecture Analysis Methods[J]. Software

Engineering IEEE Transactions on,28(7): 638-653.

Duenas J C, Oliveira W L, Puente J A, 1998. A Software Architecture Evaluation Model[C]// Development and Evolution of Software Architectures for Product Families. Second International ESPIRIT ARES Workshop. van der Linden,F. ,ed. ,pp. 148-157. Springer-Verlag,Las Palmas de Gran Canaria,Spain.

Duenas J C,Capilla R,2005. The Decision View of Software Architecture[C]//European Conference on Software Architecture. Springer-Verlag,2005: 222-230.

FDR, 2005. Failures-Divergence Refinement-Fdr2 User Manual, Sixth Edition ed. Formal Systems (Europe) Ltd.

Feijs L,Krikhaar R,Ommering R V,2015. A Relational Approach to Support Software Architecture Analysis[J]. Software Practice & Experience,28(4): 371-400.

Fitzgerald J,1973. Validated Designs for Object-Oriented Systems[M]. Springer Verlag.

Floch J,Hallsteinsen S,Stav E,et al,2006. Using Architecture Models for Runtime Adaptability[J]. IEEE Software,23(2): 62-70.

Frakes W B,Kang K,2005. Software Reuse Research: Status and Future[J]. IEEE Transactions on Software Engineering,31(7): 529-536.

Fuggetta A,Picco G P, Vigna G, 1998. Understanding Code Mobility[J]. IEEE Trans of Software Engineering,24(5): 342-361.

Fuggetta A, Picco G P, Vigna G, 1998. Understanding Code Mobility[J]. IEEE Transactions on Software Engineering,1998(24): 342-361.

Garlan D, Shaw M, 1993. An Introduction to Software Architecture[C]//Advances in Software Engineering and Knowledge Engineering. 1993: 1-39.

Garlan D,Monroe R,Wile D,1997. Acme: An Architecture Description Interchange Language[J]. Proc Cascon,1997: 169-183.

Garlan D, Cheng S W, Huang A C, et al, 2004. Rainbow: Architecture-Based Self-Adaptation with Reusable Infrastructure[J]. Computer,37(10): 46-54.

Gelernter D,1992. Coordination Languages and Their Significance[J]. Communications of the Acm, 35(35): 97-107.

Georgiadis I,Magee J,Kramer J,2002. Self-Organising Software Architectures for Distributed systems [C]//2002: 33-38.

Giarratano J C, Riley G D, 2005. Expert Systems Principles and Programming,4th Edition ed[M]. Course Technology.

Gilb T, 2005. Competitive Engineering: A Handbook for Systems and Software Engineering Management Using Planguage[M]//Butterworth-Heinemann.

Grace P,Blair G S,Samuel S,2003. Middleware Awareness in Mobile Computing[C]//International Conference on Distributed Computing Systems Workshops. Proceedings. IEEE,2003: 382-387.

Gruhn V, Schafer C, 2004. An Architecture Description Language for Mobile Distributed Systems [M]//Software Architecture. Springer Berlin Heidelberg,2004: 212-218.

Hallsteinsen S, Floch J, Stav E, 2005. A Middleware Centric Approach to Building Self-Adapting Systems[C]//Software Engineering and Middleware, International Workshop, Sem 2004, linz, Austria, September 20-21,2004,Revised Selected Papers. DBLP,2005: 107-122.

Hassan H, Pekhimenko G, Vijaykumar N, et al, 2015. ChargeCache: Reducing DRAM Latency by Exploiting Row Access Locality[C]//IEEE International Symposium on High PERFORMANCE Computer Architecture. IEEE,2015: 581-593.

He J，Qin Z，Fang D Y，et al，2003. A Component Based Distributed Software Architectural Description Environment[J]. Mini-micro Systems.

He J，Jia X L，Qin Z，et al，2004a. Model of Software Analysis and Design Process Based on Architecture [J]. Journal of Xian Jiaotong University，38(6)：591-594.

He J，Qin Z，Jia X L，et al，2004b. E-commerce Oriented Knowledge Description Language[J]. Journal of Chinese Information Processing.

He J，Qin Z，2005a. Modeling and Checking the Behavior of Software Architecture[J]. Journal of Computer Research & Development，42(11).

He J，Qin Z，2005b. An Ontology-Based E-Commerce Knowledge Description Language[J]. Acta Electronica Sinica，33(2)：297-300.

Hewitt C，Bishop P，Steiger R，1973. A Universal Modular ACTOR Formalism for Artificial Intelligence [C]//International Joint Conference on Artificial Intelligence. Morgan Kaufmann Publishers Inc. 1973：235-245.

Hirsch D，Inverardi P，Montanari U，1998. Graph Grammars and Constraint Solving for Software Architecture Styles[C]//Proceedings of the 3rd International Software Architecture Workshop (ISAW-3)，1998：69-72.

Hoare C A R，2002. Communicating Sequential Processes [C]//The Origin of Concurrent Programming. 2002：413-443.

IEEE，1989a. IEEE Guide for the Use of IEEE Standard Dictionary of Measures to Produce Reliable Software[J].

IEEE，1989b. IEEE Standard Dictionary Of Measures To Produce Reliable Software[J].

IEEE，1998. IEEE Standard for a Software Quality Metrics Methodology[J].

IEEE，2000. IEEE Recommended Practice for Architectural Description of Software-Intensive Systems [J].

Inverardi P，Wolf A L，Yankelevich D，2000. Static Checking of System Behaviors Using Derived Component Assumptions[J]. Acm Transactions on Software Engineering & Methodology，9(3)：239-272.

Issarny V，Tartanoglu F，Liu J，et al，2009. Software Architecture for Mobile Distributed Computing [C]//Software Architecture，2004. WICSA 2004. Proceedings. Fourth Working IEEE/IFIP Conference on. IEEE，2009：201-210.

Jia X l，He J，Qin Z，et al，2005. A Distributed Software Architecture Design Framework Based on Attributed Grammar[J]. Journal of Zhejiang University Science，2005(6A)：513-518.

Joyner I，1996. A Critique of C++ and Programming and Language Trends of the 1990s[J].

Kazman R，Bass L，Webb M，et al，1994. SAAM：a Method for Analyzing the Properties of Software Architectures[C]//International Conference on Software Engineering，1994. Proceedings. ICSE. IEEE，1994：81-90.

Kazman R，1996a. Tool Support for Architecture Analysis and Design[C]//International Workshop on Software Architectures，1996：94-97.

Kazman R，Abowd G，Bass L，et al，1996b. Scenario-Based Analysis of Software Architecture[J]. IEEE Software，13(6)：47-55.

Kazman R，Klein M，Barbacci M，et al，1998. The Architecture Tradeoff Analysis Method[C]//IEEE International Conference on Engineering of Complex Computer SystemS. ICECCS '98. Proceedings. IEEE，2002：68-78.

Kazman R，Barbacci M，Klein M，et al，1999. Experience with Performing Architecture Trade off

Analysis[C]//International Conference on Software Engineering. ACM,1999:54-63.

Kazman R,Carriere S J,Woods S G,2000. Toward a Discipline of Scenario-Based Architectural Engineering[J]. Annals of Software Engineering,9(1-2):5-33.

Kazman R,Asundi J,Klein M,2001a. Quantifying the Costs and Benefits of Architectural Decisions [C]//ICSE. IEEE Computer Society,2001:0297.

Kazman R,Asundi J,Klein M,2001b. Making Architecture Design Decisions:An Economic Approach [J]. CMU/SEI-2001-TR-035.

Kazman R,Cai Y,Mo R,et al,2015. A Case Study in Locating the Architectural Roots of Technical Debt[C]//IEEE/ACM,IEEE International Conference on Software Engineering. IEEE,2015:179-188.

Khare R,Guntersdorfer M,Oreizy P,et al,2001. xADL:Enabling Architecture-Centric Tool Integration with XML[C]//Hawaii International Conference on System Sciences. IEEE Computer Society,2001:9053.

Kim M,Jeong J,Park S,2005. From Product Lines to Self-Managed Systems:an Architecture-Based Runtime Reconfiguration Framework [C]//The Workshop on Design and Evolution of Autonomic Application Software. ACM,2005:1-7.

Klein M H,Ralya T,Pollak B,et al,1993. A Practitioner's Handbook for Real-Time Analysis[M]//A Practitioner's handbook for real-time analysis. Kluwer Academic Publishers,1993:284-289.

Kruchten P,Obbink H,Stafford J,2006. The Past,Present,and Future of Software Architecture. IEEE Software,2006(23):22-30.

Kruchten P,1995. The 4+1 View Model of Architecture[J]. IEEE Software,12(6):42-50.

Larman C,2004. Applying Uml and Patterns:An Introduction to Object-Oriented Analysis and Design and Iterative Development,3rd Edition ed[M]. Addison Wesley Professional.

Lassing N,Rijsenbrij D,Viliet H,1999. On Software Architecture Analysis of Flexibility,Complexity of Changes:Size Isn't Everything[J]. Proceeding of the Second Nordic Software Architecture Workshop (NOSA'99),1103-1581.

Li W,Henry S,1993. Object-Oriented Metrics That Predict Maintainability[J]. Journal of Systems & Software,23(2):111-122.

Lopes A,Fiadeiro J L,2006. Adding Mobility to Software Architectures[J]. Science of Computer Programming,2006(61):114-135.

Lowe G,1997. Casper:A Compiler for the Analysis of Security Protocols[J]. Journal of Computer Security,6(1-2):53-84.

Lung C H,Bot S,Kalaichelvan K,et al,1997. An Approach to Software Architecture Analysis for Evolution and Reusability[C]//Conference of the Centre for Advanced Studies on Collaborative Research. IBM Press,1997:15.

Métayer D L,1998. Describing Software Architecture Styles Using Graph Grammars [J]. IEEE Transactions on Software Engineering,1998(24):521-533.

Maes P,1987. Concepts and Experiments in Computational Reflection[C]//Conference Proceedings on Object-Oriented Programming Systems,Languages and Applications. ACM,1987:147-155.

Magee J,Dulay N,Eisenbach S,et al,1995. Specifying Distributed Software Architectures[J].989:137-153.

Maheshwari P,Teoh A,2005. Supporting ATAM with a Collaborative Web-Based Software Architecture Evaluation Tool[J]. Science of Computer Programming,57(1):109-128.

Majumdar S,Woodside C M,Neilson J E,et al,1991. Performance Bounds for Concurrent Software with Rendezvous[J]. Performance Evaluation,13(4):207-236.

Majumdar S,Kotsis G,Haring G,1997. Performance Bounds for Distributed Systems with Workload Variabilities and Uncertainties[J]. Parallel Computing,22(13): 1789-1806.

Malone T W,Crowston K,1994. The Interdisciplinary Study of Coordination[J]. Acm Computing Surveys,26(1): 87-119.

Marco A D,Inverardi P,2004. Compositional Generation of Software Architecture Performance QN Models[C]//Software Architecture. WICSA. Proceedings. Fourth Working IEEE/IFIP Conference on. IEEE,2004: 37-46.

Medvidovic N, Taylor R N, 2000. A Classification and Comparison Framework for Software Architecture Description Languages[J]. IEEE Transactions on Software Engineering,26(1): 70-93.

Mei H,Chang J,Yang F,2001. Software Component Composition Based on Adl and Middleware[J]. Science in China,44(2): 136-151.

Milner R,1980. A Calculus of Communicating Systems[M]. Springer Berlin Heidelberg.

Minsky N H, Leichter J, 1994. Law-Governed Linda as a Coordination Model[M]//Object-Based Models and Languages for Concurrent Systems. Springer Berlin Heidelberg,1994: 125-146.

Molter G,1999. Integrating SAAM in Domain-Centric and Reuse-Based Development Processes[J]// Proceedings of the 2nd Nordic Workshop on Software Architecture,Ronneby,Sweden.

Morel B,Alexander P,2004. SPARTACAS Automating Component Reuse and Adaptation[J]. IEEE Transactions on Software Engineering,30(9): 587-600.

Mügge H, Rho T, Winandy M, et al, 2005. Towards Context-Sensitive Intelligence[M]//Software Architecture. Springer Berlin Heidelberg,2005: 231-238.

Mun J,Ryu K,Jung M,2006. Self-Reconfigurable Software Architecture: Design and Implementation [J]. Computers & Industrial Engineering,51(1): 163-173.

Murphy A L,Picco G P,Roman G C,2006. LIME: A Coordination Model and Middleware Supporting Mobility of Hosts and Agents[J]. Acm Transactions on Software Engineering & Methodology,15(3): 279-328.

Ning J Q, 1996. A Component-Based Software Development Model[C]//Computer Software and Applications Conference. COMPSAC '96. Proceedings of,International. IEEE,2002: 389.

Nistor, Eugen C, Erenkrantz, et al, 2005. ArchEvol: Versioning Architectural-Implementation Relationships[J]. 2005: 99-111.

Oquendo F,2003. The Archware Architecture Description Language[J]//Turorial,Technical Report, Report R1. 1-1.

Oquendo F,2004a. π-ADL: an Architecture Description Language Based on the Higher-Order Typed π-Calculus for Specifying Dynamic and Mobile Software Architectures[M]. ACM.

Oquendo F,Warboys B,Morrison R, et al,2004b. ArchWare: Architecting Evolvable Software[J]. Lecture Notes in Computer Science,3047(5): 257-271.

Oquendo F, 2006. π-Method: a Model-Driven Formal Method for Architecture-Centric Software Engineering[J]. Acm Sigsoft Software Engineering Notes,31(3): 1-13.

Oreizy P,Gorlick M M,Taylor R N,et al,1999. An Architecture-Based Approach to Self-Adaptive Software[J]. Intelligent Systems & Their Applications IEEE,14(3): 54-62.

Papadopoulos G A,Arbab F,1998. Coordination Models and Languages[J]. Lecture Notes in Computer Science,26(1): 329-400.

Parashkevov A N,Yantchev J,1996. ARC-A Tool for Efficient Refinement and Equivalence Checking for CSP [C]//IEEE Second International Conference on Algorithms & Architectures for Parallel

Processing. IEEE,1996：68-75.

Parnas D L,1972. On the Criteria for Decomposing Systems into Modules[J]. Communications of the Acm.

Parnas D L,1974. On a "Buzzword"：Hierarchical Structure[J]. Proceeding of IFIP Congress, Amsterdam,North Holland,1974：336-339.

Parnas D L,1976. On the Design and Development of Program Families[J]. Software Engineering,IEEE Transactions on 1976(SE-2)：1-9.

Parnas D L,Weiss D M,1985. Active Design Reviews：Principles and Practice[J]. Proceedings of the 8th International Conference on Software Engineering,1985：132-136.

Parrow J,2001. To an Introduction to the Ⅱ-Calculus[J]//Handbook of Process Algebra. Elsevier.

Perry D E,Wolf A L,1992. Foundations for the Study of Software Architecture[M]. ACM.

Petri C A,1962. Komunikation[J]//Mit Automaten. University of Bonn.

Picco G P,Murphy A L,Roman G C,1999. LIME：Linda Meets Mobility[C]//International Conference on Software Engineering. IEEE,1999：368-377.

Picco G P,Murphy A L,Roman G,2000. Developing Mobile Computing Applications with LIME[C]// International Conference on Software Engineering. IEEE,2000：766-769.

Picco G P,Balzarotti D,Costa P,2005. LighTS：A Lightweight,Customizable Tuple Space Supporting Context-Aware Applications[C]//ACM Symposium on Applied Computing. ACM,2005：413-419.

Piorkowski D,Henley A Z,Nabi T,et al,2016. Foraging and Navigations,Fundamentally：Developers' Predictions of Value and Cost[C]//ACM Sigsoft International Symposium on Foundations of Software Engineering. ACM,2016：97-108.

Pressman R S,2006. Software Engineering：A Practitioner's Approach,6th Edition ed[J]. McGraw-Hill.

Roman G-C,McCann P J,Plun J Y,1997. Reasoning and Specification in Mobile Computing. ACM Transactions on Software Engineering and Methodology,1997(6)：250-282.

Royce W E,Royce W W,1991. Software Architecture：Integrating Process and Technology[J]. Quest.

Rumbaugh J,Blaha M,Premerlani W,et al,1991. Object-Oriented Modeling and Design[M]. Prentice Hall.

Sangiorgi D,Walker D,2001. The Pi-Calculus - A Theory of Mobile Processes[J]. Bulletin of Symbolic Logic,8(4).

Schmerl B,Garlan D,2002. Exploiting Architectural Design Knowledge to Support Self-Repairing Systems[C]//The,International Conference. DBLP,2002：241-248.

Shaw M,Garlan D,et al,1996. Software Architecture：Perspectives on an Emerging Discipline[J]. Prentice Hall,24(1)：129-132(4).

Shaw M,Clements P,2006. The Golden Age of Software Architecture[J]. IEEE Software,23（2）：31-39.

Smith C U,Williams L G,2000. Software Performance Antipatterns[C]//Proceedings of the 2nd International Workshop on Software and Performance. ACM,2000：127-136.

Smith C U,Williams L G,2001. Performance Solutions：A Practical Guide to Creating Responsive, Scalable Software[J]. IEEE Software,20(5)：103.

Sommerville I,Dean G,1996. Pcl：A Language for Modeling Evolving System Architectures. Software Engineering,1996(11)：111-121.

Staehli R,Eliassen F,Amundsen S,2004. Designing Adaptive Middleware for Reuse[J]. Proceeding from International Workshop on Reflective & Adaptive Middleware,2004:189-194.

Steimann F,Ulke B,2016. Computing Repair Alternatives for Malformed Programs Using Constraint Attribute Grammars[C]//ACM Sigplan International Conference on Object-Oriented Programming, Systems,Languages,and Applications. ACM,2016:711-730.

Taentzer G,Goedicke M,Meyer T,1998. Dynamic Change Management by Distributed Graph Transformation:Towards Configurable Distributed Systems[C]//Selected Papers From the,International Workshop on Theory and Application of Graph Transformations. Springer-Verlag,1998:179-193.

Taylor R N,Medvidovic N,Anderson K M,et al,1996. A Component- and Message-Based Architectural Style for GUI Software[J]. IEEE Transactions on Software Engineering,22(6):390-406.

Tolksdorf R,1996. Coordinating Services in Open Distributed Systems with Laura[C]//International Conference on Coordination Languages and MODELS. Springer-Verlag,1996:386-402.

Uchitel S,Kramer J,Magee J,2003. Behaviour Model Elaboration Using Partial Labelled Transition Systems[J]. Acm Sigsoft Software Engineering Notes,28(5):19-27.

Wang Z,He J,2003. An Effective Language Fiml Facilitating Interface Representation under Limited Mobile Environment. Proceedings of the 7th International Conference for Young Computer Scientists.

Warboys B,Greenwood M,Robertson I,et al,2005. The ArchWare Tower:The Implementation of an Active Software Engineering Environment Using a π-Calculus Based Architecture Description Language [C]//European Conference on Software Architecture. Springer-Verlag,2005:30-40.

Watson R N M,Woodruff J,Neumann P G,et al,2015. CHERI:A Hybrid Capability-System Architecture for Scalable Software Compartmentalization[J]. 2015:20-37.

Wermelinger M,1998. Towards a Chemical Model for Software Architecture Reconfiguration[C]// International Conference on Configurable Distributed Systems. IEEE Computer Society,1998:111.

Wermelinger M,Lopes A,Fiadeiro J L,2001. A Graph Based Architectural (Re) Configuration Language[J]. Acm Sigsoft Software Engineering Notes,26(5):21-32.

Williams L G,Smith C U,2002a. PASA SM:A Method for the Performance Assessment of Software Architectures[M].

Williams L G,Smith C U,2002b. PASA(SM):An Architectural Approach to Fixing Software Performance Problems[C]//International Computer Measurement Group Conference,December 8-13,2002, Reno,Nevada,Usa,Proceedings. DBLP,2002:307-320.

Wirfs-Brock R,Wilkerson B,Wiener L,1990. Designing Object-Oriented Software[M]. Prentice-Hall,Inc.

Xing Y,Xie D,Ma X,et al,2010. Artemis-GADE:A Graph Grammar-Directed Development Environment for Software Architecture[J]. Journal of Computer Research & Development,47(7): 1165-1174.

Yang Q,Yang X,Xu M,2006. A Mobile Agent Approach to Dynamic Architecture-Based Software Adaptation[J]. Acm Sigsoft Software Engineering Notes,31(3):1-7.

Zhang B,Li K D A,2001. An XML-message Based Architecture Description Language and Architectural Mismatch Checking[C]//International Computer Software and Applications Conference on Invigorating Software Development. IEEE Computer Society,2001:561.

Zhang J,2006. Model-Based Development of Dynamically Adaptive Software[C]//International Conference on Software Engineering. ACM,2006:371-380.

胡红雷,毋国庆,梁正平,等,2004.软件体系结构评估方法的研究[J].计算机应用研究,21(6):11-14.

李经纬,2017.基于排序学习和隐式反馈的推荐算法的研究与应用[D].北京:清华大学.

李强,2002.面向对象的CAD软件体系结构的研究和设计[D].上海:上海交通大学.

梅宏,申峻嵘,2006.软件体系结构研究进展[J].软件学报,17(6):1257-1275.

孟祥宝,谢秋波,刘海峰,等,2014.农业大数据应用体系架构和平台建设[J].广东农业科学,41(14):173-178.

潘星星,2012.一种面向UniCore体系结构的集成开发环境的设计与实现[D].北京:北京大学.

申利民,秦宝华,朱清香,等,2002.柔性软件体系结构的研究[C]//全国计算机体系结构学术会议.

宋德舜,麦中凡,朱武刚,1999.软件体系结构描述语言的研究[C]//青岛-香港国际计算机会议.

孙昌爱,金茂忠,刘超,2002.软件体系结构研究综述[J].软件学报,13(7):1228-1237.

徐胜强,2010.一个图文法规则制导的软件体系结构开发环境的设计与实现[D].南京:南京大学.

徐涛,2017.基于评论属性满意度的推荐系统研究与实现[D].北京:清华大学.

张莉,高晖,王守信,2008.软件体系结构评估技术[J].Journal of Software,19(6):1328-1339.

钟静,2004.网格计算的应用[J].四川理工学院学报(自科版),17(z1):48-52.

周娜琴,张友生,2008.基于软件体系结构的可靠性分析[J].计算机工程与应用,44(30):68-71.